高等院校城乡规划学系列教材

城市更新与空间治理

URBAN RENEWAL AND SPATIAL GOVERNANCE

田莉 姚之浩 梁印龙 等著

清华大学出版社
北京

内 容 简 介

城市更新与空间治理是当前城市高质量发展的重要议题。本书从城市更新与空间治理的概念内涵与相关理论讲起，总结梳理了8个国内外代表性城市的城市更新实践，系统分析城市更新中的利益博弈问题，然后聚焦于城市更新模式转型的参与式规划，最后提出城市更新与空间治理的顶层设计与地方制度安排。

图书在版编目(CIP)数据

城市更新与空间治理/田莉等著.—北京：清华大学出版社，2021.8(2023.7重印)
高等院校城乡规划学系列教材
ISBN 978-7-302-58239-7

Ⅰ.①城… Ⅱ.①田… Ⅲ.①城市规划－高等学校－教材 Ⅳ.①TU984

中国版本图书馆 CIP 数据核字(2021)第 093784 号

责任编辑：刘一琳
封面设计：陈国熙
责任校对：王淑云
责任印制：刘海龙

出版发行：清华大学出版社
网　　址：http://www.tup.com.cn，http://www.wqbook.com
地　　址：北京清华大学学研大厦 A 座　　**邮　　编**：100084
社 总 机：010-83470000　　**邮　　购**：010-62786544
投稿与读者服务：010-62776969，c-service@tup.tsinghua.edu.cn
质量反馈：010-62772015，zhiliang@tup.tsinghua.edu.cn
印 装 者：大厂回族自治县彩虹印刷有限公司
经　　销：全国新华书店
开　　本：203mm×253mm　**印　张**：15.5　**插　页**：2　**字　　数**：352 千字
版　　次：2021 年 10 月第 1 版　**印　　次**：2023 年 7 月第 2 次印刷
定　　价：49.80 元

产品编号：090681-01

高等院校城乡规划学系列教材

总　　序

中国城镇化进入快速发展时期，快速的城市发展和增长也导致一系列的城市问题。针对这些背景和问题，作为城市发展和建设的主流学科也面临新的教材建设需求。清华大学出版社长期致力于高等教育教材的研究和出版，始终坚持弘扬科技文化产业、服务科教兴国战略的出版方向，是国家一级出版社，也是中宣部、新闻出版总署和教育部表彰的全国优秀出版社和先进高校出版社，并获得了"中国出版政府奖先进出版单位奖"。在教育部"普通高等教育'十一五'国家级规划教材"和"普通高等教育'十二五'国家级规划教材"的评选中，清华大学出版社的教材入围品种数均位居前列。本次受清华大学出版社特别邀请担任此套丛书的主编，共同规划出版"高等院校城乡规划学系列教材"，以总结教学体制改革和教学内容更新的成果，推进城乡规划专业的教学发展。

本套教材丛书囊括本科和研究生课程，规划出版36本，具有如下鲜明特色：(1)选题范围广，包括本科和研究生教材；(2)具备前沿性，能反映时代发展方向，知识体系尽量与国际接轨；(3)突出实用性，理论部分充分结合案例，推荐阅读材料，拓宽学生视野；(4)注重新颖性，填补教材空白；(5)采用模块结构，每个模块包含几本相关的教材；(6)立体化建设，配套教学课件等，便于教师授课；(7)该教材系列将为不同的课程提供多元化选择，在模块内选择必读教材和参考书；(8)为相应教材提供教学培训，为教师提供交流平台。

顾朝林

2016年9月

前　言

新型城镇化与生态文明战略实施以来,以"增长主义"为特征的城市扩张放缓了步伐,城市更新逐渐成为很多城市未来发展的主要战略。城市发展战略的转型呼唤治理模式的转型,城市更新中的治理成为建构国家现代化治理体系的重要组成部分。由于更新涉及复杂的多元利益与权属的调整,其规划的编制、实施管理与传统的增量规划存在显著差别。作为空间治理最重要的工具,更新规划在应对利益主体的碎片化与平衡个体、集体和公众利益中扮演着关键角色。本书总结新中国成立以来尤其是过去十多年来各地的更新实践,并从空间治理的视角,深刻分析更新中的政府—市场—社会关系,对未来我国可持续的城市更新进程具有重要意义。为此,我们编写此书,分析城市更新与空间治理的概念内涵与相关理论,总结国内外代表性城市的城市更新实践,系统分析城市更新中的利益博弈问题,然后聚焦于城市更新模式转型的参与式规划与规划成果编制,最后提出城市更新与空间治理的顶层设计与地方制度安排,以期为我国的城市更新规划与空间治理提供借鉴与参考依据。

全书大纲、目录、具体内容及主要参考文献由田莉拟定,并对全文内容进行统稿与修改。具体编写人员分工如下:

第一章由梁印龙、于江浩撰写;

第二章由黄安、严雅琦撰写;

第三章由姚之浩、蒋卓君、刘锦轩、杜一凡撰写;

第四章由梁印龙、田莉、于江浩、蒋卓君撰写;

第五章由姚之浩、刘晨撰写;

第六章由吴雅馨、田莉撰写;

第七章由姚之浩撰写;

第八章由姚之浩、田莉、梁印龙撰写。

本书获得了国家社科基金重大项目(基于国土空间规划的土地发展权配置与流转政策工具研究)与北京卓越青年科学家计划(JJWZYJH01201910003010)的资助。本书的出版得到清华大学出版社的鼎力支持,特此致谢。因本书编写时间有限,文中的错误或疏漏由作者负责,敬请读者谅解。

田　莉

2021年3月

前言

目 录

第一章 导论

自城市诞生之日起，城市更新就作为自我调节机制存在于城市发展过程中。而真正使城市更新这一问题凸显出来的，是18世纪后半叶在英国兴起的工业革命(阳建强，2012)。以英国、美国、法国等为代表的西方国家最早开始城市更新的理论研究与实践探索。我国城镇化进程总体滞后于西方，因此城市更新的探索实践也晚于西方，并经历了从国外引进城市更新概念到本土创新的转变。由于国情、制度体制、发展阶段等方面的差异，中西方在城市更新的概念、内涵上存在着显著差异，本章将通过历史梳理的方式，探讨中西方城市更新概念的发展演变过程及其内涵差异。

第一节 城市更新的概念与内涵

(一) 西方城市更新的概念与内涵

1. 英国城市更新的概念演进

作为工业革命的发源地，英国在西方国家中较早开始进行现代城市更新活动，与工业革命前城市建设改造更注重艺术美学不同，在快速工业化、城镇化背景下，城市人口剧增，住宅供给短缺。尤其是在大城市的老城区，高密度居住普遍引发了城市拥挤、环境污染、卫生条件恶劣、传染病蔓延、高犯罪率、贫民窟等一系列城市问题，促使政府不得不重视城市更新，并逐步演化为改善社会民生的公共行动。19世纪末，英国城镇化水平超过70%，城市问题集中爆发，以清除贫民窟为标志进入大规模的城市更新时期。"二战"后开始大规模实践与理论总结，经历了"城市重建(urban reconstruction)—城市复苏(urban revitalization)—城市更新(urban renewal)—城市再开发(urban redevelopment)—城市再生(urban regeneration)—城市复兴(urban renaissance)"的阶段(表1-1，图1-1)。20世纪70年代以后，英国城市更新概念总体趋于稳定，较为著名的定义为《城市更新手册》中提出的"城市更新是试图解决城市问题的综合性的和整体性的目标和行为，旨在为特定的地区带来经济、物质、社会和环境的长期提升"(阳建强，2012)。表1-2列举了英国"二战"以来城市更新在不同发展阶段概念、内涵与目标措施的变化，可以看出城市更新内涵的多维化，从物质空间的改善逐步过渡到对社会、经济和环境全方位的关注。

表 1-1 英国城市更新概念变迁

更新概念	城市重建—城市复苏—城市更新—城市再开发—城市再生—城市复兴
更新对象	贫民窟—内城地区—整个城市
更新目标	清除贫民窟—解决住房需求—内城复苏、经济振兴—多元综合—社会公平与可持续发展
更新手段	推倒重建—注重经济手段—多元、综合、平衡手段

来源：根据《西欧城市更新》一书总结

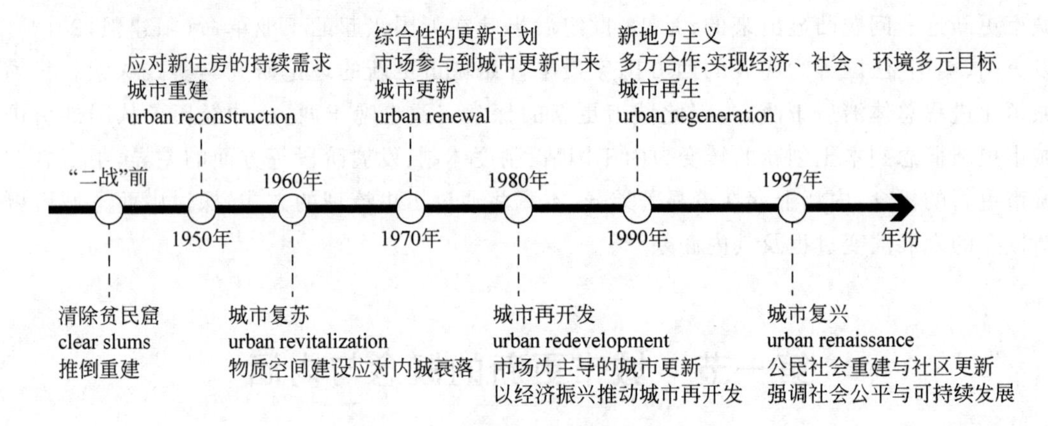

图 1-1 英国城市更新概念发展演变

来源：作者自绘

表 1-2 英国城市更新的阶段演化

时　期	特　征	目　标	措　施
“二战”前	城市化快速发展，城市人口剧增，引发老城公共问题	清除老城区中的贫民窟	1875 年颁布《公共卫生法》《住宅改善法》，第一次提出关于清除贫民窟的法律规定。1890 年颁布了《工人阶级住宅法》，要求地方政府采取具体措施改善不符合卫生条件的居住区的生活环境
20 世纪 50 年代	城市的战后重建，需要快速提供城市人口居住空间	应对新住房的持续需求	城市重建计划的主要行动者和利益相关人是国家和地方政府，加上一小部分私人公司。依靠国家的控制和提供服务来指导城市变化的过程，私人在开发和土地上的利益必须要服从公共利益
20 世纪 60 年代	旧城中心地区发展缓慢，在物质、经济和社会方面已经全面衰落	应对内城衰落，解决住房与人口压力	内政部制订了城市计划，严重衰落的地区将受到中央的资助，以帮助完成城市和社会服务。项目投资的 75%由国家资助，剩余部分由地方政府解决

续表

时　期	特　征	目　标	措　施
20 世纪 70 年代	重新思考内城问题，不再仅仅关注物质空间的更新，市场力量开始参与到城市更新中	给予城市贫困和城市经济复兴足够的重视	1977 年的内城白皮书标志着城市更新理念的重大转变，从原来只关心物质空间开发到试图协调物质、经济和社会的综合政策。主流的城市政策，包括住房、规划和工业布局都与内城的衰落联系起来，提出四大关键问题：①增长的城市贫困；②住房需求；③低收入者失业问题；④城市中心的少数民族聚居带来的社会隔离问题
20 世纪 80 年代	城市再开发，市场为主导的城市更新，政府通过企业手段推动更新	从根本上解决内城衰败问题——经济衰落	市场、私人部门开始有机会成为城市更新中的主导者。城市开发公司和企业区成为推进城市更新的两个最重要手段，政府先后出台政策设置城市开发资金、城市更新资金，促进市场力量加入到城市更新中来
20 世纪 90 年代至今	城市再生，管理型、竞争型和合作型的城市更新方式，政策和实践的导向也趋向物质、社会和经济战略的整合	多方合作，实现经济活力再生、社会功能恢复、社会问题解决、生态环境改善	试图将规划及更新决策权交还地方，地方权力机构与公共部门、私人部门和自愿团体建立伙伴关系，使更新目标更具社会性。通过资助安排，加强主要行动者、利益相关人的联合，资助公共部门的比例接近私人部门的水平，从以资助私人部门为主过渡到平衡公私部门

来源：根据《西欧城市更新》一书总结

2. 法国城市更新的概念演进

法国作为欧洲大陆国家和传统农业国，城镇化进程滞后于英国，其城市更新经历了四个重要阶段(表 1-3，图 1-2)：①19 世纪中叶的奥斯曼改造表明城市更新成为早期城市美化和形象建设的重要手段。至 19 世纪末，城镇化水平超过 30%，城市更新仍然主要集中在对巴黎的城市改建与美化上。②第一次世界大战后，大量人口涌入城市引发了未经规划、混乱无序的住宅建设热潮，法国政府于 1919 年通过了《城乡规划法》以统筹战后重建。③第二次世界大战以后，为了解决住房危机，法国推出了“以促进住宅建设量”为首要目的的住宅政策。城市更新运动主要表现为对城市衰败地区的大规模推倒重建，重新组织和调整居住区空间结构，使其重新焕发活力。尽管对衰败地区以推倒重建为主，但在对旧城区的活化和再利用中，法国十分注重保护性更新，特别是对于历史文化悠久的城市。1970 年左右，城镇化水平突破 70%，城市更新逐渐成为综合解决城市社会及发展问题的手段。④20 世纪 80 年代后，开始重视城市化发展后期产生的社会隔离等深层次问题，城市更新逐步演变成为消除社会隔离，有效解决和促进社会融合问题的重要手段。2000 年颁布的《社会团结与城市更新法》标志着法国的城市更新进入到新的阶段，它将城市更新定义为：推广以节约利用空间和能源、复兴衰败城市地域、提高社会融合为特点的新型城市发展模式(刘健，2009)(表 1-4)。

表 1-3 法国城市更新的阶段演化

时　期	特　征	目　标	措　施
19 世纪	改善环境，城市形象美化	缓解城市迅速发展与其相对滞后的功能结构之间的矛盾	通过拓宽道路，疏解城市交通，规范道路沿线建筑高度、形式，建设大面积公园，完善市政工程等，使巴黎成为当时世界上最美丽、最现代化的大城市之一
“一战”后	通过《城乡规划法》，统筹城市重建	重建被毁城市	20 世纪初，城市化进程的加快导致人口大量涌入城市化密集区，无政府主义的城市建设愈演愈烈，大量是未经规划的、零散的住宅建设。1919 年通过《城乡规划法》，统筹城市重建
“二战”后（1945—1980 年）	“以促进住宅建设量”的大规模住宅重建，推倒重建的同时注重历史文化遗产区的维修更新	解决战后住房危机	在城市郊区大规模、快速地兴建社会住宅。城市衰败地区的大规模推倒重建，重新组织和调整居住区空间结构，使其重新焕发活力。重建模式主要由政府主导。旧城区的活化和再利用中，十分注重保护性更新，在保护好历史文化遗产的基础上，对建筑物进行维修，改造现有城市街区
20 世纪 80 年代后至今	社会隔离成为当时法国社会的主要矛盾	解决社会隔离，达到社会融合	试图通过社会住宅物质空间或者社会环境的改善来重新吸引中产阶级的入住，2000 年颁布的《社会团结与城市更新法》(SRU)标志着法国城市更新建设步入了一个新阶段。《社会团结与城市更新法》的主要目的除了促进社会融合、反对社会隔离外，还包括保证社会住宅的建设量和改善住房质量

来源：根据《西欧城市更新》一书总结

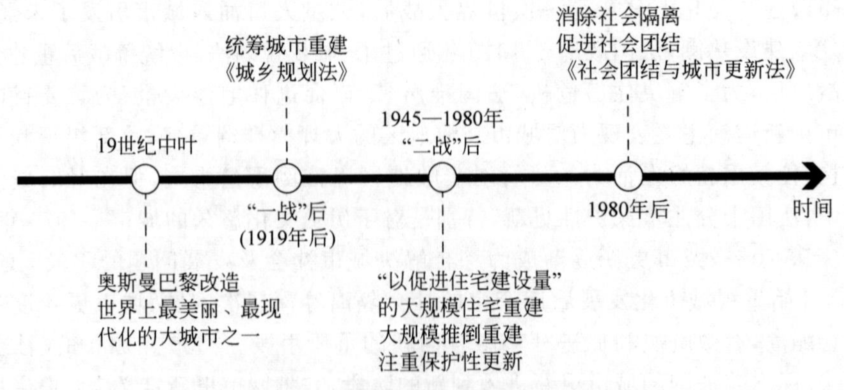

图 1-2 法国城市更新发展演变过程

来源：作者自绘

表 1-4 法国现代城市更新概念辨析

更新概念	更新对象	更新目标	更新手段	更新政策
城市更新运动（“二战”后）	城市衰败地区	解决住房危机，“以促进住宅建设的量”为首要目的	大规模推倒重建＋保护性更新	由政府主导设立住宅改善基金，改善居民居住条件
新型城市发展模式（2000年后）	涉及整个城市	推广节约利用空间和能源、复兴衰败城市地域、提高社会融合	微改造＋异质人口混合居住	让不同社会阶层实现混合居住

3. 美国城市更新的概念演进

相较其他西方国家，美国国家历史较短，又较早接受了工业文明，城市更新发展主要源于近现代，其早期目标与西欧国家相似，都是清除城市中的贫民窟。19世纪末至20世纪初发生了著名的“城市美化运动”，为恢复城市中心的良好环境和吸引力而进行的城市“景观改造运动”，核心思想就是恢复城市中失去的视觉秩序与和谐之美，采用古典主义加巴洛克的风格手法设计城市。其影响传遍世界各地，1920年城镇化率即突破50%。美国真正的“城市更新”的概念起源于《1949年住宅法》（*The Housing Act of 1949*）中“城市再开发”（urban redevelopment），原目标为市中心区拆除重建，后转向以邻里社区为目标，旨在配合住宅政策，解决住宅问题，并在《1954年住宅法》（*The Housing Act of 1954*）中正式使用urban renewal一词，其主要内容是针对都市里的贫民窟和衰退区进行住宅改造行动，之后的发展过程中逐渐加进社会经济因素的考虑，如“社区改善”“示范城市”“都会发展方案”等，它的目标由原来简单的住宅改造而逐步结合社会福利、商业再发展等目标（阳建强，2012）。20世纪70年代，城镇化水平突破70%，城市更新成为了城市稳定时期内可持续发展的总体策略。其城市更新可定义为“通过维护、整治、拆除等方式使城市土地得以经济合理地再利用，并强化城市功能，增进社会福祉，提高生活品质，促进城市健全发展”，其含义已较城市再开发更积极、更具综合性（表1-5，表1-6，图1-3）。

表 1-5 美国城市更新概念辨析

更新概念	更新对象	更新目标	更新手段	更新政策
城市再开发（urban redevelopment）（1949住宅法案）	贫民窟	市中心区贫民窟拆除重建	推倒重建	“推土机式”的拆除重建
城市更新（urban renewal）（1954住宅法案）	贫民窟、社区、丑陋建筑物、历史遗迹等	以邻里社区为主，住宅改造并结合社会福利、商业再发展	维护、整治、拆除	配合住宅政策，解决住宅问题

表 1-6 美国城市更新的阶段演化

时　期	特　征	目　标	措　施
1949—1954 年	城市改造，大规模清除贫民窟，兴建公共住宅	清除贫民窟	1949 年的联邦住宅法第一章明文规定，城市改造以清除贫民窟为对象。该项工作 20 世纪 20 年代即已开始，后因战争中断。战后更新事业投入大量人力与财力
1954—1968 年	改变既有推倒重建模式，差异化地区实施更新	不仅物质空间改造，还需要解决贫民窟根源	1954 年的住宅法，正式将法律用语“城市再开发”改为“城市更新”，并将更新施行地区分为贫民窟地区、丑陋地区和恶化地区等三类，增加修护（rehabilitation）和保存维护（conservation）的观念和手法，使城市更新的内涵更为充实，强调对原住民的迁徙安置以及管理等制度建设
1968—1973 年	综合的社区更新计划及模范城市方案	实现城市社区的综合更新	技术上由联邦、州、地方政府及民间力量多方参与加以合作解决，既包括低收入住宅的兴建，附属设施及公共设施的补充、混合使用，又对教育、文化、保健、就业等非实质问题加以解决。由于更新事业所牵涉的层面相当多，因此如何将社区居民的参与和共识掺入更新计划中成为更新计划成败的关键
1974 年至今	能源危机后，趋向小规模区域的整旧复新或保存维护	采取更经济务实的手段实现更新的综合效益	强化社会计划等无形的软件建设，加上对节省能源的更新技术的开发加以重视，对经济效益及财政有相当的帮助，对城市中心区的维护整修的更新形态也渐渐增多

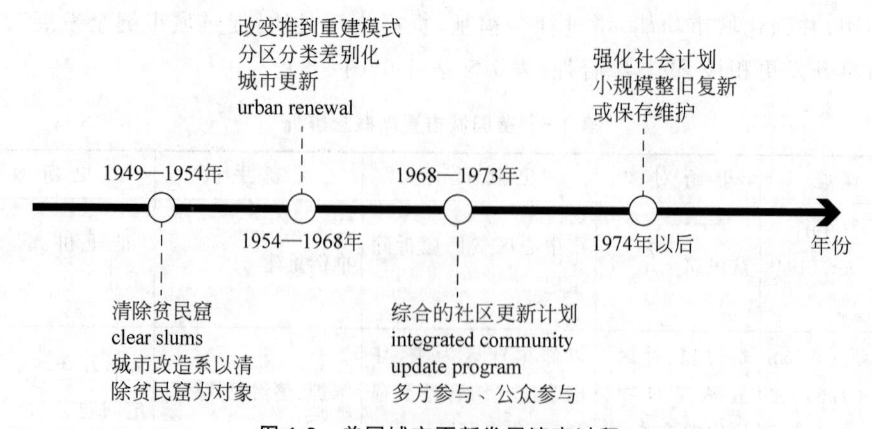

图 1-3 美国城市更新发展演变过程

来源：作者自绘

(二) 中国城市更新的概念与内涵

受城市化发展阶段的制约，中国的城市更新起步相对较晚，城市更新的概念发展脉络并不清晰。同时，由于体制机制的差异，中西方在城市更新概念与内涵方面存在较大差异。我国城市更新概念的演变经历了“外引内消”的过程，从最开始简单援引西方国家城市更新概念到逐渐形成具有中国特色的城市更新概念，具体可以分为“初步引入”“多元完善”“本土创新”三大阶段。

1. 第一阶段：初步引入

20 世纪八九十年代，国内学者开始初步引入国外城市更新的相关概念，概念的诠释与西方国家存在很大的相似性。如 20 世纪 80 年代初，陈占祥先生较早引入“城市更新”概念，强调城市更新是城市的“新陈代谢”过程，目标是振兴大城市中心地区的经济，增强其社会活力，改善其建筑和环境，吸引中、上层居民返回市区，通过地价增值来增加税收，以此达到社会的稳定和环境的改善；吴良镛先生于 1994 年提出了“有机更新”概念，从城市的“保护与发展”出发，体现“可持续发展”思想(翟斌庆，伍美琴，2009)。

2. 第二阶段：多元完善

进入新千年后，更多国外城市更新概念被引入国内，如 2004 年张平宇从城市化过程中出现的城市问题角度提出“城市再生”概念；2005 年吴晨提出“城市复兴”，强调整体观以及改善结果的持续性；2007 年于今对“城市更新”概念进行了补充，强调更新应包括物质环境和非物质环境的持续改善；2010 年阳建强进一步完善了“城市更新”概念，认为城市更新是一种城市的自我调节机制，通过结构和功能调节使其能够不断适应未来社会和经济的发展需求。总之，这一阶段我国城市更新的概念更加多元，并结合我国国情进行了优化完善。

3. 第三阶段：本土创新

新常态以来，我国城市发展进入存量发展阶段，一些大城市在较短的时间内就完成了发达国家近百年的城市化进程，集中爆发了严重的“城市病”，对于“城市病”的关注和治理也越来越引起国家的重视。2015 年“城市双修”(生态修复、城市修补)[①]的提出，标志着我国开始基于本国国情提出本土化城市更新概念。城市双修成为城市更新的新形式，成为治理城市快速成长带来的“城市病”、改善人居环境、转变城市发展方式的有效手段。

综上可以看出，国内城市更新概念及内涵随中国城市化发展阶段变化而变化，从早期解决经济发展、历史保护、功能提升等具体问题逐步演化至综合解决城市发展中的问题，成为推进城镇化高质量发展的重要措施与手段。当前阶段的城市更新已经演变为“时空压缩”城镇化背景下解决“城市病”的一种空间治理手段(表 1-7)。

---

① 2016 年，中华人民共和国住房和城乡建设部《关于加强生态修复城市修补工作的指导意见》中提出“生态修复、城市修补”是指用再生态的理念，修复城市中被破坏的自然环境和地形地貌，改善生态环境质量；用更新织补的理念，拆除违章建筑，修复城市设施、空间环境、景观风貌，提升城市特色和活力。

表 1-7 我国代表性的城市更新概念

阶段	作者	概念	年份	表述
初步引入阶段	陈占祥	城市更新	1980	强调城市的新陈代谢过程，突出经济发展中城市更新的作用。城市总是经常不断地进行着改造和更新，经历着“新陈代谢”的过程。城市更新的目标是振兴大城市中心地区的经济，增强其社会活力，改善其建筑和环境，吸引中、上层居民返回市区，通过地价增值来增加税收，以达到社会的稳定和环境的改善。更新的方法，除了对设施过于简陋地区进行“推倒重来”的改建以外，还注意对有历史价值和反映地方风土人情的旧建筑物和地区进行维修保护，在保存房屋原有外貌的条件下，改建内部，装备现代化的设施
	吴良镛	有机更新	1994	从城市的“保护与发展”出发，当中体现“可持续发展”的思想。“有机更新”即采用适当规模、合适尺度，依据改造的内容与要求，妥善处理目前与将来的关系——不断提高规划设计质量，使每一片的发展达到相对的完整性，这样，集无数相对完整性之和，即能促进北京旧城的整体环境得到改善，达到有机更新的目的
多元完善阶段	张平宇	城市再生	2004	从城市化过程中出现的城市问题角度出发来定义。“城市再生”是伴随城市化的升级，针对现代城市问题，制定相应的城市政策，并加以系统地实施和管理的一个过程
	吴晨	城市复兴	2005	强调整体观以及改善结果的持续性。用全面及融汇的观点与行动来解决城市问题，寻求一个地区在经济、社会及自然环境条件方面的持续改善
	于今	城市更新	2007	强调衰落地区的整体改造与提高，包括物质环境和非物质环境的持续改善。“城市更新”是对城市中某一衰落的区域进行拆迁、改造、投资和建设，使之重新发展和繁荣。它包括两个方面的内容：一方面是客观存在实体(建筑物等硬件)的改造；另一方面为各种生态环境、空间环境、文化环境、视觉环境、游憩环境等的改造与延续，包括邻里的社会网络结构、心理定势、情感依恋等软件的延续与更新
	阳建强	城市更新	2010	城市更新改建作为城市自我调节机制存在于城市发展之中，其主要目的在于防止、阻止和消除城市衰退，通过结构与功能不断地调节相适，增强城市整体机能，使城市能够不断适应未来社会和经济的发展需求，建立起一种新的动态平衡
本土创新阶段	住建部	城市双修	2015	城市双修是指“生态修复、城市修补”，是指用再生态的理念，修复城市中被破坏的自然环境和地形地貌，改善生态环境质量；用更新织补的理念，拆除违章建筑，修复城市设施、空间环境、景观风貌，提升城市特色和活力

注：表格根据翟斌庆、伍美琴的论文《城市更新理念与中国城市现实》整理

(三) 城市更新的概念与内涵辨析

1. 城市更新概念的发展演变特征

从中西方城市更新概念的发展演变历程,可以看出其概念随着时代发展产生了很大变化,具有三个显著特征:第一,城市更新是一个问题导向的概念(董玛力等,2009),城市重建、城市复苏、城市更新、城市再开发、城市再生、城市复兴等众多概念实际上都是针对不同城镇化阶段面临的核心城市问题提出的城市发展策略;第二,城市更新是动态的概念,并不是一成不变的,上述提到的诸多城市更新概念都伴随着城市发展而不断变化;第三,城市更新的概念随着对"城市是什么"理解的不断加深而不断演变,城市认知从"城市是可以复制的机械体",到"城市是一个有机体",再到"城市是具有自我演化规律的生命体",对待机械体、有机体、生命体的更新必然产生本质差别,也就导致了更新概念的相应变化。如城市重建的英文 reconstruction,侧重通过物质空间或运行机制建设,恢复、重现到原先的状态、水平,而之后提出的城市复苏概念,其英文 revitalization 侧重对有机生命的激活、活化,以及城市再生的英文 regeneration,侧重对有机生命体的再生、使再生,这些概念都已将城市看作一个生命体,要求人们以更加审慎的态度对待城市更新。

2. 狭义的城市更新:应对老城衰退的旧城更新

狭义的城市更新特指西方国家 20 世纪 70 年代以来为解决内城衰退而采取的城市发展手段。最早由 1954 年美国艾森豪威尔成立的顾问委员会提出,并被列入美国当年的住房法规中。而对其较早亦较权威的界定来自 1958 年 8 月在荷兰海牙召开的城市更新第一次研讨会,其对城市更新的阐述如下:"生活于都市的人,对于自己所住的建筑物、周围环境或通勤、通学、购物、游乐及其他生活有各种不同的希望与不满:对于自己所住房屋的修理改造以及街道、公园、绿地、不良住宅区的清除等环境的改善要求及早施行;尤其对土地利用的形态或地域地区制度的改善、大规模都市计划事业的实施以形成舒适的生活与美丽的市容等都有很大的希望——所有有关这些的都市改善就是都市更新(urban renewal)。"比较具有代表性的还有比森克(buissink,1985)的观点:"城市更新是旨在修复衰败陈旧的城市物质构件,并使其满足现代功能要求的一系列建造行为。"其中包括小块修复、大面积修缮、调整建筑内部结构以及全拆重建等多种行为。因此,狭义的城市更新概念可以表述为:对旧城物质空间的改善与提升的规划建设活动,并由此达到环境与风貌改善、生活生产品质提升等目标。应当说,狭义的城市更新主要是旧城规划与建设的一种行为方式,是提升城市建成区品质的一种手段。

需要指出的是,与西方城市发展中出现旧城衰退不同的是,在过去中国 30 年的城市化进程中,中国城市的旧城区在城市发展中始终占据举足轻重的地位,且未出现明显的衰退,反而是地价较高、设施较为完备、活力充沛的地区,旧城区的社会问题也远没有西方城市那么严重。从当前中国旧城更新来看,更多的是在现有较好发展条件的基础上,如何提升高端功能,营造高品质空间,增强城市综合竞争力。旧城区地价上涨后带来的经济利益也成为推动旧城更新的重要驱动力。所以,与西方被动应对旧城衰退而采取城市更新方式不同的是，中国的城市更新更多的是为主动提升和最大化旧城价值与效益而采取的手段。

3. 广义的城市更新：泛化为整个城市的发展策略

从欧美发达国家城市更新发展实践看，由于城市化趋于稳定，城市发展进入到存量时代，城市更新的概念已经泛化为城市发展策略，即当前阶段的城市发展很大程度上需要依托城市更新来完成。因此，城市更新涉及的领域越来越广，处理的问题越来越复杂。因此，广义的城市更新可以表述为：对整个城市地区及与之紧密联系的生产生活区域的经济、社会、环境、文化等诸方面进行的关于改善与提升的发展策略与行动，覆盖全部城市发展区域与发展过程。可以看出，广义的城市更新是城市化发展到稳定阶段后，关系城市发展的一种全局战略。

第二节　空间治理的概念与内涵

(一) 治理与空间治理相关概念辨析

1. 从“管理”到“治理”

“治理”(governance)一词，最早源于古希腊语，指在“一定范围内行使权力”“控制”或“管理”等。自古以来，“治理”和“管理”一直被相互交叉使用，用来泛指国家或政府机构的管理活动，被广泛应用于政治学相关研究之中。在这一阶段中，“治理”作为政府执行权力的活动过程，其权力向度是自上而下的单向管理，政府外的其他群体属于“被治理的对象”，国家通过平衡生产和消费来维持社会稳定，同时提供社会所需的公共服务和秩序建设。然而，伴随社会经济的发展和外部环境的不断变化，传统“管理型治理”的弊端不断显露。

20 世纪 70 年代中期，传统福特主义指导的生产方式引起大规模经济危机，政府无法供给足够的公共物品，同时出现大量腐败、财政赤字、效率低下的问题，私人机构(市场机制)被引入治理体系内，代替了部分政府的治理主体责任。以英国撒切尔夫人、美国里根总统为代表的新自由主义政策是其中的典型，治理内涵发生了变化。

20 世纪 80 年代以后，以市场为主导的调节机制在治理中也出现失灵。市场无法解决宏观总量的平衡问题，同时由于地方政府从公共利益代言人变为追求自身利益的权力组织，使得社会收入不均等问题无法妥善解决。这一阶段，如何有效发挥国家/政府在治理体系中的作用再次成为学界关注的焦点，政府与市场双重失灵的两难困境使学者们开始探索新的公共管理模式，现代治理理念逐渐兴起。

1989 年，世界银行在对非洲撒哈拉以南地区的研究报告中使用“治理危机”(crisis in governance)一词形容非洲所面临的情况，认为非洲所需要的是政府、市场和私人对资源的协调和平衡，相比于技术和资金，“良好的治理”是更加急迫的需求。1992 年，世界银行发布题为“治理与发展”的年度报告；1995 年联合国有关机构成立“全球治理委员会”，提出现代意义上的治理概念；1996 年联合国开发计划署发布题目为“人类可持续发展的治理、管理的发展和治理的分工"的年度报告，自此现代治理理念广泛普及并迅速发展。

在1995年全球治理委员会发表的研究报告《我们的全球伙伴关系》中，将现代治理定义为"政府、公众、个人和组织机构管理其共同事务的所有方法的总和：治理的过程是一个使相互冲突或不同的利益可以得到调和并相互协作的过程，既包括具备强制力的制度和政体，也包括各群体达成共识的非制度性的规则"。

与强调政府权威的"管理"相比，治理更加强调多方参与，是一个去中心化的过程。它既包括市场调节，也有社会和公民参与决策，其权力的分布是多元的、分散的、互动的。同时，治理更加强调利益协调的全过程，"治理既不是规则也不是某次特定的管理行动，而是利益协调的持续互动的全过程；其基础是协调而不是控制，其范围从公共部门到私人个体，其构成是持续互动而不仅是某个正式制度"(Commission on Global Governance，1995)。

治理理论具有以下几个特点：①治理行为的主体既包括政府，也包括私人部门（市场）和第三部门（社会）的共同参与，公共部门和私人领域的责任和权力边界存在重叠和模糊，治理网络内各组织间存在权力依赖；②治理意味着参与者最终会形成一个自主网络（自组织）进行持续性的互动，组织内的各组成员为了不同的目标进行资源交换和协调博弈；③治理过程是基于网络内部成员共同承认的规则进行的综合博弈过程，具有高度的自主性，政府需要通过技术和工具来引导治理而不是利用权威进行管理(Stoker，1998；Rhodes，1997；Lobel，2005)。

总结来说，管理是以政府为权威、公众机构为统治主体的行为，其权力向度为从上至下；治理是一个以"去中心化""多元化"为思想基础的上下互动的过程，是一个以协调为基础、以利益平衡为目标，涉及公共部门和私人部门的持续过程（俞可平，1999）。

2. 从治理到空间治理

随着治理内涵的不断拓展、有关理论的不断深入，其应用范围也从政治学拓展到社会经济、城市发展等有关领域，产生了"城市治理""空间治理"等相关理论与应用研究。

在现代治理体系中，城市治理是各级政府、机构、社会组织、个人等多元主体管理城市共同事务的诸多方式的总和，是包括政府部门和私人部门的多元主体共同解决城市问题、实现城市利益最大化的一个过程，是"治理"理论在以"城市"为边界的空间范围内的运用。皮埃尔将城市治理模式归纳为4种：管理模式、社团模式、支持增长模式和福利模式(Pierre，1999)。与国家治理相比，城市治理更加强调区域性、地方性的治理要素，包括城市政府、市场和社会主体在城市发展中的介入，其治理边界为"城市边界"，治理对象为"空间"，治理手段为"权力的应用"。在城市治理理论发展的过程中，研究地理单元也不断变化，既包括大城市及其周边地区的区域范围，也包括城市环境内的特定区域。空间治理是更加广义的城市治理，其指通过资源配置和引导实现城乡空间的有效、公平的利用和各地区相对均衡的发展。城市规划（或空间规划）的本质就是空间治理，即通过政府、非政府多元化利益集团的协调，对城市与区域内的各类事务进行治理（张京祥，2014）。

3. 善治

治理理论的提出旨在解决市场失灵、政府管理不足等问题(Jessop，1998)，但该理论也存在局限性，例如有效治理需要建立在政府、市场和第三方的有效整合上，治理主体多元化带来的目标多元容易引发主体之间的矛盾等。

为了避免治理失效的局面，一些国际组织和大量国外学者提出了一些新的理论以弥补治理理论的局限，其中最具代表性的是"善治(good governance)理论"，希望通过构建包含"一种有效率的公共服务、一种独立的司法体制以及履行合同的法律框架对公共资金进行负责的管理；一个独立的、向代议制的立法机构负责的公共审计机关；所有层次的政府都要遵守法律、尊重人权；多元化的制度结构以及出版自由"的治理体系以实现"良好的治理"(Leftwich，1993)。

善治强调以公共利益最大化为目标进行社会管理，它不同于"政府治理""公共行政"，是政府与公民社会对公共生活的合作管理，具有更加广泛的公共治理内涵。善治适应了现代社会非政府主体在公共治理活动中崛起的要求，其目标是通过多元化的治理方式与手段，实现政治国家与公民社会的最佳结合状态(俞可平，2014)。

在善治具体的执行原则上，国际组织和学者间存在不同的界定。联合国亚洲及太平洋经济社会委员会将善治归纳为"共同参与、厉行法治、决策透明、及时回应、达成共识、平等包容、实时效率、问责制"八项原则(UNESCAP，2009)；世界银行认为善治应该包括"健全的法制与守法的观念、拥有能正确公平地执行公共支出的良好行政体系、政府高度负责、政策公开透明"等原则。总结归纳各组织观点的共性，可将善治的基本要素归纳为"合法性、透明性、责任性、法制、有效的回应"五项内容，同时需要以广泛的参与为基础(俞可平，2001)。

在城市治理(空间治理)的实践过程中，需要得到认可的空间治理体系建设(合法性)、易于监管和理解的制度规范(透明性)、责权清晰的治理分配(责任性)、法治性和对于居民诉求的有效解决，来平衡、协调多方利益，实现城市公共利益的最大化，以实现"善治"的治理目标。

4. 网络化治理与整体性治理

现代治理理论主要包括网络化治理与整体性治理两种研究模式，其侧重点各有不同。网络化治理侧重于政府与非政府行动者间的合作，而整体性治理强调政府内部不同部门或不同层级间的合作，但两者在本质上都强调在治理过程中一个行动者与其他行动者进行合作。

1）网络化治理

网络化治理模式认为，治理过程就是包含不同行动者的网络的运行过程，治理就是对网络的管理(Rhodes，1997)。这一模型将政府与企业之间的市场治理、政府和公民之间的公民社会治理、企业与公民之间的私人治理整合成综合治理网络进行分析，具有独特的分析优势(Hwolett，Ramesh，2015)。政府可通过劝说、引导行动者参与的"激活"(activation)，促进各行动者相互协作的"协调"(orchestrate)，综合采用奖惩措施以调整参与者行动的"调节"(modulation)等手段，对治理网络进行引导(Salamon，2001)。这一模式强调治理的工具在于激励和沟通，核心是网络内各行动者的协调，要对网络进行整体分析，同时关注客观资源等结构性因素和制度等文化性因素，以提高治理网络的整体效益（Kickert，1994）。

2）整体性治理

整体性治理模式则更注重政府内部各组织、部门之间的整体性合作，是继传统公共行政和新公共管理后的改革理论，其核心是“整合”。1997年，佩里·希克斯在《整体政府》一书中提出了“整体治理”的概念，他认为政府的治理主题应该向“整体政府（协同政府）”进行转变。2002年，Perri在《迈向整体治理》一书中提出21世纪的政府不能再“放任”各个部门围绕各自的目标“单打独斗”，而应该推动“整体性治理”，在整体政府的维度概念上构建制度化的协调机制，自此整体性治理理论正式诞生（Perri et al.，2002）。整体性治理理论有明确的时代特征，全球一体化背景下，社会对经济效率的运行要求不断提高，“新公共管理”理论下的分权化、市场化的组织结构造成的政府机构碎片化与高效的治理需求背道而驰，需要进行整合。整体性治理通过资源整合，解决“碎片化”所带来的诸如机构责任转嫁、政策目标冲突/重复所造成的资源浪费、干预效率低下、各自为政、相互掣肘等政府管理问题，而这恰恰是“治理”中的协同、合作、整合或整体性运作模式所欲解决的问题（Perri et al.，2002）。与传统治理理论相比，整体性治理强调公众利益的核心地位，通过信息技术、共享平台的利用，推动政府流程的简便化、透明化，整体性对治理进行重新整合，以提高治理效率和社会发展的可持续性。

整体性治理提出了一种新型的治理范式，这种范式不是政策工具意义上的模式变化，而是治理理论在全球的发展过程中的一次理念重塑，用以应对传统公共行政时期“官僚制”价值体系的衰落，以及对新公共管理在强“效率”过程中所造成的政府服务裂解“碎片化”的策略性、修正性的调整，是一种治理理念的重塑（许可，2015）。而这种“整合”实质上是以官僚制为基础的，全新的信息技术的平台也同样以官僚制组织为其运作主体。希克斯认为，整合的程度越高，政府的凝聚力就越大，部门间各自为政就越少，连接就越紧密，权力也相对更加集中（竺乾威，2008）。在由分散走向整体的过程中，政府的效能及管控力获得了提升。

3）适应性治理

适应性治理是通过协调环境、经济和社会之间的相互关系来建立韧性管理策略，调节复杂适应性系统的状态，从而应对非线性变化、不确定性和复杂性的理论（Chaffin et al.，2014）。适应性治理的形成大约经历了适应性管理（adaptive management）、适应性共管（adaptive co-management）和适应性治理（adaptive governance）（范冬萍等，2018）。相比于管理的理念，治理更加强调控制的难度、了解不确定性的需要，以及处理具有不同价值、利益、视角、权利和信息的人群和组织之间的广泛冲突的重要性（沈费伟，2019）。

(二) 空间治理的演变和发展

空间治理作为治理理论在物质空间分配上的应用，与治理概念的演变路径十分契合。最早的现代化城市治理始于20世纪60年代的“社区治理”，学者们以亚特兰大和纽黑文两座城市为案例，围绕精英还是大众更应成为城市的管理者展开讨论。尽管有对于多元权力的探讨,但这一阶段的城市治理与传统的"城市管理"内涵保持一致,强调单向的权力管理。

20世纪70年代,新兴的城市增长机器理论以增长同盟为治理主体,对城市的"治理目标"进行界定,要求城市按照增长机器的运行方式进行发展,强调市场的作用,但也引发了非均衡分配导致贫困等城市问题(Molotch,1976)。20世纪80年代,城市政体理论将更广泛的私人群体纳入城市治理体系,强调公众参与和公私合作的治理模式。该理论认为任何利于实现城市发展目标的群体都应能够成为治理主体,城市政体应该成为多方利益相互合作的治理同盟(Stone,1993)。21世纪以后,多方博弈的合作治理体系成为共识,空间治理过程需要政府、市场、社会之间的多方互动,通过不断沟通博弈的过程,调节多方利益冲突,实现城市的发展诉求。

纵观空间治理内涵的不断演化,城市的权力主体从单一的政府转向多元群体,权力向度从自上而下走向多元合作,反映出了现代治理理念的不断转变和城市治理理论的发展情况(Torfing et al.,2012)。

(三) 中国式空间治理的内涵

早在20世纪90年代末,中国规划学界就已经对治理相关理论进行引入并进行了持续的探索,同时城乡规划编制也从"空间营造的技术"向调控资源、保障公众利益、维护公平的"公共政策"进行转变。从法理上说,中国的规划已基本完成治理现代化的转型要求(定位为"公共政策"),但具体的规划实践并不能满足现代化空间治理体系的需求。

受制于传统的技术性规划理念、精英型规划思维和缺乏全面统筹协调的规划方案编制,城乡规划的实践与治理体系现代化仍有较大差距,空间治理体系需进一步完善。中国式的空间治理路径,要求在城乡规划的编制过程中考量多方利益,既要充分体现政府、市场和社会多元权利主体的利益诉求,又要在公共利益、部门利益和私有利益之间进行协调,还要统筹政治、经济、社会、生态、技术等的关系(张京祥,2014)。

此外,由于空间治理背后国家、政府主导的治理格局的不同,中国式空间治理也有一些不同于西方国家的特点。中国的资本逻辑与西方国家的私有资本逻辑不同,公有资本(国有资本)占据主导地位(陈晓彤等,2013);同时各地方政府之间也不是高度独立、相互竞争的联邦制关系,而是维护党中央集中领导的单一制关系;此外,中国社会的组织形式也与西方公民社会有所不同,中国有广泛的党组织与基层社会紧密结合,执行治理活动(王佃利等,2019)。中国式的空间治理,是在党的领导、政府主导下的,多元主体(企业、人民、社会组织)一起平衡各方利益、解决城市发展问题的过程(顾朝林,2001;陈进华,2017)。

第三节 我国城市更新的阶段演进

新中国成立以来,根据中国计划经济时代以及转型中的社会主义市场经济体制下城市建设与规划体制的特点,可将我国城市更新划分为五个阶段(图1-4,表1-8)。

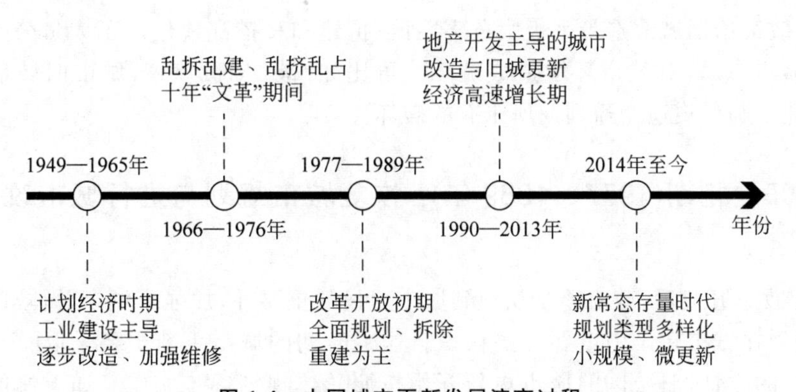

图 1-4 中国城市更新发展演变过程

表 1-8 新中国成立后至 2010 年前后的中国城市更新演化

时 期	目 标	特 征
1949—1965 年(计划经济时期)	治理城市环境与改善居住条件，满足工业生产	工业建设主导的城市物质环境规划建设
1966—1976 年(十年"文革"时期)	"破四旧""见缝插针"	无人管理、混乱状态
1977—1989 年(改革开放初期)	恢复城市规划与建设,按规划实施旧城更新,拆除破败住区	全面规划、拆除重建为主；多渠道、多方式集资建房
1990—2013 年(经济高速增长期)	追求经济效益与城市环境改善	地产开发主导的城市改造与旧城更新
2014 年前后至今(存量时代)	城市高质量发展	更新类型多样化,小规模、微更新

来源：作者整理

(一) 计划经济时期(1949—1965 年)：工业建设主导的城市物质环境规划建设

这一时期处于城市工业大发展时期,治理城市环境与改善居住条件成为城市建设最为迫切的任务,同时又要满足工业生产的需求。在城市更新上主要采取"充分利用、逐步改造、加强维修"的旧城更新措施,鼓励在旧城改造中对原有城市设施进行充分挖潜利用。但由于这一时期政策忽左忽右,城市更新整体处于较为混乱的状态。比如"一五计划"开始要求建筑中尽可能体现传统建筑风格,风行一时,后又提倡节俭之风;"大跃进"时期提出"10～15 年内基本上建成为社会主义现代化国家",急于旧城改造,不切实际的大规模建设,造成极大浪费。1960 年中央政府宣布 3 年不搞城市规划,旧城更新进入停滞状态。

(二) 十年"文革"期间(1966—1976 年)：曲折混乱的城市更新

"文革"期间整个城市建设处于无人管理状态,到处是乱拆乱建、乱挤乱占的局面。例如 1967 年国家建委规定在北京旧城建设中要尽量采取"见缝插针"的办法,少占土地、少拆民房。这些政策给旧城改造带来极大危害，盲目扩建和私搭乱建侵占了大量公共绿地和庭院，破坏了城市布局，对城市环境造成破坏。再比如“破四旧运动”，城市旧城地区许多园林、纪念性建筑与历史遗产遭到前所未有的破坏。

(三) 改革开放初期(1977—1989 年)：恢复城市规划与进行城市改造体制改革

1978 年改革开放后，政府逐步认识到城市建设的重要性，加强了城市总体规划、近期规划与详细规划在城市建设中重要性的认识。这一时期的城市更新主要采取“全面规划、拆除重建为主”的方针，旧城区的城市更新开始按照总体规划逐步实施。如上海的旧区改造中，按照每年 15 万～20 万 m^2 的速度进行，拆除破败住区和重建多层和高层住宅楼，拆建比非常高，达到 1∶4，因此改造之后住区的人口密度、容积率都远大于城市新发展区，这实际上加剧了旧城地区的人口集聚和拥挤。在对旧住区进行的更新改造中，除了采用拆除重建的办法外，不少城市对可利用的旧住房进行整治与修缮，如上海 1983 年对旧里弄进行的局部改造活动。同时，开始探索多渠道、多方式集资建房，如集资联合建房、企业代建、与企业合建、居民自建等。

(四) 经济高速增长期(1990—2013 年)：地产开发主导的城市改造与更新

1988 年土地有偿使用制度的建立和 1998 年的住房商品化改革，极大地释放了土地的价值，地方政府、开发商及其背后的金融资本共同形成“增长联盟”，推动了 20 世纪 90 年代城市的“退二进三”和大规模建设城市新区与工业区的空间重构进程(田莉等，2020)。地产开发商通过与地方政府合作，或者以独立的身份积极参加到城市改造活动中。地方政府也热心于城市更新项目，在城市改造中的角色由先前的主导更多演变为经济活动的积极合作者。通过拍卖土地筹得改造资金、增加地方财政税收，同时改善城市面貌和提升城市环境。开发商为追求经济效益的最大化，简单粗暴的拆除重建瓦解了城市原来的社会结构、文化脉络、地方风情和生活方式，甚至不少地区出现了受经济利益驱使或因政绩彰显的需要而进行破坏性建设的案例，明令禁止建设的历史街区和绿地常遭到破坏。但随着 20 世纪 90 年代初城市规划法的颁布，城市更新改造成为城市总体规划的一个分支，很多城市也颁布了相应的地方更新法规，城市更新逐渐趋向法制化与体制化。

2001 年我国成功加入 WTO，经济发展驶入快车道，工业化、城镇化齐头并进，城市发展也进入到空前的高速扩张阶段。旧城地区改造更新“量大面广”，速度和规模都达到了顶峰，同时旧城更新过程中的矛盾也在这一时期集中爆发，主要包括：①旧城更新加速和大规模拆除重建，建筑密度和容积率过高，旧城地区人口、建筑更加集聚，造成现实基础设施和交通容量超负荷，使旧城地区越改越挤、越改越堵；②市场强势驱动下利益博弈失衡，社会矛盾激化，“钉子户”现象频发，部分地方将拆迁安置交给开发商操作，结果在动迁过程中出现暴力拆迁问题，严重影响社会稳定；③高强度拆除重建下的“千城一面”，旧城风貌遭到破坏；④传统旧城更新导致旧城社会“空心化”，高地价迫使低收入原住居民重新选择其他居住地点，“绅士化”现象明显，旧城区原有的社会网络遭到破坏。

(五) 新常态时期(2014 年至今)：存量背景下的城市更新

2014 年，习近平总书记提出“新常态”概念，我国经济社会发展进入新的发展阶段。城市发展也进入存量时代，逐渐从粗放式的增量扩张转向内涵提升的存量更新，城市更新开始成为城市发展的重要内容，城市更新的目标、内容、模式机制都发生了重大变化，表现在五大方面。

(1) 旧城更新目标多元化。旧城更新是多目标的，不仅仅是物质层面旧建筑、旧设施的翻新，忽略社区利益、缺乏人文关怀、离散社会脉络的城市更新不是真正意义上的城市更新。

(2) 旧城更新模式多元化，小规模的微更新开始出现。尽管大拆大建的模式仍然存在，但北上广深等发达地区大中城市在旧城更新中已经开始探索小规模、自下而上的微改造等新模式。

(3) 旧城更新规划类型多样化，日趋丰富。由于旧城更新成为城市发展的重要战略，旧城更新承担的城市发展任务和目标、内容更加多元。旧城更新的规划类型日趋增加，如解决民生住房问题的棚户区改造规划、“城市双修”规划等。

(4) 旧城更新的制度化建设。旧城更新已经从“零星改造”变成“日常性工作”，因此，旧城更新成体系的制度化建设显得尤为迫切。如深圳以《深圳市城市更新办法》《深圳市城市更新办法实施细则》为政策体系核心，陆续出台《加强和改进城市更新工作暂行措施》等 10 余个文件，在历史用地处置、小地块城市更新、容积率管理、地价计收规则等方面进行政策创新，建立起一整套城市更新制度体系。

(5) 公众参与的意识和程度不断加深。随着物权法的出台以及公众意识的不断加深，公众参与在旧城改造中发挥的作用越来越大。如广州“恩宁路”改造，通过公众参与，政府重新编制了地区发展规划，并在实施过程中全程引入公众参与，取得了多方共赢的成效。

小 结

本章重点梳理了英、美、法、中四国城市更新概念内涵的发展演变过程及其异同。从中可以发现，城市更新概念并不是一成不变的，其概念内涵伴随着城市发展而不断变化，西方国家城市更新经历了“城市重建”“城市复苏”“城市更新”“城市再开发”“城市再生”“城市复兴”等诸多阶段，这些不同的城市更新概念实质上是在某个城市发展时期，为了解决特定的城市问题而提出的一种城市发展策略。

思 考 题

1. 城市更新概念的演变受到哪些因素的影响？
2. 城市更新与空间治理内涵的联结点是什么？

第二章 城市更新与空间治理的相关理论与研究趋势

本章梳理了城市更新与空间治理的相关理论，回顾了我国城市更新治理研究对象、内容和方法的变化趋势，为读者呈现城市更新与空间治理的理论和研究发展脉络。

第一节 城市更新与空间治理的相关理论

理论是"一套规则的正式陈述"，能够为所研究的现象提供系统的或科学的解释，从而成为该学科的学理基础。一个具有普适性的理论必须：能够以合理的方式解释论据；提出了新的规范；以新的学理基础开辟了新的学术领域；体现或隐含了一定的价值观；经历严密的构筑过程，且能经历时间和实践的双重检验（张庭伟，2020）。城市更新理论在城市化和社会转型的大背景下不断发展，形成了诸多普适性较强的理论。

自20世纪60年代以来，后现代主义以包罗万象的姿态对传统理性进行了批判，城市更新因此融入了多元化的目标，典型的理论及应用如空间生产机制理论、租差理论、增长机器理论等。70年代至80年代，城市更新在人本主义和凯恩斯主义的影响下开始关注弱势群体和社区，随后在新自由主义思潮下演变为市场导向的城市再生，这一时期典型的理论及应用如城市政体、利益相关者与博弈论、交往规划与合作规划、结构化理论等。

20世纪90年代之后，可持续发展、以人为本、公众参与以及城市有机体理念等成为城市更新关注的重点，典型的理论及应用如有机更新理论、倡导性规划理论、交往规划与社区规划、有机更新等。城市更新的可持续发展观逐渐成为寻求生态环境改善、经济可持续增长、社会公正的可持续途径等多元目标的表达。自2010年以来，城市更新内容涉及经济、社会、制度、文化、生态等方方面面，被视为城市这一复杂有机体的演化和转型问题，更为重要的是，多元化利益主体参与背景下，多中心治理成为城市空间管理的重要理论基础（郑志龙等，2018；冯锐，2019；张亚玲等，2020）。

上述理论按照在城市更新过程中所发挥的作用，可大致分为基础理论和应用理论两个方面。其中，基础理论主要包括空间生产理论、租差理论、法团主义理论、增长机器理论、城市政体理论、结构化理论、利益相关者理论与博弈论、多中心治理理论等；应用理论主要包括有机更新理论、倡导性规划理论、交往规划与合作规划理论等。

(一) 基础理论

1. 空间生产理论

空间生产理论由法国马克思主义思想家亨利·列斐伏尔于1974年在《空间的生产》一

书中首次提出，是新马克思主义者关于城市空间研究最重要的理论进展（孙全胜，2015）。城市空间的生产指资本、权利和阶级等政治经济社会要素和力量对城市的重新塑造，从而使城市空间成为其介质和产物的过程（叶超等，2011）。空间生产理论是在批判传统的将空间视为容器和无价值判断的空间观的基础上形成的。其核心观点是"（社会）空间是（社会）的产物"。在列斐伏尔看来，空间本体论是一个"三元一体"的社会理论框架：①"空间实践"（spatial practice），属于社会空间被感知的维度，担负着社会构成物的生产和再生产职能，是那些得以隐匿某个特定的、能引发和促进物质表述和社会再生产的社会空间之行动；②"空间的表征"（representations of space），属于社会空间被构想的维度，是生产关系及其秩序的层面，与维护统治者各种利益的知识、意识形态和权力关系联系在一起，如开发商、各类规划者及学者所期盼，将空间指涉为现象或体验的，往往通过符号、规划、蓝图或符码等表达出来；③"表征的空间"（space of representations），属于一种直接经历的（lived）空间，"居民"和"使用者"的空间，它处于被支配和消极的体验地位（郭文，2014；王佃利等，2019）。

空间生产理论为解释空间现象和演变机制提供了有效工具，其逻辑是基于社会生产关系之上的再生产，是资本、权力和利益等要素博弈过程中对空间的重新塑造，即城市更新，并以其作为底板、介质或产物，形成空间的社会化结构和社会的空间性关系的过程（郭文，2014）。其中，"资本"通过在空间中的循环，主要完成了"社会经济空间的生产"，这是空间生产加速推进的根本原因所在。"权力"在资本循环过程中的介入，为"政治制度"和"游戏规则"的出台起到了推动和调节作用，完成了空间生产过程中"制度规则空间的生产"。"资本与权力的结合"在生产上述空间的同时，为了释放"过度积累危机"，优化并提升劳动力效能，通过运用"长期（短视的增长方式则为短期）投资式"的时间转移，完成（或部分完成）了"社会公共空间的生产"（图 2-1）（郭文，2014；高宁，2019）。在随后的研究中，涌现出大量的空间生产研究，按其范畴和方向可分为新马克思主义学派和后现代主义学派（表 2-1）。

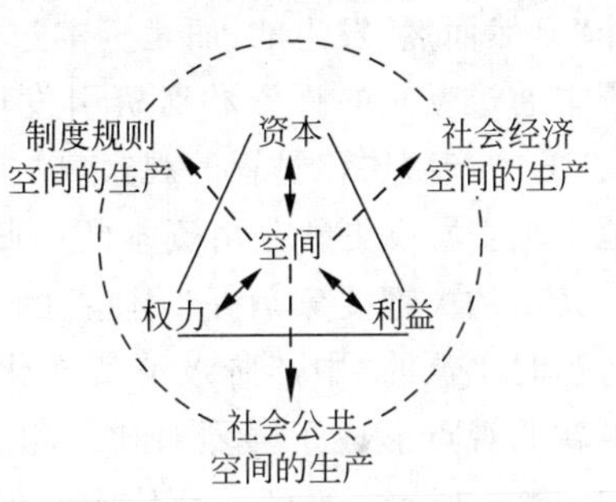

图 2-1　空间生产逻辑体系

来源：郭文，2014."空间的生产"内涵、逻辑体系及对中国新型城镇化实践的思考[J]. 经济地理，34(06)：33-39

表 2-1　空间生产主要研究学派及主要观点

理论学派	研究范畴	代表学者			主要观点		
新马克思主义学派	强调资本的作用和结构的力量	列斐伏尔（Lefebvre）	哈维（Harvey）	卡斯泰尔斯（Castells）	社会空间是社会的产物	空间是资本的空间	城市是政府政策与市场机制的扩展
后现代主义学派	重视结构、行动以及文化的力量	苏贾（Soja）	福柯（Foucault）	强调权利和意识形态对城市空间生产的影响	空间对个人具有单向生产作用		

来源：高宁，2019. 基于结构化理论视角下小城镇空间扩展研究——以济南市历城区为例[C]//活力城乡 美好人居——2019 中国城市规划年会论文集. 北京：中国建筑工业出版社

生产带来的非正义性可以使冲突者卷入某种“斗争”，这一认识暗含了反抗操控和扬弃异化的作用，对无论是“空间区隔”还是“异化现象”等将会带来的或可能带来的结果均具有相当大的启发性和警示性，对我国社会主义空间生产和城镇化以及城市更新进程更具有深刻的意义，值得关注。“空间生产”进入我国城镇化空间实践视域后，要求学界对我国城镇化实践及其带来的问题具有高度的“理论自觉”，尤其是面对空间不平衡发展、空间不公平等社会问题时，应该确立理论和实践是同一过程不可分割的两个组成部分的认识。研究应立足本土，转变实践和研究视角，反思我国城镇化发展问题，深刻理解城镇化空间的生产论，深层次诠释具有中国特色的社会主义空间生产的内在逻辑和实现空间正义的模式（郭文，2014）。

2. 租差理论

“租差”(rent gap)是实际地租（现状土地利用下的资本化地租总量）和潜在地租（“最高且最佳”土地利用下的资本化地租总量）的差值。新马克思主义认为，城市的衰退与更新并非“自然而然”发生的，而是资本过度积累引发的“创造性破坏”过程（Harvey，1974，1985），资本通过反复的投资和撤资引发城市的衰退和更新。通过对欧美内城地区“衰退—再开发”的中产阶层化过程的观察，以史密斯（Smith，1979）为代表的生产主导论学者旗帜鲜明地提出：城市更新是由资本的回归而非人导致的，而其中的关键要素就是“租差”的实现和分配。这与当时主流的“中产阶级消费文化倾向”导致城市更新的观点形成了强烈对比。租差模型运行机制如图 2-2 所示：当任一地块刚开发时，或者上一轮更新刚完成时，业主往往致力于经济价值最大化，从而使得租差为零，即实际地租与潜在地租相当。之后，租差会逐渐提升：一方面，随着地块周边城市环境改善与基础设施增加，使得潜在地租不断提高；另一方面，由于该地块资本短期无法转变用途，且地块的建筑及设施等较为陈旧，导致实际地租下降（或增长过慢），从而使得租差逐渐增大。当租差超过一定阈值后，资本便有了足够的利润空间，通过整治修缮或者全面改造该地块能获得更多的利润，此时，地块空间便具备了更新的可能。

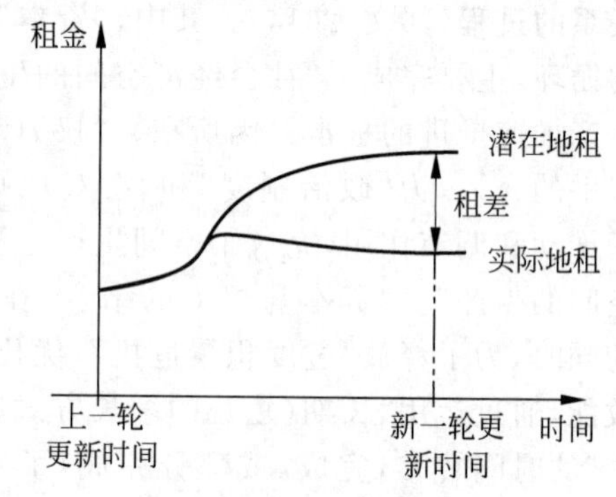

图 2-2 租差模型的运作机制

来源：作者自绘

在国内，租差理论多应用于解释空间不均衡发展、居住空间演变等具体更新现象，以及从租差分配合理性角度评判城市更新制度成效。租差作为衡量更新前后地租总量变化的工具，提供了剖析制度的框架。通过创造差异化的“租差”和门槛值，推迟或提前不同利益主体的更新时机，从而决定利益分配方式（丁寿颐，2019）。租差理论除了应用于分析城市化过程之外，还可以分析诸如内城衰败、区域经济发展以及居民迁移模式等其他城市与区域开发问题（洪世键，2016）。

3. 法团主义理论

法团主义(corporatism),又被译为统合主义、组合主义、合作主义等,是政治经济学理论中"制度主义"的一个分支,起源于近代欧洲斯堪的纳维亚地区的权威主义政体,并成功运用于以日本、韩国、中国台湾、新加坡为代表的东亚新兴经济体的分析。法团主义作为一个利益代表系统,是一个特指的观念、模式或制度安排类型,它的作用是将公民社会中的组织化利益结合到国家的决策结构中去,这个利益代表系统由一些组织化的功能单位构成,它们被组合进一个有明确责任(义务)的、数量限定的、非竞争性的、有层级秩序的、功能分化的结构安排之中(张静,1998)。法团主义试图提供关于社会结构的若干理想模型,用来描述国家和社会不同部分的体制化关系,它的重心在功能单位和体制的合法化关系,主张中介化治理的权威政体模式。经过多年发展,法团主义的核心观点是:经济、社会、政治行为之间,不能仅仅根据主体选择和偏好来理解,或仅仅根据公共机构的指令来理解,而是在三者之间存在大量的中介性组织和中介性媒介,政府、市场和社会需要依赖这些中介性组织和媒介搭建沟通、合作甚至解决冲突的桥梁,从而达成一种共赢(冯灿芳等,2018)。法团主义一方面强调了国家或政府通过中介团体发挥对社会与市场的渗透、协调和引导能力,提高政府自身的正统性、合法性及行政效率;另一方面,又保持了社会与市场选择的自由性,肯定了市场、社会的合法性与独立性。此外,法团主义构建的第三方平台为各群体利益的诉求表达提供了合理的渠道,它可以将社会转型的冲突和曲折减少到最低的限度。

法团主义可以被视为一种对国家和社会团体间常规互动体系的概括,存在3种概念模型(表2-2)(张静,1998)。在城市更新过程中,可借鉴这3种模式,遵循其相关原则指导更新试点实践。

表2-2　法团主义3种概念模型

概念模型	国家、团体之间关系	团体间关系	合作关系基础
同意型	国家允许中介组织存在,且国家对经济和社会事务拥有行动权力	合作团体间价值和目标一致程度较高,国家控制影响较小	促进认同
权威型	国家允许中介组织存在,中介组织接受国家的干预,否则国家将限制社会行动者的经济自由	合作团体间价值和目标存在差异,国家控制影响较大	尽可能保证国家控制权
松散的合约型	国家通过保证合约实施或同生产者集团的谈判取得支配权,功能团体建立合作约定	原则上同意支持现有秩序,但团体的特别需求和冲突威胁着现状秩序的维持	自主决定规则

来源:张静,1998.法团主义[M].北京:中国社会科学出版社

虽然从整体而言,法团主义构建了一种国家主导型的社会治理方式,但与全能主义国家不同,它允许除国家外的多种社会力量参与治理。通过"国家与社会"关系的对比分析,可将法团主义分为若干亚类。施密特将法团主义分为"国家法团主义"和"社会法团主义"两种类型。戴慕珍(1997)、丘海雄等(2004)使用"地方法团主义"来分析、界定转型中国家社会体制的特殊性。因此,根据"国家—社会"关系对比,本章将法团主义划分为国家法团

主义、地方法团主义和社会法团主义3种类型。

在法团主义中国化方面，国内外已有大量学者运用法团主义框架来分析中国经济社会转型。法团主义已成为研究中国社会转型的重要理论工具。安戈(Unger)等指出，法团主义概念虽然不能囊括当今中国的一切变化，但在解释经济社会发展中的一些重要倾向时非常有用。戴慕珍通过对苏南和山东农村的研究，提出了地方法团主义的概念；指出在改革开放初期，在财政改革激励下地方政府具有公司特征，进入20世纪90年代，地方政府与社会力量进行广泛的合作，地方法团主义持续加强，地方政府企业化是中国社会经济发展的主要动力。怀特认为，地方利益和地方权力的兴起是推动中国改革及其经济崛起的最大动力。此外，国内许多学者运用法团主义框架来分析中国经济增长和社会发展，如李广斌等(2013)通过法团主义工具构建了中国城市群空间演化的制度分析框架，郭旭等(2018)从国家法团主义→地方法团主义→社会法团主义演变的视角分析了珠三角城市更新的进程。

4. 增长机器理论

增长机器理论(urban growth machine theory)是从政治经济学视角对美国城市更新理论进行研究的经典理论之一，它把土地价值作为城市更新主体利益分配的核心(郭友良等，2017)。该理论产生于20世纪中期精英论与多元论两大社区权力结构理论的论辩，精英论认为社区精英掌握城市的决策权力，并主导着城市的重大事务；多元论提出了城市事务决策受多元利益集团影响的相反观点。然而，两者都忽视了土地的作用，因此，增长机器以土地利益为核心，将土地与城市发展的议题紧密联系在一起。

哈维·莫罗奇(Molotch，1976)通过对"二战"后美国旧城中心经历的中高收入人群的郊区化和经济衰退的土地利益关系变化进行分析，试图构建解释这一现象的理论体系，提出了城市增长机器理论。增长机器理论认为：增长是城市整治的核心问题，增长的核心是土地价值的增长，城市有大量的土地利益相关者；为了实现城市经济增长的目标，必须依赖政府、商业机构等各种利益团体合作，实际中会形成各种各样的伙伴关系，以争取城市发展的资源、条件以及规划、监管、财政政策等，伴随着城市发展和土地价值的提升，土地利益相关者获得了相应的边际收益，可以实现多主体共赢的目标；这种以政治、经济精英联盟为主体，以土地利益为核心，以城市发展为共识，引发城市增长的机制，被称为一架"增长机器"(郭友良等，2017)。

增长机器理论框架作为城市批判理论，在城市更新中被广泛应用于各个主体之间的权利关系和所获利益的分析(朱琳，2018；张艺凡，2020)。美国的城市更新增长机器由土地精英主导，为获得土地自有的价值，开发商通过游说政府的方式获得更新权利(Gotham，2000)，其中，政府的目标是保持经济增长与稳定税基(Gotham，2001)。中国城市围绕土地的发展问题，同样适用于增长机器理论这一框架(Zhang，2014)，在经济发展分权背景下，地方政府为了获取更多的城市经济发展资金，长期以来以土地收益为驱动形成的土地财政带动城市增长的模式即是一种增长机器模式(郭友良等，2017)。

5. 城市政体理论

在分析发达国家政策演变的基础上，斯通(Stone)、罗根(Logan)和莫罗奇(Molotch)于20世纪80年代末创建了城市政体理论(urban regime theory)。该理论认为社会由三方力量构成：具有行政力的政府、具有经济力的企业、具有社会影响力的社会，而政策则是构成政体的各方力量博弈的结果。政体理论指出：市场社会中每个地方性的政体都受到等级结构及资本变化的影响；可供选用的政策总是受限于社会结构，而社会结构则是经济力量的指示器。政体理论的优势在于把社会力量加以分类，且克服了多元理论带来的不确定性，它强调城市领导精英们进入权力中心的特定途径，这些途径根植于社会结构及各种利益集团中。但政体理论对城市政府的分析存在不足，它可以在地方机构层面(如美国纽约、芝加哥等)解释不同的决策过程及政策要素，但未能在国家层面以及国际层面上解释各种力量的影响，也不能解释在不同时间、地点公共政策如何干预城市发展。

城市政体理论是近20年来最具影响力的城市规划理论之一，在旧城社区更新项目中应用较广泛(洪亮平等，2016)。政体理论主要“分析围绕地方政府的各种力量联合”，关注经济活动私有性和政府治理公共性之间的矛盾。由于可供地方政府支配的资源有限，地方政府必须和控制资源的私人部门结盟，成为治理城市中的“政体”。不同的政体决定了城市更新规划制定和实施的方式与取向(王兰等，2007)。根据城市政体理论，张庭伟(2001)总结了地方政府、市场和社会之间不同结盟所形成的发展战略模式，对城市更新规划有着重要的影响。中国的社会力尚不成熟，在公共利益密切相关的城市更新之中，政府的首要任务是重视规划的管理和调控职能，有效调动公众的积极性，培育和发展社会力，实现政府力、市场力和社会力“三足鼎立”的完整框架，通过政策导向和规划方法建立社会参与和监督规划决策机制(洪亮平等，2016)。

6. 结构化理论

现代西方社会在政治、经济和文化层面发生了巨大变化后，迫切要求社会理论家对现代社会(特别是当代资本主义社会)做出具有深度的分析和批判；同时，自20世纪60年代以来，西方社会理论陷入了方法论的二元纷争之中，即将宏观与微观、个人与社会、行动与结构、主观与客观视为彼此独立存在的两极，要么强调“社会结构的物化观”，将社会结构视为独立于个人行动的像“物”一样外在于个人的实践的东西；要么强调微观的个人行动、人与人之间的面对面互动和个人的意义建构，将宏观现象还原为微观现象来解释。在此背景下，英国社会学家安东尼·吉登斯(Anthony Giddens)在批判二元论的基础上，将整体与个体、宏观与微观、客观与主观的“二元对立”局面相统一，提出以社会实践为核心的“结构化”理论，并于1984年在《社会的结构》一书中形成系统的著述。该理论认为宏观与微观、个人与社会、行动与结构、主观与客观双方都是相互包含的，并不构成各自分立的客观现实，社会结构并非外在于个人行动，而是由规则和资源构成：“规则”是指行动主体在实践能动性中所依赖的各种制度、规范或文化性符号；“资源”包括配置性资源和权威性资源，配置性资源指各种物质实体，权威性资源为行动主体所拥有的权威和社会资本等。结构具有二重性，即社会结构不仅对人的行动具有制约作用，而且也是行动得以进行的前提和中介，它使行动成为可能；行动者的行动既维持着结构，又改变着结构(余颖，2002；高宁，2019；王远，2020)。

范因斯坦夫妇认为，研究地方层面的城市更新政策时，政体理论对因素的分析更加深入。但是在讨论全球层面及未来倾向时，结构理论更加有用(Fainstein，2012)。结构化理论在城市更新过程中着重强调：源于资本主义的经济力量及国家社会阶级力量的平衡，一方面，资本主义市场的全球竞争，导致了对经济不断增长的需求。由此产生的冲突及危机引发了各地的城市问题；另一方面，国家层面及全球范围的社会阶级力量的平衡，会影响地方层面城市问题的范围及规模；两者共同影响着城市更新的迫切性。结构理论把地方层面的城市更新政策目的及特点放在国际政治经济环境中去解释，从而弥补了政体理论的不足(张庭伟，2020)。

7. 利益相关者理论与博弈论

利益相关者理论20世纪60年代左右在西方国家逐步发展起来，到80年代影响迅速扩大，并开始影响美英等国的公司治理模式的选择，促进了企业管理方式的转变。1984年，弗里曼(Freeman)在《战略管理：利益相关者管理的分析方法》中提出最具代表性的利益相关者管理理论概念，主要指企业的经营管理者为综合平衡各个利益相关者的利益要求而进行的管理活动，认为任何一个公司的发展都离不开各利益相关者的投入或参与。企业追求的是利益相关者的整体利益，而不仅仅是某些主体的利益，利益相关者能影响一个组织目标的实现。任何建设项目都涉及不同的利益相关主体，主要有政府、原居民、开发商、业主、金融机构、研究机构、供应商、社会群众、咨询单位、设计单位、监理单位、建筑公司等。该理论缘起与发展是基于对股东中心理论的质疑与创新，核心立足点是认为随着时代的发展，物质资本所有者在企业中的地位呈逐渐弱化的趋势，该理论对解决利益冲突和管理等问题具有重要意义，但也存在由于公共利益色彩而导致的企业利润损失的风险、利益相关者边界过于宽泛、实践难度较大等不足(付俊文等，2006；黄沛霖，2018)。在城市更新中，利益相关者主要包括政府、开发商、居民(业主)及其组织以及次要利益相关者，根据不同利益相关者对城市更新的热情，满足利益要求的紧迫性，可分为核心和次要利益相关主体；城市更新能否顺利进行取决于各利益相关者博弈的平衡(图2-3)(李剑锋，2019)。

博弈论(game theory)又称决策论、赛局理论等，是经济学、现代数学和运筹学的重要理论。中国古代司马迁《史记》卷六十五：《孙子吴起列传第五》中的田忌赛马即为最早的博弈。开创性的学者如策梅洛(Zermelo)、波莱尔(Borel)及冯·诺依曼(von Neumann)等。博弈实则为一种过程，即某一群体(可以是个人、团体或组织)在既定的环境条件下，事先制定行动的规则，可以同时进行，也可以按照先后顺序，选择方式可以是一次或多次，行动方事先按照约定规则在各种备选行为或可以采取的策略中确定最有利于自己的方案，并具体实施，从而得到相应的结果(廖涛，2017)。博弈论主要研究决策主体的行为发生直接相互作用时的决策以及这种决策的均衡问题，即当一个主体选择受到其他主体选择的影响，而且反过来又影响其他主体选择时的决策问题和均衡问题，试图将研究内容数学化、理论化，从而更确切地理解其中的逻辑关系，为清晰地描述与解决现实问题提供理论方法(廖玉娟，

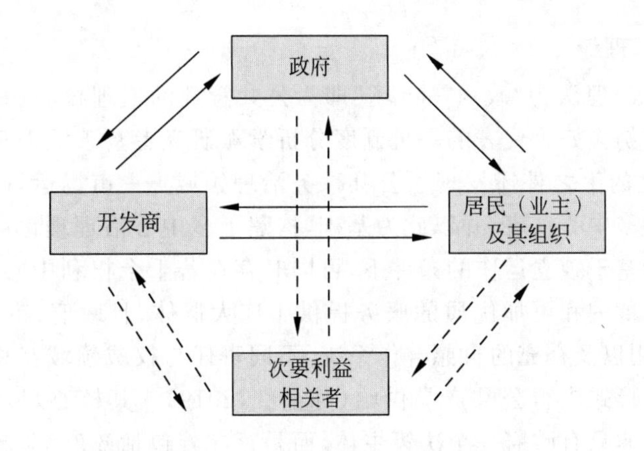

图 2-3　城市更新利益相关主体关系图

来源：李剑锋，2019. 城市更新的模式选择及综合效益评价研究[D]. 华南理工大学

2013；李剑锋，2019）。参与主体（局中人）、博弈规则（行为、时间和信息）、博弈结局（结果）、博弈效用（收益、均衡）是一个标准博弈模型所要具备的基本要素，博弈主体围绕核心规则进行博弈，得到一定的结局，结局反映出不同主体之间的利益和均衡状态（图 2-4）（赵彦娟，2010）。

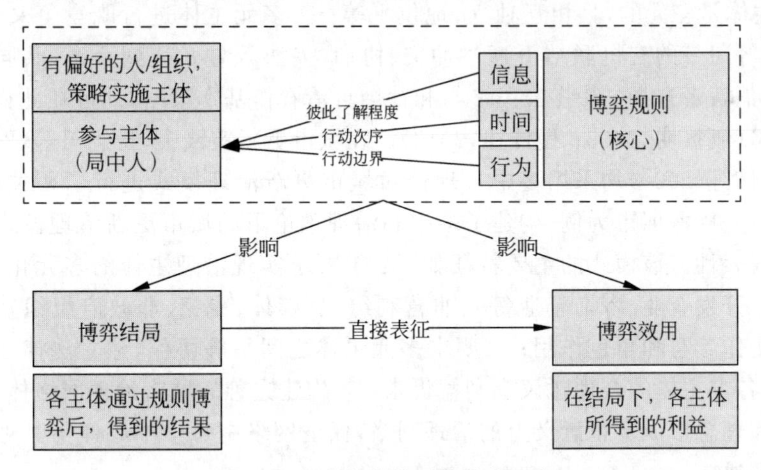

图 2-4　标准博弈模型的基本要素

来源：作者总结自绘

博弈论研究假设在博弈过程中完全理性决策主体能最大化自己的利益，可根据约束力的协议存在与否分为合作博弈与非合作博弈，根据参与人了解程度可分为完全信息博弈和不完全信息博弈，根据博弈的时长可分为有限博弈和无限博弈等。经典案例如纳什均衡（nash equilibrium）、“囚徒困境”（prisoner's dilemma）、“智猪博弈”（pigs' payoffs）、“美女的硬币”等（朱·弗登博格等，2010）。博弈论应用非常广泛，利益相关者理论与博弈论能够用于研究城市更新过程中政府、居民、开发商等众多利益主体的行为选择问题，解释各利益主体的决策行为（廖玉娟，2013；黄沛霖，2018；李剑锋，2019）。

8. 多中心治理理论

传统的单中心治理认为“政府—市场”即为公共管理的治理核心(林日雄,2013)。“二战”后,以奥斯特罗姆夫妇为代表的一批制度分析学派研究者基于治理理论,在亚当·斯密经济理论中看不见的手之外还发现了公共事务治理领域——市场运行秩序和政府主导秩序之外社会运转的多中心秩序,并以此为基础,构建了多中心治理理论(曾伟等,2010)。多中心治理理论是指基于独立运作的条件下,可同时存在若干个权利中心,利用合作、竞争的方式将更广的选择范围和更加优质的服务提供于广大群体,且政府、市场与社会主动建立一个互相影响、作用以及补充的自愿合作系统,不同责任与权威领域互相交叉重合,社区则利用社会自我治理形式进行公共产品供给(陈金红,2019)。其核心观点认为,社会公共事务的治理过程中并非只有政府一个决策主体,而是存在着包括政府、非政府组织、私人机构及公民个人在内的许多在形式上相互独立的决策中心,他们在一定规则约束下,通过共同参与、互相合作、民主协商、平等竞争等方式共同行使主体性权力,共同对公共事务进行自主性治理,最终建立民主、协商、和谐的公共事务管理秩序,形成一个由多个权力中心组成的多元化互动治理网络(奥斯特罗姆等,2000)。

多中心治理作为一种全新的治理模式,为公共事务的治理引入了新的机制,也为提升集体行动的能力提供了新的途径。相比于传统的单中心治理,多中心治理具有以下三个特点:①治理主体是多元的,且相互独立,地位平等;②多元主体进行既竞争又合作的互动,在合约、契约等纽带的有机联结下通过冲突、协商、妥协等方式达到平衡,共同提供公共产品或服务,供消费者选择;③将公民参与和社会自治看作基本策略,期待在此秩序下获得良好的公民资格(慨振明,2005;程佳旭,2013)。在城市更新实践中,易志勇等(2018)、程佳旭(2013)、万成伟等(2020)均采用多中心理论对城市更新治理模式进行了相关研究。其中,易志勇等(2018)以深圳市为例,构建了多中心治理理论下的城市更新治理模式(图 2-5),具有典型性和代表性。该模式的主要特征如下:①要求实现治理主体的多元化,充分发挥政府、营利组织(开发企业、咨询企业等)、非营利组织(媒体、专家、非政府组织)、社区居民等多元主体的协作参与和角色作用;②要求多元主体之间平等协作,建立法律法规和合法程序,充分保障各方主体的合理建议和利益诉求;③构建完善的城市治理网络体系,将社会网络通过制度和理念形成真正意义上的治理网络,保证网络中每个中心体与其他中心体之间的交流渠道畅通。

(二) 应用理论

1. 有机更新理论

有机更新理论是吴良镛院士在 1983 年根据中西方理论及规划发展历程的认识基础,结合北京的旧城社区更新建设的实际情况提出的,并在 1987 年对菊儿胡同的住宅改造中得到了实践应用。有机更新即采用适当规模、适当尺度,依据改造的内容与要求,妥善处理目前与将来的关系,不断提高规划设计质量,使每一片的发展都达到相对的完整性(吴良镛,1994)。有机更新的含义主要包含以下三个方面:第一,城市整体的有机性。城市各组成部

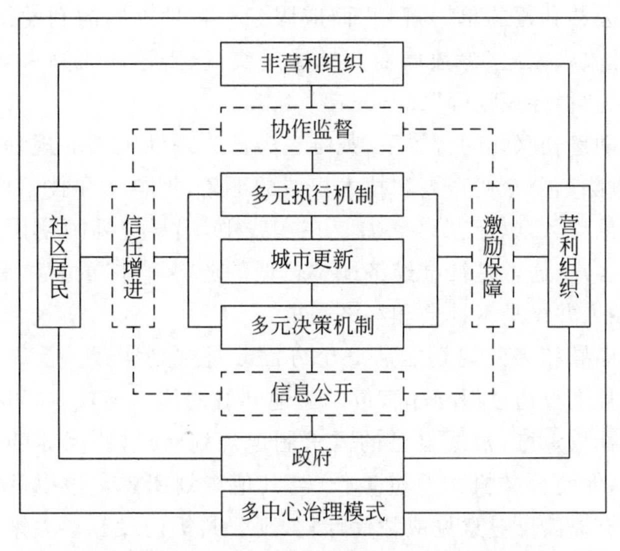

图 2-5　多中心治理理论下的城市更新治理模式

来源：易志勇，刘贵文，刘冬梅，2018. 城市更新——城市经营理念下的实践选择与未来治理转型[J].《规划师》论丛，2018(00)：123-130

分应像生物体组织一样，彼此关联、和谐共处，形成整体秩序与活力。第二，细胞和组织更新的有机性。与生物体新陈代谢一样，城市细胞（如社区）和城市组织（如街区）也处于不断更新中，新的细胞仍应当与原有城市肌理相协调。第三，更新过程的有机性。城市更新过程应当像生物体新陈代谢一样，遵从内在秩序和规律，产生逐渐的、连续的、自然的变化（方可，2000）。

有机更新理论主张"按照其内在的发展规律，顺应城市之肌理，在可持续发展的基础上探求城市的更新与发展"，它是一种观念、思想，一种方法、手段，更是城市健康发展的一个过程，注重城市形态外在的物质秩序，主要是城市建筑的空间秩序和形态问题（张晓婧，2007）。主要包含以下三方面的内容：第一，强调城市与自然界的有机结合，设想提出一种兼有城市和乡村优点的新型城市结构；第二，试图在城市物质秩序（主要指建筑和城市空间布局）的安排上，建立一种健康的、有自律能力的有机秩序，用以改造旧城市，建设新城市；第三，把城市的有机生长作为城市规划的一种思想和指导原则（刘源，2004）。

在实践过程中，有机更新理论将艺术与人文融入人居环境，让旧城文化底蕴焕发新生（吴良镛，1994），被广泛应用于山地城市公园改造（徐倩，2010）、城市公园改造（贾超，2012）、历史性街区保护更新（孙怡娜，2016）、棚户区公共空间重构（金秋平，2016）、旧建筑改造（张新月，2018）、老旧社区户外空间改造（吴穹，2018；尹志雯，2019）等中。

2. 倡导性规划理论

1965 年，保罗·戴维道夫（Paul Davidoff）在《美国规划师学会杂志》上发表《规划中的倡导和多元化》（*Advocacy and Pluralism in Planning*）一文，开创了倡导性规划理论。他对传统的理性规划进行了质疑，认为任何人都无法代表整个社会的需求，城市规划师不应该试图制定能代表公共利益的单一规划，而应服务于各种不同的利益团体，尤其是社会上的弱势群体（包括低收入家庭、少数族裔等），通过交流、辩论和谈判来解决城市规划问题，这样的规划师被称为“倡导规划师”（advocate planners）。

在美国民权运动蓬勃兴旺的背景下，戴维道夫认为理性主义的规划师不能保证自己的价值观中立，应该剥除其公众代言人和技术权威的形象，把科学和技术作为工具，把规划作为一种社会服务提供给大众（于泓，2000）。在实践中，倡导规划师使用其在规划领域的经验和知识来代表其客户（通常是社会经济地位较低的弱势群体）的想法和需求，与客户一起制定规划方案，以纳入并维护其社会和经济需求。

戴维道夫认为倡导和多元规划能从三个方面改进规划实践。首先是提高公众对规划方案的了解和支持程度。通过倡导非官方的其他利益团体参与规划，可以帮助公众认识到他们具有自由和选择权，可以根据自己的需求制定规划，使这些团体的支持者成为规划的有力支持者。其次，促使公共机构改进工作，与其他规划团体竞争以获得政府的支持。如果其他利益团体没有提出反对意见或替代计划，则公共机构没有动力来提高工作质量和制定规划的速度。他认为“冲突使人们保持诚实”，健康的竞争可以提高规划实践和成果的标准和质量。最后，倡导性规划促使规划批评者拿出更优的规划成果，而不仅是指责他人的成果，从而营造一个鼓励对参与规划建设持积极态度的环境（Davidoff，1965）。

倡导性规划号召规划师中激进的左派们进行职业实践，实现“自下而上”（bottom-up）的规划和多元化的规划理念，它第一次对规划师长期以来的价值观进行挑战，否定了城市规划师救苦救难的“圣者”形象，指出规划中所蕴含的价值不能仅靠技术手段来衡量（于泓，2000）。它增加了社会对弱势阶层社区的关注，使得更多公共、私人资源流向这些社区，社区生活质量有所改善，体现了社会公正。但倡导性规划在实施中也出现不少问题。比如，很多规划师自身的背景和所服务与代表的社区居民不同，他们潜在的价值观差异导致了对问题的理解存在差异和分歧；再比如，倡导规划师的宣传也往往使社区居民对规划结果的期望过高，而现实中规划师的作用有限，在未达到期望的情况下，居民容易对整个规划工作失望。

然而，为了影响地方政府决策，倡导规划师们动员居民参与地方政治，规划面临着成为地方政治工具的危险，规划工作的过度政治化偏离了规划师的职业范围（张庭伟，2006）。但总的来说，倡导性规划理论是美国规划理论的一次重大制度创新：在一个以市场为主导和提高效率为目标的社会中，倡导性规划以社会公平为诉求，第一次直接提出为弱势群体利益服务的规划理念并付诸实践，其基本做法“依靠公众代言人来参与决策，解决利益争论”也被应用到环保团体、工会组织等群众运动中（张庭伟，2006）。倡导性规划为公众参与城市规划提供了制度基础，规划师不仅是信息的提供者、分析者，还成为了个体偏好的反馈者，雇主、团体利益的代言人，在共同的职业道德标准的基础上，提供规划目标和准则，也提供实施目标的行动方案（杨帆，2000）。

3. 交往规划与合作规划理论

交往规划（communicative planning）由哈贝马斯（Habermas）在 20 世纪 80 年代末提

出，其核心思想源于哲学家哈贝马斯的“沟通行为理论”以及社会学家吉登斯(Giddens)的“结构-行为理论”(洪亮平等，2016)。交往规划理论将规划作为一个交往和协商的过程，偏重于过程属性。该理论建立在理性交往的基础上，认为规划师不再是整个规划过程的核心，而应该与多元化且复杂的主体共同协商决策，从而实现民主化的规划，因此也被称作沟通规划。

20世纪90年代，英国传统的空间蓝图式规划逐步被“政策规划”所取代，使得发展计划的执行过程变成了多元利益主体互动与斗争的平台，政府规划干预与城市发展之间在一些情况下出现了资源分配不均的现象。在这一背景下，在“交往规划”“结构-行为理论”和“政体理论”的基础上，英国的佩西·海利(Pastsy Healey)提出了规划理论界普遍认同的合作规划(collaborative planning)理论，也被称为协作规划理论。该理论认为，规划师在城市发展中应处于“中立”地位，与多元利益主体一同工作，以回归常识为出发点，强调规划过程以及居民直接且平等参与到整个规划过程的重要性，在理性交流的基础上达成规划协议和共识，并形成成果。其核心内容主要有：①规划是一个交互过程；②规划是被社会、经济、环境因素和动态制度环境影响的治理行为；③规划政策通过创新以维护场所的质量；④规划的过程和结果都需要公正。印尼斯(Innes)在复杂科学和交流理性的基础上，建立了评价合作规划过程和成果的指标体系(表2-3)。

表2-3　评价合作规划过程和成果的指标体系

过程评价指标	规划成果
• 是否包括相关利益团体代表； • 是否有明确和实际的目标及任务，并且得到参与者的认同； • 是否是自主组织，允许参与者决定的，自发形成工作团队和组织讨论； • 是否保持了参与者较高的参与度； • 参与者是否通过深入非正式的交流互动学习相互经验及知识； • 是否反思现状，促进创造性思考； • 是否整合了各种形式的高质量信息，确保形成的共识有意义； • 充分讨论各种焦点之后，是否寻求参与者的共识，是否考虑和回应了各种焦点	• 是否形成了高质量的共识； • 与其他规划方法相比是否具有更好的成本和效益； • 是否产生了创造性的建议； • 是否存在相互学习，是否给团队带来了变化； • 是否创造了社会资本和政治资本； • 是否创造了利益相关者能够接受和理解的信息； • 是否形成了态度、行为、合作关系，到新的机制的梯度变化； • 机制和时间的结果是否具有灵活性，使社区能够有创造性的应对挑战

来源：洪亮平，赵茜，2016.从物质更新走向社区发展——旧城社区更新中城市规划方法创新[M].北京：中国建筑工业出版社

在实际规划中，由于受政治、社会和资本的影响，平等的参与者权利以及规划师的“中立”无法真正实现，使得参与式交往规划和合作规划难以实现，这种矛盾均存在于中西方的城市规划中。但交往规划和合作规划理论强调规划过程的开放参与性和公平公正，规划师通过对未来图解式的意象，以及与其利益主体共同合作，全面剖析旧城社区更新项目的经济与社会属性，在多元化的利益群体中达成各种共识，指导、控制与管理项目的定位、定性、

定量和定界。对于依赖政府投资的城市更新规划，交往规划和合作规划理论将会是有益的补充（洪亮平等，2016）。

规划的理论与概念根本在于解决城市问题，建设经济高效率、环境可持续、社会公正平衡的城市。随着社会经济的发展，城市社会日益多元化发展，社会各阶层的利益体现成为规划的主要议题（朱介鸣，2012）。因此，无论是基础理论还是应用理论，更多偏向于解决各利益主体之间的关系，并且从早期的自上而下塑造城市的理论，转型为自下而上解决公众利益为主的城市更新规划理论，如交往规划与合作规划、社区规划等。西方的城市更新相关理论对我国的城市更新与治理有一定的借鉴意义，但应结合我国国情与政体转化为适应我国城市更新实践的理论体系。

第二节　城市更新与空间治理的研究趋势

城市更新不仅仅是一种物质层面的重建或翻新改造运动，更是一种复杂、动态的经济活动和政治过程，其本质是以空间为载体，基于不同的权力、资源、谈判能力，形成不同的权力结构和决策取向，由此进行资源与利益再分配的政治经济博弈，其中牵涉多方利益且格局复杂（杨春志，张更立，2018；陈浩等，2010）。我国系统的城市更新开始于 20 世纪 80 年代，并从 90 年代末逐步升温（赖寿华，吴军，2013），尤其自 2009 年广东省首先试点推行“三旧”改造以来，城市更新得到地方政府和学术界日益广泛的关注。在城镇化进程不断深化、严格保护耕地安全和促进城市紧凑发展的背景下，2012 年全国性的“棚户区改造”项目更是掀起城市更新的燎原之势，学术研究领域也随之呈现百花齐放、百家争鸣的局面。

(一) 研究的总体趋势

1. 总体趋势变化

本研究首先以“城市更新”“三旧改造”“用地再开发”“旧城改造”“城中村改造”“旧厂改造”为主题词在中国知网上搜索 1990 年以来相关的中文核心期刊论文（包括北大核心、CSSCI），共得检索结果 2689 条，删除卷首语、新闻、采访稿、机构工作总结以及不相关条目后得到文献 2603 篇。基于此借助 CiteSpace 软件展开关键词共现分析。研究发现，“治理”一词于 2005 年首次应用于城市更新领域的研究中，“空间治理”则较晚于 2016 年起开始应用，同时“城市治理”于 2017 年前后成为更新领域的热点词汇（图 2-6）。

实际上，空间治理的核心在于空间资源的分配和利益主体关系的协调。虽然“治理”和“空间治理”在城市规划与更新领域的应用相对较晚，然而早期学者已从利益博弈等角度探讨了城市更新中的主体关系。为进一步分析城市更新与空间治理相关研究的变化趋势，本研究进一步以“更新（或改造、再开发）、治理（或利益、博弈）”为主题词对 21 世纪以来相关的中文核心期刊论文进行筛选，得到相关文章共 353 篇。从文献数量的时间变化上可以发现，2001—2015 年间，有关城市更新治理的文章数量呈现快速上升趋势，到 2015 年左右进入相

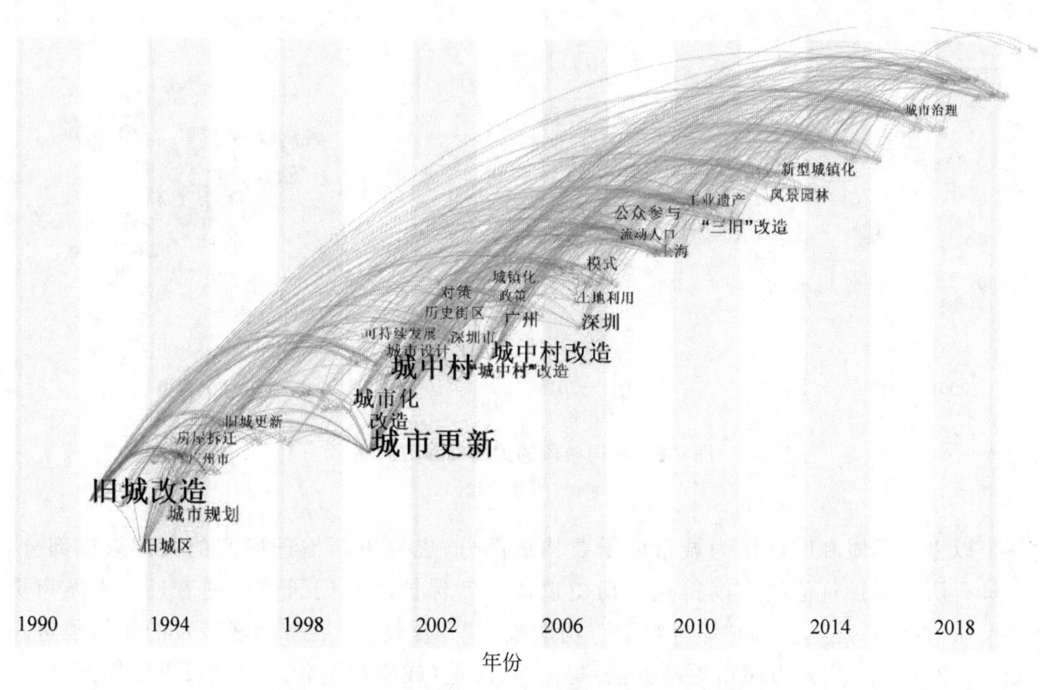

图 2-6　城市更新相关研究的关键词共现时序图谱

来源：作者自绘

对平稳的状态(图 2-7)，这与我国城市发展逐渐从增量扩张向存量优化的路径密切相关。借助 CiteSpace 对不同阶段的关键词共现图谱进行分析，发现随着更新治理的相关实践不断推广，对于相关问题的研究不断深入和细化，研究对象和内容逐步多元化，呈现更复杂的网络化结构。相应地，研究方法也逐步创新(图 2-8)。

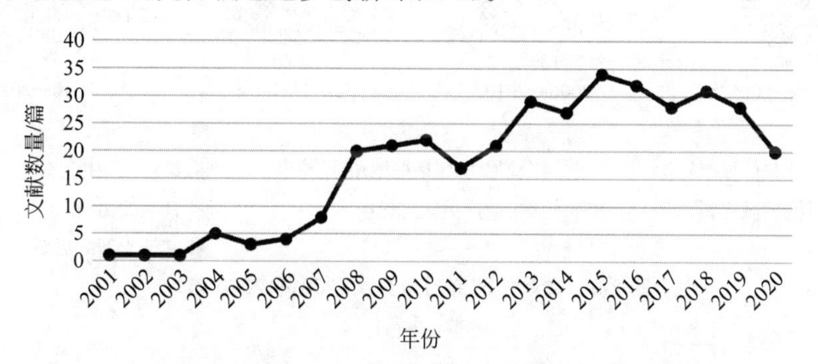

图 2-7　城市更新治理的中文核心论文数量变化(2001—2020 年)

来源：作者自绘

2. 研究对象变化

长期以来，相关研究以涉及更新治理整体结构的总体更新政策和涉及复杂产权关系与城乡发展的集体土地再开发为关注焦点，2001—2020 年的各个阶段文章数量均占文献总数

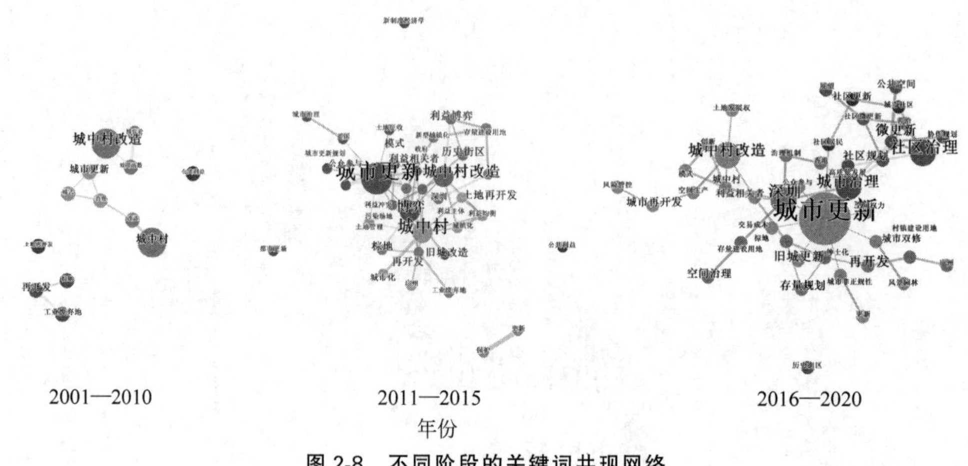

图 2-8 不同阶段的关键词共现网络

来源：作者自绘

的一半以上。旧城和旧厂作为城市的重要构成部分，也是更新治理研究的关键组成部分，其中具有历史保护价值的空间得到了历史遗产更新保护的专门研究。随着近年来城市更新类型从“拆除重建”为主向“综合整治”“功能置换”并重转变，更新治理涉及的领域也进一步细分。2016 年《广州市城市更新办法》提出“微改造(或称微更新)”的城市更新模式，2018 年住房和城乡建设部正式提出“共同缔造”的社区更新理念，由此社区微更新逐渐从传统的旧城更新模式中分离，成为近期更新治理研究的新热点(图 2-9)。

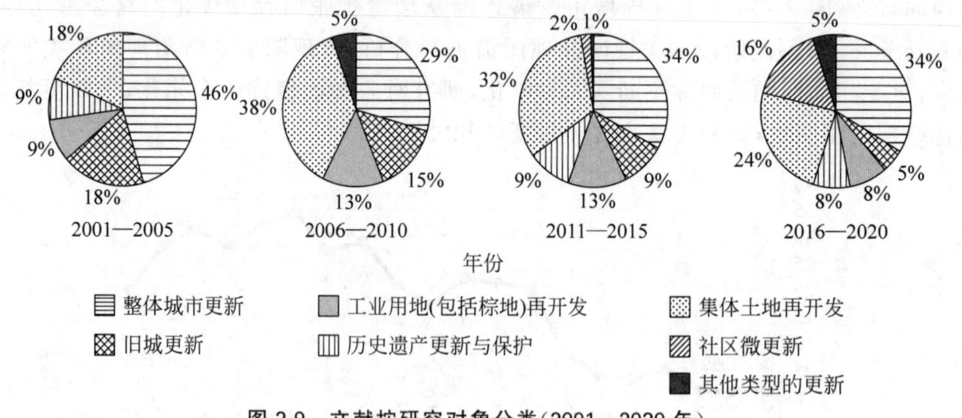

图 2-9 文献按研究对象分类(2001—2020 年)

来源：作者自绘

3. 研究内容变化

早期的城市更新治理研究主要借助土地租金、空间生产等理论剖析更新治理的动力机制，并借助利益相关者理论、城市政体理论、博弈理论等从超越物质规划的角度分析城市更新治理中的利益主体关系及利益博弈过程。在此基础上，进一步从实施效率和社会公平等维度厘清更新治理的实施困境，并从产权安排、土地增值收益分配、公众参与、规划制度等多角度剖析困境的形成机制。随着城市更新实践的推广和问题的暴露，学者们越发积极地探寻国内外的更新治理经验，梳理相关的政策工具，从而得到有利于我国城市更新有序实施、保障社会公平的启示（曲凌雁，2013；郭湘闽，李晨静，2019）。与此同时，学术界开始关注定量评价体系或预测模型的构建，旨在提高更新治理决策的科学性并明晰更新治理实施的有效性。学者们从经济、社会、生态等维度建立指标评价体系，试图在更新实施前和实施后进行预测或评价（吕斌，王春，2013；郑沃林等，2016）（图2-10）。

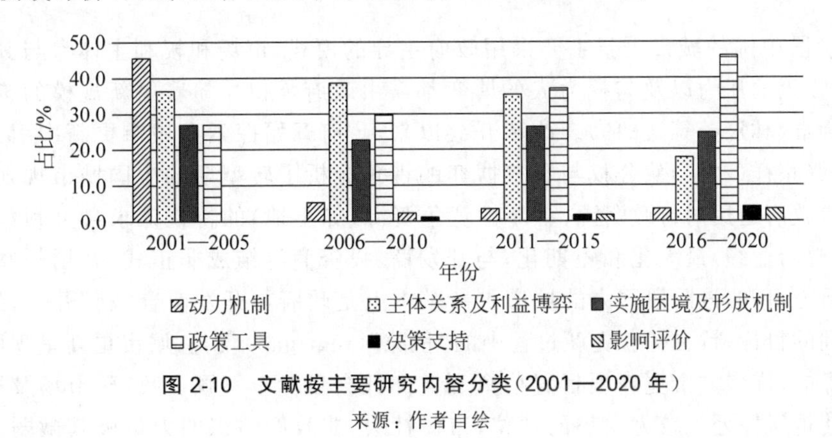

图 2-10　文献按主要研究内容分类（2001—2020 年）

来源：作者自绘

4. 研究方法变化

现阶段，国内已有的研究总体呈现为以定性方法为主、以定量方法为辅的特征。现有的定性研究主要通过文献分析、访谈调查、实证案例分析等方法，结合理论框架的构建进行城市更新治理的详细分析（陶然等，2014；田莉等，2015；何鹤鸣，张京祥，2017）。随着更新治理的研究不断深入和细化，一些学者试图借助数理统计方法更清晰地剖析更新治理中的利益博弈过程（施建刚，朱杰，2013），另有学者借助统计分析等方法探讨更新治理中合适的土地增值收益共享模式（田莉等，2020），此外还有学者通过构建量化的指标评估体系为更新治理提供决策支持或影响评估。评估方法和评估数据从传统类型到创新类型不等，既包含基于问卷调查的统计分析，又包含基于互联网开放数据乃至大数据的 TOPSIS 法等。

(二) 更新治理的动力机制与主体关系

城市更新实际上是通过规划再一次做大土地增值收益的“蛋糕”。在规划中形成的土地潜在租金与土地在当前利用性质条件下的租金构成了“土地租金差”，获取“土地租金差”是推动土地开发和再开发的主要动力（朱介鸣，2016）。城市更新治理通过建立一套利益分享机制，对增值收益进行重新分配，重构原有土地产权关系，形成财产权的分离、解构、形塑、再分配（刘芳等，2015）。政府—开发商—原业主是这种资源再分配中的主要利益构成主体，三方关系是核心的更新治理关系（王桢桢，2010；彭建东，2015）。

随着中国城市更新的发展推进，学者们分别探讨了不同发展阶段的利益主体关系及博弈。一些学者从制度变迁的视角，梳理了全国整体和地方局部的城市更新治理中的主体关系和治理结构变化（郭旭等，2018；林辰芳等，2019），也有学者就不同城市、不同项目的更新治理进行了横向比较。

1. 纵向演化分析

纵观我国城市更新治理变迁历程,可以发现总体经历了从"政府主导"向"政府—市场合作"转变,再向"政府—市场主体—权利主体—公众等多元主体协同合作"方向的探索演进。

初期阶段中国的城市更新主要采用政府主导的模式,市场和权利主体参与其中,所有资金、人力投入的压力以及与权力人的博弈都需由政府承担。随着更新规模的扩大,这种模式难以为继(林辰芳等,2019)。改革开放以来,政府开始探索在城市更新中引入市场力量。然而,张京祥(2010)从公权与私权博弈的视角分析了转型期的中国城市规划建设,指出地方城市政府运用对行政资源、垄断性竞争资源(如土地)的特权谋求自身利益(如地方财政收入、政治业绩)最大化和短期化,与开发商、投资商等结成非正式的"增长联盟"。从国内实证研究可知,该阶段国内的城市更新基本上是政府与开发商合"利"开发,经济利益是两者共同的目标,旨在捕获更新过程中的"租隙"(rent gap)收益,城市更新呈现明显的房地产开发导向,许多城市更新项目置公众利益和社会目标于不顾。政府、市场及居民的非均衡博弈使得居民处于较为弱势的地位,市民社会、非政府组织的力量极其微弱(张京祥,2010)。

然而,随着城市更新改造方式从传统的单一化走向多元化,更新投资模式从政府拨款转变为全社会共同支持,空间话语权从垄断向更多利益相关方分散,更新治理的相关主体也越发多元化,出现了政府、开发企业、合作组织、权利人、规划师共同参与更新改造的局面。社区参与、共同缔造成为更新治理的创新方式,并逐渐成为学界研究的热点。现有研究表明,这种多元参与的发育程度不一,地区与地区之间、项目与项目之间的差异较大。

2. 横向比较分析

虽然我国城市更新整体呈现从一元主导向多元合作转变的趋势,但是不同城市的发展路径、政企关系、政社关系有别,其更新治理中的主体关系特征仍存在差异。一些学者对全国多地的更新治理进行了研究,其中北上广深四大一线城市是研究热点。研究发现,北京的城中村改造和上海的城乡建设用地减量化改造均采用政府主导、市场与原业主参与的模式,是自上而下的"权威型"治理(田莉等,2015;唐婧娴,2016)。广州的城市更新进行了政企合作方式的多种尝试,对市场力量经历了从依赖到降温再到谨慎前进的演变,政府角色一直变迁,加之珠三角较为均衡的政社关系使得其公民话语权普遍高于其他地区,使得更新治理模式从在"政府主导"与"政府与市场合作"之间摇摆,逐渐转向多元主体的"合作型"模式(郭旭,田莉,2018)。长期以来,深圳的城市更新采取了更为市场化的模式,政府遵循"积极不干预"原则,仅承担政策支持、规划引导、审批管理等职责,以鼓励和吸引私人投资,最终呈现政府、企业与社会多元参与的特征(刘昕,2011;张磊,2015)。唐婧娴(2016)进一步探讨了广州、深圳、佛山三地城市更新治理模式分异的根源,发现土地规模、土地历史遗留问题、财政现状、城市文化、社会稳定和产业发展需求等因素的差异影响了更新治理模式的发展。

与此同时,一些学者通过对集体土地再开发、经营性用地再开发、历史街区更新保护以及社区微更新等具体项目的比较分析,发现项目层面的治理模式也丰富多元,可以归纳为政府主导、市场主导、权利人主导、政府与市场合作、政府与权利人合作以及多元主体共治的多种模式(杨廉,袁奇峰,2010;王承慧,2018)。在实践中,城市更新治理往往同时涉及几种基本模式,并且随着社会需求、政治力量及更新社区具体环境的不同而不断调整。章征涛和刘勇(2019)从珠海城中村改造的实证案例中发现,相比传统的政企增长联盟,一些城中村改造形成了开发商与村民和村集体的利益联盟,共同向政府争取更优惠的政策环境,导致公共利益受到损害。

(三) 更新治理的实施困境与形成机制

中国的城市更新存在着政府、市场和原权利人的非均衡博弈。这种非均衡性的博弈往往导致了城市更新治理的困境,此外相关规则的约束和配套制度的缺乏更是阻碍了困境的破解。总体来看,我国城市更新治理的困境可以归纳为两大类型,一是实施效率的困境,二是社会公平的困境。实施效率的困境主要体现为原权利人参与更新积极性低、更新改造周期长、更新实施搁置;社会公平的困境主要体现为"钉子户"问题频发、"反增长联盟"形成、碎片化的更新与整体秩序的矛盾、市场主导下的再开发强度过高和公共配套落实难、原有社区解体造成对社会网络格局的冲击、社会阶层分化及外来人口权益不受保障等(田莉等,2015;栾晓帆,陶然,2019)。这些困境的形成与政府或市场主导下的更新治理模式以及不成熟的多元合作治理模式有关,已有研究主要从产权安排、收益分配、公众参与和规划制度四大方面展开分析(图 2-11)。

1. 产权安排的视角

存量用地的再开发不仅是物质空间的再利用,更是基于产权关系重组的利益再分配过程(何鹤鸣,张京祥,2017)。一些学者借助新制度经济学的产权理论,从产权配置的角度剖析了更新治理的困境。

(1) 空间产权分散复杂。随着个体产权意识日益觉醒,分散、复杂的土地和房屋产权往往涉及到众多利益相关主体,更新过程中难以达成协议,交易成本极高,"钉子户"漫天要价的行为更是导致了反公地困局(陶然,王瑞民,2014)。尤其在以市场为主导、缺少强制力约束的城市更新中,"钉子户"问题的产生更是不可避免(欧阳亦梵等,2018)。

(2) 产权重构规则的制约。对于国有土地而言,现行法律要求工业和经营性用地必须采取招标拍卖挂牌方式出让,再开发过程中不能保证原土地使用权人继续获得土地使用权,将其排除在改造开发利益分配之外。对于集体土地,1998 年版《中华人民共和国土地管理法》规定农村集体土地不允许流转给农村集体以外的单位和个人进行非农业建设,因而再开发主要通过土地征收的形式。对于违法用地,《中华人民共和国土地管理法》严格规定需恢复土地原状或没收违法建筑,但这涉及复杂的利益关系及社会稳定问题,现实中难以推进(刘新平等,2016)。

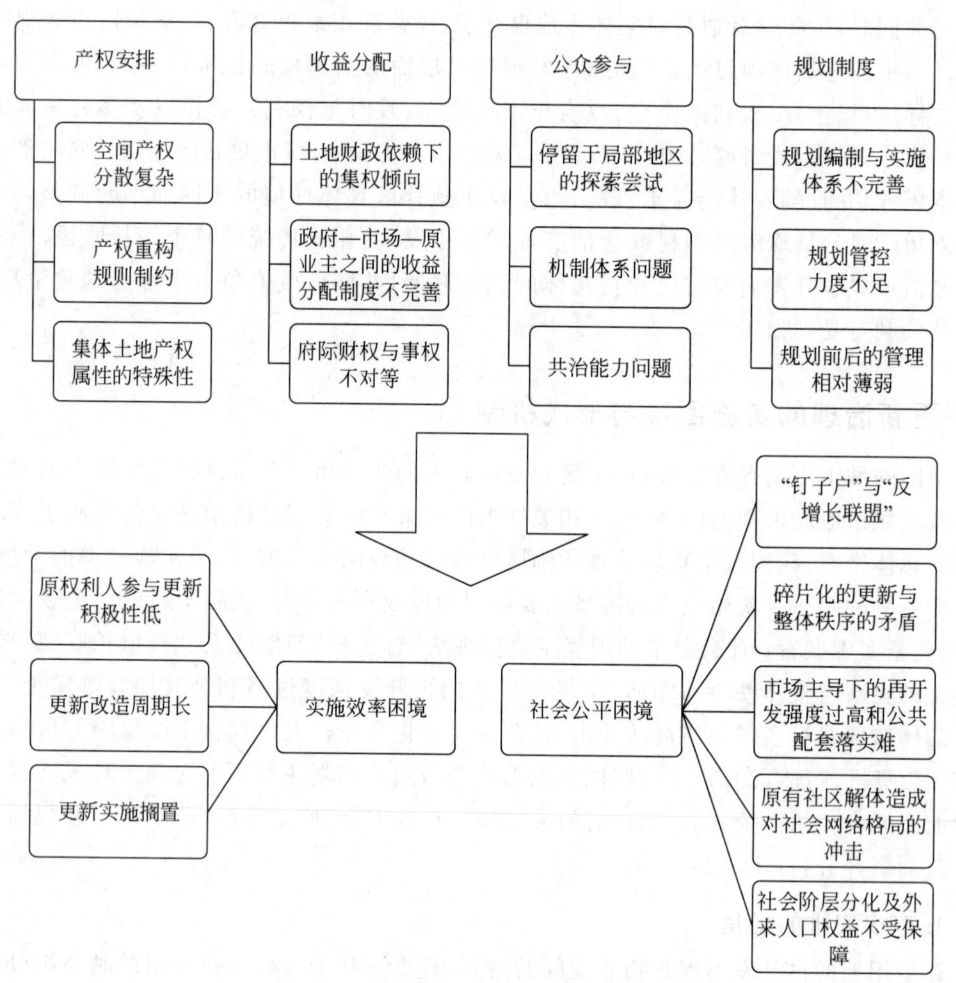

图 2-11 更新治理实施困境的形成机制总结

来源：作者自绘

（3）集体土地产权属性的特殊性。除了上述提及的土地产权破碎及使用权流转障碍以外，农村集体和村民对于集体土地的认知产权和法定产权不一致也导致了再开发中的冲突，对于经济产权重构中的成本与风险衡量，对于社会产权重构中的社会经济结构变迁的抵抗，都成为集体土地再开发治理过程中的障碍（姚之浩等，2020）。

2. 收益分配的视角

理性的相关利益主体往往追求自身利益最大化，在这样的背景下，多方主体难就土地增值收益分配达成协议，由此导致了更新实施的搁置。

（1）土地财政依赖下的集权倾向。土地财政已成为地方政府收入的重要来源，导致以新增用地拓展为主的发展模式短期内难以改变。田莉等（2015）和唐婧娴（2016）通过对上海、广州、深圳对土地财政的依赖程度比较，发现依赖程度更大的上海、广州市场参与更新的意愿较弱，一定程度上影响了更新的实施。

(2) 政府—市场—原业主之间的收益分配制度不完善。在更新改造中，地方政府的动机在于提高地方政府的土地增值收益(郭旭等，2018)。而理性的土地使用者以及市场同样希望收益最大化，其对获取土地租金差的期望值常常超出控制性详细规划的预期(朱介鸣，2016)。当各利益主体间分配的界限模糊时，土地增值收益则被无序争夺，界限清晰但非合作的利益博弈最终也会影响到更新进程。此外，一些地区缺乏激励机制的设置，导致政府难以撬动社会资本介入更新中的公共物品供给环节(邓雪湲，黄林琳，2019)。

(3) 府际财权与事权不对等。府际收益分配是影响管理主体推动更新实施积极性的重要因素。研究发现，广州的土地再开发中以区政府为责任主体并承担主要管理职能，然而土地增值收益仅分得两成(田莉等，2015)；上海张江科学城更新中的土地收益进入区财政，而承担建设管理工作的管委会未分到收益(邓雪湲，黄林琳，2019)。财权与事权不对等削弱了管理主体的积极性。

3. 公众参与的视角

相比于增量扩张，城市更新在更大范围内和更大程度上与土地、房产权利人的切身利益紧密相关。为响应权利人的利益诉求，应对潜在的利益冲突，公众参与应当是城市更新过程中必备的工作内容和技术手段。然而现有的研究表明，我国城市更新的公众参与多停留于局部地区的探索尝试，尤其集中在旧城改造和社会微更新的实践中，鲜有将公众参与正式纳入城市规划编制与管理制度，缺乏系统性和常态性。

就目前更新治理的公众参与方式的研究方面，学者们主要就社区参与的尝试展开了分析，发现仍存在机制体系和共治能力的问题。

(1) 机制体系的问题。该问题具体表现为：①较浓厚的体制内、行政化、精英主导的色彩，社会性参与的共治、自治机制仍有待发展；②社区工作人员及居民缺乏实质性的决策权；③保障机制不健全，包括居民缺乏直接的利益代表机制，公共事务提取机制非常规化、非制度化等。

(2) 共治能力的问题。该问题具体表现为：①"求稳"惯性导致的政府主导能力不足；②社区委员会自治发挥不足；③居民参与能力有限；④缺乏专业性的市场化或社会化组织和专业性人才；⑤共治关注的议题以硬件建设为主，对于软性事务讨论较少(梁波等，2015；杨槿等，2016；顾大治等，2020)。

4. 规划制度的视角

城市规划编制、实施与管理的各项环节设置同样影响更新治理的效率与公平。

(1) 规划编制与实施体系的不完善。除了前文提及的规划编制与管理中的公众参与缺位以外，城市更新程序烦琐以及规划审批权分散下的横纵向多重管制形成了"九龙治水类"的反公地困局，导致更新治理效率低下、更新实施周期过长。

(2) 规划管控力度不足。现有的城市更新规划往往缺乏区域统筹，刚性管控要素不明确，同时政府的自由裁量权过高，在改造周期长、交易环节多、地价飙升、拆迁改造主体要价攀升等因素的影响下，更新决策往往屈从于土地开发利益诉求，导致局部地段开发强度过高、旧改项目结构与布局不合理等问题，使得社会公共利益受损(张磊，2015；郭炎等，2018)。

（3）规划“前”和规划“后”的管理相对薄弱。以深圳为例，更新前违法抢建现象频发，更新中公共配套设施建设不足等状况屡见不鲜（田莉等，2015）。

（四）更新治理的相关经验与政策工具

英、美、日、德等国经历了较漫长的城市更新历程，在更新治理方面积累了丰富的经验。一些学者聚焦于先进经验的挖掘与借鉴，形成了有利于更新治理过程中的利益协调与土地增值收益共享的经验。

1. 强化多元合作关系

曲凌雁（2013）、易晓峰（2013）深入梳理了英国的“合作伙伴组织”政策发展以及鼓励私人资本参与的“企业化管治”经验。郭湘闽和李晨静（2019）深入剖析香港经验：依据公私合作理念进行组织变革，成立城市更新局，赋予其兼具市场与政府资源优势的职能与使命，并赋予特殊权能。就内地经验而言，田莉等（2015）分析了深圳在拆除重建类城市更新项目中，鼓励权利主体自行改造或委托市场主体实施改造等多种改造方式。

2. 探索综合更新途径

郭湘闽和李晨静（2019）基于香港案例的分析，得到探索多元更新途径的启示，包括重建发展、楼宇修复、文化保育、旧区活化等。任洪涛和黄锡生（2015）分析台湾地区的城市更新，发现包含重建、整建和维护三种处理方式。

3. 优化规划编制实施制度

（1）“自下而上”协商式的规划编制与管理机制。林辰芳等（2019）通过对深圳城市更新规划编制到实施全过程的梳理，分析了更新过程中的多元主体协同合作机制。一方面，允许更新计划自下而上申报，以开放的更新单元规划为协商平台，以土地协议出让为路径，以事实监管协议为约束实现多元主体的共同参与；另一方面，以权利主体意愿为基础，以更新计划管理为导控，并通过利益分配规则化、规划审批精细化、有效的法律保障等实现多元主体的相互制衡。陈雨（2015）以上海虹桥商务区改造为例，分析了沟通式规划在改造中的应用，通过规划师在谈判协商过程中的全程参与，在产权整理、开发单元划分、地块指标制定问题上进行重点协调，由此在确保公众利益前提下协调各方利益和专项规划要求。

（2）强化刚性要求、保障公共利益。赵若焱（2013）分析了深圳经验：明确要求开发主体获得相应的开发利润的同时，应当承担相应的义务，包括无偿移交部分土地给政府用于发展公共利益项目，提供城市开放空间及建设保障房等。

4. 完善产权重构与激励机制

（1）土地再开发中向原权利人赋权。刘新平等（2015）剖析了广东、浙江和辽宁三省的经验，通过对集体建设用地管理规则进行创新，给予集体经济组织更多的改造开发自主权。利用优惠政策让村集体、原业主分享更多的由土地再开发产生的增值收益，减少“钉子户”等机会主义行为。改进“招拍挂”出让规则，赋予原土地业主更多改造开发的主动权。

(2) 运用多种土地发展权转移工具。国内外目前已形成有助于推进更新的土地发展权转移工具，如德国、日本的土地重划，我国台湾地区的市地重划和区段征收，美国、我国台湾、深圳等多地的容积率转移经验，以及涉及城乡土地产权重构的城乡建设用地增减挂钩、留用地安排等，已引起广泛关注。

(3) 完善城市更新的激励机制。贾茵(2015)分析了我国台湾地区的容积率奖励与租税减免措施作为促进民间参与和公私合作的激励办法。张更立(2004)分析了英国的"城市挑战"基金、"综合更新预算"基金以及欧盟结构基金通过公开竞标的方式鼓励公、私、社区三方合作。

(4) 优化违法用地处理规则。郭旭等(2020)梳理了广东省"三旧"改造政策处理历史遗留用地的经验，通过有条件地承认历史无证用地、承认农村集体用地的再开发权，赋予可以协商的土地利益。刘荷蕾等(2020)梳理了深圳"整村统筹"和"片区统筹"两种利益统筹土地整备模式，通过"政府与社区算大账，社区与居民算小账"的方式，以"土地＋资金＋规划"的补偿手段，更好地解决土地历史遗留问题和土地增值收益分享问题(表 2-4)。

表 2-4　产权重构和激励的主要方式

再开发向原权利人赋权	运用土地发展权转移工具
• 集体建设用地管理规则创新 • "招拍挂"出让规则创新	• 土地(市地)重划 • 区段征收 • 容积率转移 • 城乡建设用地增减挂钩 • 留用地安排
完善更新激励机制	**优化违法用地处理规则**
• 容积率奖励 • 税费减免措施 • 更新激励基金	• 土地整备 • 历史无证用地有条件合法化

来源：作者总结

5. 推广社区营造

社区营造是指动员、组织群众参与社区公共事务，对承载社会各群体利益的空间资源进行合理的分配与协调，在重构空间的基础上实现社区再造并形成空间再生产的内生动力的方式。李郇等(2018)，卓健、孙源铎(2019)及赵楠楠等(2019)分别以厦门、上海和广州等地的社区更新为例，揭示了社区营造的具体方式，包括以社区规划师为触媒推动社区善治，以治理结构的扁平化与动态化实现权力共享，以民政企合作的渐进式更新实现发展共谋，通过建立居民与社区公共空间的情感纽带实现营造共参，以地方知识共享的方式延续本土特色，由此推进社区更新中"共治、共建、共享"。

6. 赋予外来人口"城市权"

田莉(2019)、姚之浩等(2018)、万成伟和于洋(2020)基于厦门和深圳的经验指出，通过城中村改造与公租房供应联动，保障外来人口的居住权，实现了低成本解决大城市保障性住房供给的难题，有利于城市更新向城市复兴转型。此外，通过人才公寓等城市公共产品（利益）触媒可促进各个利益相关方“妥协”并达成更新共识。

7. 完善城市更新法律制度体系

刘斌（2014）梳理了东亚地区的城市更新法律实践，张翼和吕斌（2010）就《城市房屋拆迁管理条例》中关于公益限定、程序正义和公平补偿等基本原则展开了讨论，并梳理了多国的相关法律经验。朱海波（2015）指出，我国应明确城市更新法律制度的公共利益导向，完善公众参与制度，加强无市场利润的旧城区更新以及加强城市更新中弱势群体的居住权保障，基于此修订《中华人民共和国土地管理法》《中华人民共和国城乡规划法》，增加城市更新条款，并制定《中华人民共和国城市更新法》。

(五) 更新治理的决策支持和影响评估

目前，我国城市更新治理既没有建立起具有广泛约束力的严格程序和监督制度，也没有真正科学量化的可供计算的标准体系和硬性评价体系。为提高更新治理决策的科学性并明晰更新治理实施的有效性，学术界开始关注定量评价体系或预测模型的构建，并尝试从不同维度、结合多源数据、利用多种分析方法建立起更新实施前的决策支持体系和更新实施后的效益评估体系。

1. 决策支持

在经济维度上，田莉等（2020）构建了多情景的“成本-收益”测算模型，评估了不同情景下的政府、开发商与村集体收益，从经济可行性角度为更新治理提供决策支持。在社会维度上，邵任薇（2012）指出城市更新过程中在政府、开发商、社区和居民四个层面都会产生不可避免的社会成本，提出了从多维度构建社会成本的评估体系，认为应及时测量和评价社会成本的大小，在居民可承受的范围内推进城市更新。在安全维度上，董君等（2016）基于有机更新理论，对城市旧城区进行空间环境、建筑环境、社会环境的安全风险综合评价，得出更新所应重点维护和改造的部分空间，运用空间句法技术研究地区现状空间并进行评估，并对规划后的方案进行评价，由此为更新治理提供决策支持。在综合维度上，王景丽等（2019）以宗地为更新改造评价单元，结合互联网开放数据构建基于地质条件、建筑物状况、集聚性、可达性、公共设施以及人口动态信息等多元因子的评价指标体系，并采用层次分析法和均方差法组合确权方法确定指标因子的重要性，采用 TOPSIS 法对改造宗地进行潜力测算。

2. 影响评估

现有研究主要从综合效应出发，建立社会、经济、生态等多维度的评价指标对土地再开发、历史街区更新保护等更新治理的实施效果进行评价。钱艳等（2019）根据 Dair Carol M. 和 Williams Katie 建立的英国棕地再利用可持续评价框架中可持续评价指标，结合重庆印制二厂原址改建的“二厂文创园”项目，建立了社会—经济—生态三个维度的工业遗址再利用可持续性评价指标体系对更新治理的效益进行评价。徐敏和王成晖（2019）通过将基础数据和大数据相结合，以多源数据为基础，从历史文化传承、城市功能优化、产业转型升级、人居环境改造、创新氛围营造的五维度建立对历史文化街区更新的全过程、综合性评估体系。郑沃林等(2016)构建了村镇建设用地再开发后评估的指标体系，即在考虑利益相关者的诉求、评估客体的特性及再开发后评估原则的基础上，提出目标实现、执行规范、土地利用与管理、经济效益、社会效益及生态效益等六大村镇建设用地再开发后评估指标体系，根据指标的含义确定运算公式，据此进行影响评价，较好地反映了村镇建设用地再开发后的实施状况。

此外，一些研究就特定的关注角度从具体效应建立相应的评价指标，目前集中在社会效应的评估上。何深静和刘臻(2013)专门针对社会影响的维度进行分析，通过问卷调查对亚运会驱动下的城市更新对社区居民在物质、社会和心理层面的影响进行研究，发现更新改造导致部分居民的社会经济地位降低，社会网络破坏，邻里关系拆散，社区满意度下降，并指出城市更新应更多关注社会利益与公众参与。吕斌和王春(2013)从主体参与程度、对地方形象和城市设计定位认可度及对城市设计实施效果的满意度三大方面构建了历史街区可持续再生城市设计绩效的社会评估体系，对历史街区再生的实施效果进行了评价。

小　　结

长期以来，城市更新治理的研究对象多集中在旧城、旧村、旧厂改造的领域，近年来包括老旧小区改造在内的社区微更新研究逐步增多。在研究内容上，主体关系及利益博弈、实施困境及形成机制始终是研究关注的重点，学界也积极剖析国内外先进经验以优化现行的更新治理政策工具，与此同时，有关更新治理的决策支持、影响评估也逐渐受到学界的关注，研究方法随之也从传统定性分析逐步向定量分析的方向转变。

展望未来，城市更新治理的研究可向以下方向发展：①进一步扩展研究对象，将焦点从大城市向中小城市拓展，从东部城市向西部城市拓展，从关注旧城、旧厂、旧村改造向更多精细化领域拓展，包括社区营造、历史遗产更新与保护及其他以创造公共空间为目的的更新改造等。②结合制度环境变迁、地方实践创新和实施进程推进丰富研究内容。一方面，关注土地制度变迁和《中华人民共国民法典》颁布后，NGO、社区规划师等多元角色参与下与互联网平台应用下的主体关系、利益博弈、实施困境的变化；另一方面，随着更新实践的推广和实施进程的推进，研究应在理论型机制研究基础上，向应用型的决策支持和影响评估迈进，同时应更多关注更新实施前后的社会网络、心理认同、文化传承等软性要素的变化。③创新更新治理的研究方法。借助传统的经济社会统计数据，新型的空间数据、大数据等手段：一是开展更新实施前不同政策情景及规划方案下的更新治理效果预测，提高更新治理决策的科学性，二是开展更新实施后基于多维度评价体系的经济、社会、生态效益评价。

思考题

1. 思考有机更新理论的内涵、内容及其在实践中的应用。
2. 结合身边的城市更新案例，分析其更新实施困境的具体表现与原因。

第三章 国内外城市更新与空间治理的实践

由于发展的阶段和历程差异，西方发达国家较早地开始了城市更新实践，并积累了较多的经验教训。在我国的台湾地区，市地重划、区段征收等实践也为城市更新提供了新的思路。他山之石，可以攻玉。本章选择纽约、伦敦、东京与我国的台湾地区作为案例，剖析其城市更新的历程，分析其规划体系与政策工具，以期对我国的城市更新和空间治理有所借鉴与启示。

第一节 纽约的城市更新

(一) 纽约城市发展与更新的历程

1. 纽约城市发展面临的土地供需矛盾

作为处于金字塔尖的全球城市，纽约的城市发展历程举世瞩目。通常所说的纽约市指纽约大都市区的中心城区，包含布朗克斯区、布鲁克林区、曼哈顿区、皇后区和斯塔腾岛，面积为621.6km^2，2018年常住人口839.87万人，人口密度约为1.35万人/km^2。近20年来，纽约大都市区GDP稳步增长，从2001年的1.2万亿美元增长到2018年的1.53万亿美元。

1988年至2014年，纽约的住宅用地比例从33.33%增长到42.52%(表3-1)，远大于我国大城市住宅用地占比。土地资源剩余量逐年下降，未被开发的空地从18.25%降至7.43%。产业结构呈现明显的“去制造业化”特征，传统制造业外迁，工业和制造业用地占比仅为3.48%(黄迎春等，2017)。随着20世纪70年代以来的内城复兴和人口回流，大量建设活动相继开展，纽约市的闲置地块数量从1995年的约5.7万块减少到2006年的3.6万块，占用地总量的7.1%，其面积总和几乎与整个曼哈顿岛相当。由于大量空地为私有物业，闲置用地转化为建设用地困难重重(李甜，2017)。21世纪以来，随着全球化进程加速，全球城市之间竞争加剧，气候变化、人口快速增长、基础设施落后、公共机构负债等问题给纽约的城市发展带来严峻挑战。纽约需要在有限的空间内解决土地供需矛盾，应对高房价、缓解住房紧张，创造宜人的空间环境(田莉，李经纬，2019)。

表 3-1 纽约市土地利用结构(1988—2014 年) %

年份	土地总面积/km^2	住宅用地	商业用地	工业和制造业用地	交通设施用地	公共设施和机构用地	开敞空间和娱乐用地	停车设施用地	空地
1988	579.77	33.33	8.05		6.75	8.76	24.86	—	18.25
2000	594.08	43.02	3.68	4.36	5.31	9.11	20.35	1.33	12.84
2004	623.14	41.68	3.75	3.88	7.53	7.38	25.10	1.30	9.38
2009	622.81	42.38	3.97	3.61	7.17	7.33	25.35	1.32	8.87
2014	628.01	42.52	3.91	3.48	7.58	6.82	26.96	1.30	7.43

来源：黄迎春，杨伯钢，张飞舟，2017. 世界城市土地利用特点及其对北京的启示[J]. 国际城市规划(06)：13-19

2. 纽约城市更新的历程

纽约的大规模城市更新始于 20 世纪五六十年代的战后重建，经历了 20 世纪七八十年代的谷底，以及 1992 年之后新自由主义高潮等阶段(图 3-1)。20 世纪初，美国工业化的高速发展带来劳工阶层居住环境的恶化，引发了社会对贫民窟的关注，1895 年纽约市的贫民窟清除计划拉开了美国城市更新的序幕。20 世纪前 30 年，贫民窟清除运动围绕着是否动用征收权、多大程度上使用这项权力以及征收者需要付出多少成本而曲折展开。

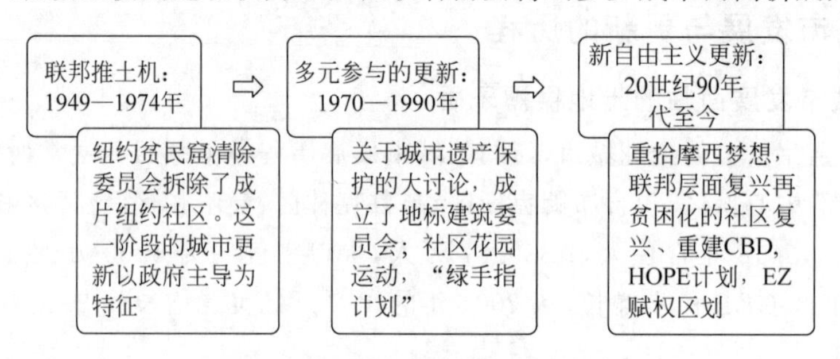

图 3-1 纽约城市更新的历程

来源：作者自绘

1949 年美国启动新的《国家住宅法案》(National Housing Act)，允许联邦基金除了改善贫民窟状态外还能用于城市更新发展。联邦政府向私人开发商和投资者提供了实质性的公共资金资助，以公共资金为杠杆撬动私人投资。但开发商被排除在更新项目策划与规划之外，只有在政府土地被清理成为净地后才允许其接手承建。罗伯特·摩西(Robert Moses)于 20 世纪 30 年代至 60 年代领导了纽约贫民窟清除委员会(Slum Clearance Committee)，以城市更新之名铲除成片的纽约社区，导致穷人、移民等社会弱势群体被迫搬迁，丧失了谋生之道。安德森(Anderson，1964)对城市更新运动初期大规模改造提出了尖锐的批评，认为政府完全不应该以公权力干预城市发展，特别是不可动用由政府垄断的征用权。20 世纪 50 年代至 60 年代，推土机式的城市更新由于财力有限、精英主导、缺少弹性和选择性，对城市的多样性产生破坏，成为雅各布斯(Jane Jacobs)笔下《美国大城市的死与生》的抨击对象。

“二战”以后，高速公路建设和郊区购房优惠政策推动中产阶级向郊区外迁，加速了城市空间的向外蔓延，导致内城衰败、房屋空置率上升、犯罪率和失业率增长等问题。面对内城交织的经济和社会问题，城市更新不再是消除贫民窟那么简单，社区重建不仅是为了建造更好的房子，还要兼顾地方的经济发展，城市更新的目标从消除破败(blight clearance)走向了城市再生(city rebirth)。20世纪70年代的美国经济发展持续低迷，财政萎缩，来自联邦的资金资助明显减少，城市更新的责任和权限逐渐下放到地方，私人投资部门在城市发展与更新中扮演了越发重要的角色。随着内城衰落和中产阶级郊区化日益加剧，城市更新转向以中心区复兴为主的"商业取向"，当地政府通过商业团体的运作振兴衰败的内部城区，并以此与日趋繁荣的郊区相互竞争(Zhang，Fang，2004)。1970—1990年这个阶段经历冷战、经济萧条，但城市更新并非停滞不前，而是从强人政治的叙事转向了更为多元的更新治理。社会力量开始参与到城市更新中，典型事件包括因拯救中央车站(grand central)运动而引发的关于城市遗产保护的大讨论，以及由非营利性环保组织发起的社区花园运动(钟晓华，2020)。

20世纪80年代城市更新受到房地产等利益的影响，政府对衰败地区的定义模糊导致政策工具使用不当，引致社会公众对城市更新中"公共利益"实现的强烈质疑。90年代随着城市蔓延以及内城衰败等问题的加剧，城市更新从房地产开发商主导、振兴经济为目的的商业性开发转向经济、社会、环境等多目标的综合治理。再贫困化的社区复兴、重建CBD，以为所有人兴建住房(housing opportunities for people everywhere，HOPE)计划和赋权区划(empowerment zoning，EZ)倡议为代表的新一轮更新计划，在联邦政府的支持下孕育而生(钟晓华，2020)。地方政府着力把握对城市更新具体事务干预的平衡点，致力于出台政策工具帮助业主和开发商对地区进行有机更新，努力兼顾私有产权保护、开发商的投资利润和社会公共利益维护。过去30年间，纽约对于公共产品的投入持续下降，市政府越来越多地采用城市再开发项目捆绑公共要素的方式实现"公私合作式"的公共品供给，如可负担住房、公园等。如美国激励性区划(incentive zoning)通过容积率奖励等方式激励既有产权主体出资金和土地为社会提供公共物品，成为城市公共物品生产的有效模式(于洋，2016)。

(二) 纽约城市更新的政策工具

随着1949年美国启动新的联邦住宅法案、州政府的城市增长管理法规以及地方区划条例的完善，不断涌现出各种政策工具用于城市更新，包括税收融资、土地调控和发展管理三方面。这些政策工具随着城市更新社会背景的不同出现了政策更替(姚之浩，曾海鹰，2018)。

1. 税收融资工具

与我国城市更新以开发商投资为主，政府适度支持的模式不同，美国主要通过激励性措施如物业税增值和各类税收、基金融资工具实现项目融资。地方经济发展组织通常提供一系列的公共融资工具帮助开发主体减少开发费用、债务费用和运作费用，包括提供贷款抵押担保(loan guarantee)、提供再开发补助金、税金减免(tax credits)、债券融资(bond financing)等，以城市更新为目的的主要税收融资模式包括税收增额筹资和商业改良区。

税收增额筹资(tax increment financing，TIF)是州和地方政府层面提出的一种基于地方房产税增值的融资方式。其原理是地方再开发机构选择再开发地区划定为 TIF 政策区，拟定再开发规划并批准具有潜力的项目，预估项目费用和周期，在 TIF 政策实施前(基年)对地区物业税现状、收入来源、未来物业增值收入进行评估。在 TIF 政策期内冻结政策区内所有房地产评估价值，政策期内由于经济发展带来的房地产评估价值的上涨将用于支付 TIF 政策区内的公共基础设施改善和再开发项目，也可转移至其他 TIF 政策区用于开发投资。地方政府运用 TIF 工具有效地回收了地区土地外力增值，将增加的物业税用于社区的物质空间更新和基础设施建设，降低了政府干预城市更新项目的经济风险。

商业改良区(business improvement districts，BIDs)作为一种基于商业利益共赢，地方和商业团体自愿联盟的以抵押方式开展的自行征税资金机制，运作资金来自商业区内各业主根据物业评估价值自愿负担的地方税(约占 80%以上)、地方政府拨款和公共资金筹集。1992 年成立的纽约布鲁克林区的大众科技中心商业改良区(MTBID)，聚集了 JP 摩根、国家电力、帝国蓝十字和蓝盾公司等跨国商业机构以及纽约大学理工学院等学术机构(图 3-2)。2014 年，区内各机构所交的地方评估税占了 MTBID 总收入的 89.82%，充足的资金为区内机构和商家的公共服务提供了保障(表 3-2)。

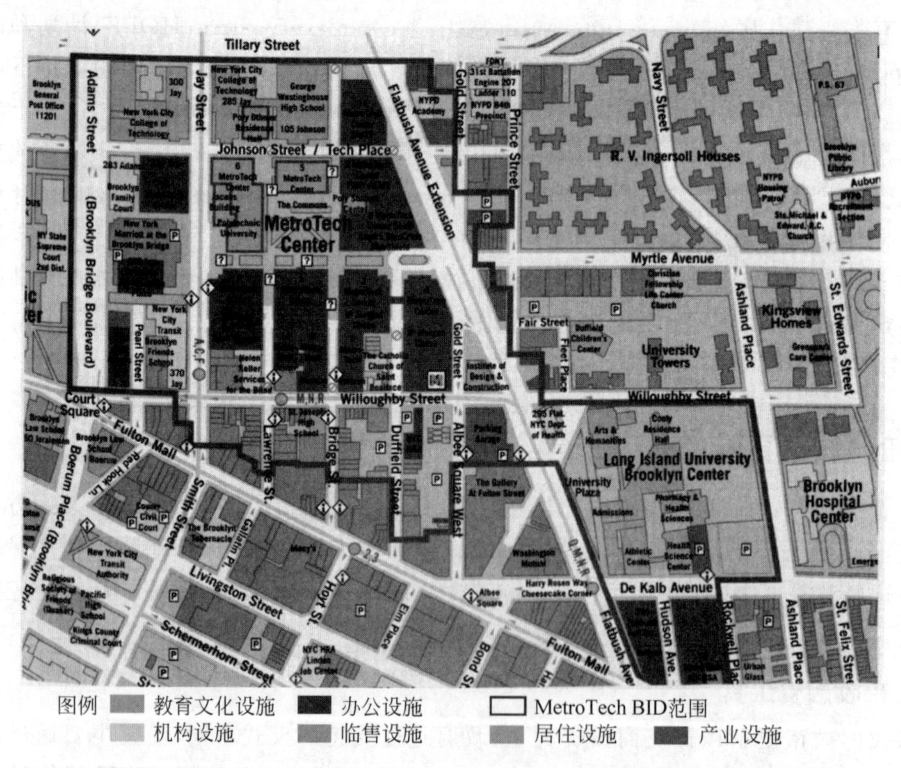

图 3-2　纽约 1996 年建立的 Brooklyn Metro Tech 商业改良区(有彩图)

来源：Business improvement districts[R]. Urban Land Institute，2003

表 3-2　2013 年 6 月至 2014 年 6 月 MTBID 的收支明细

收入款项	金额/美元	支出款项	金额/美元
评估税	2 734 012	安全	1 375 541
项目服务收入	19 507	卫生	333 064
货币捐赠	25 516	活动和项目策划	6766
实物捐赠	181 480	简讯和推广	132 775
政府拨款	50 540	商业开支和公共改善	254 242
利息收入	623	管理费用	797 879
出租收入	31 108		
其他收入	1000		
总计	3 043 786		2 900 267

来源：Metrotech Area District Management Association，Inc.

Financial Statements and Auditors' Report，2015.

http://downtownbrooklyn.com/about/metrotech-bid. Metrotech Area District

2. 土地调控工具

土地利用调控对纽约进行存量土地资源管理，缓解土地供需矛盾至关重要。城市更新作为常态化的经济发展公共政策之后，地方政府开始在城市和社区层面建立存量土地资产的管理体系，专门负责对辖区内零星土地资源的获取、整合。城市层面，地方经济发展组织通过土地银行(land bank)将辖区内零星、低效、闲置土地有目标、有投资计划地加以整理、征收，整合积累的小地块土地资源吸引企业参与地方投资。纳入土地银行的土地一般包括城市的剩余土地、捐赠的土地、征收而来的土地、从私人部门购买的土地等。土地银行的运作资金来源于政府所有的土地租赁、出售获得的收入，这部分收入也用于对获取的土地进行改良和运营。社区层面，由社区活动人士、商人和相关专业人士(如规划师、房地产经纪人)等组成的非营利机构——社区土地信托机构(communtity land trust)管理运营土地资产。在破败地区或正在经历投资缩减的地区，社区信托机构通过借贷购买、获取捐赠或向政府回购的方式获取闲置土地。信托机构在出售一部分土地后，也会保存一部分土地以低于市场价转售出租，以解决本社区内低收入家庭或是年轻人的临时性居住需求。

随着住宅紧缺、租金负担严重和户型失配等问题的加剧，2003 年以来，纽约市长提出了“新住宅市场计划”(New Housing Marketplace)和“新住房改善十年计划”(Housing New York)，这些计划着力于存量用地的二次开发，在现有公共住宅空地、低效使用的公共设施及公共部门持有的小尺度空地上启动新建住宅项目，旨在提高土地利用率和居住集约性，也被称为“填充计划”(李甜，2017)。此外，纽约市政府通过棕地开发解决土地供需矛盾，提高住宅供应量。2008 年，纽约成立了棕地修复办公室(OER)。2011 年 OER 推出了全州第一个棕地自愿清理计划(NYC VCP)，加入该计划的项目可以获得低成本或零成本的土地回收，抵免部分清理费用，减免部分政府的税费。

为鼓励私人投资开发棕地，纽约政府鼓励纽约州议会通过立法来稳定州棕地清理项目提供的税收抵免，为保障性住房和工业发展项目提供税收抵免通道，降低棕地的清理成本。

同时纽约市提供城市基金鼓励私人投资者参与 NYC VCP 的运营，到 2014 年已通过 NYC VCP 确定了 45 个可负担住房项目(图 3-3)，将建造超过 3850 套新住房。纽约棕地清理计划涉及的棕地再开发中，69%的土地用于住宅开发(其中 19%用于可负担住宅)，填充开发的效果显著。至 2017 年，纽约市已经修复了 577 块棕地，完成超过 475 个点的 260 多个项目的修复工作，建设了超过 2350 万 $ft^2$①的新建筑空间，其中大约 23%的项目用于建造新的保障性住房(The City of New York，2017)。

图 3-3　纽约棕地可负担住宅建设项目分布

来源：The City of New York，2014. PlaNyc Progress Report.

3. 发展管理工具

美国 20 世纪 50 年代以来区划的新发展为城市更新提供了新的规划管理技术手段和思路，为城市更新实践保障社会公共利益、扶持社会低收入阶层提供了支持。地方政府创设了各类弹性区划技术和增值管理工具以改善传统区划对存量再开发的不适应性。在城市更新中最常用的政策工具是激励区划(incentive zoning)。激励区划的核心是以空间增额利益(如容积率奖励)和允许区划条件变更(如建筑后退、层高、停车场地条件)为条件引导开发商在再开发活动中自愿提供社会所需的公共空间、学校和低收入住宅，使再开发项目最大限度地兼顾城市整体密度控制、减少房地产开发对城市外部空间的负效应(章征涛，宋

① $1ft^2=0.093m^2$。

彦,2014)。与激励区划类似的是非排他性住宅规定(inclusionary housing regulation),该规定要求开发商在新住宅区开发时提供一定比例(10%～25%)的低收入住宅,以取得区划变更和密度奖励的许可。20 世纪 50 年代至 60 年代,开发空间奖励、公共设施奖励、特定地区奖励等容积率奖励规则最先在纽约等大都市的区划条例、城市中心区区划条例中出现。

激励区划的另一个重要作用是通过容积率奖励等方式激励既有产权主体出资金和土地为社会提供公共物品,本质是利用市场力量进行公共物品的生产,通过政府代表公众与开发商之间签订的一份关于公共物品生产的社会契约,政府支付奖励容积率,并获得公共物品。纽约市 1961 年通过引入激励性政策鼓励私人资本投入公共空间建设,并正式提出私有公共空间政策(privately owned public space,POPS),鼓励社会资本投资在私人土地上建设,并向社会免费开放的公共空间。截至 2014 年年底,纽约市已在 332 个项目中共建成总面积达约 350 万 ft^2 的 POPS,相当于纽约中央公园面积的 10%,这些公共空间 98%集中在寸土寸金的曼哈顿岛(图 3-4)。其中分布在人口密集的下城和中城的分别占比 14%和 30%,有效地缓解了高楼林立的曼哈顿岛缺乏城市开放空间的问题(于洋,2016)。

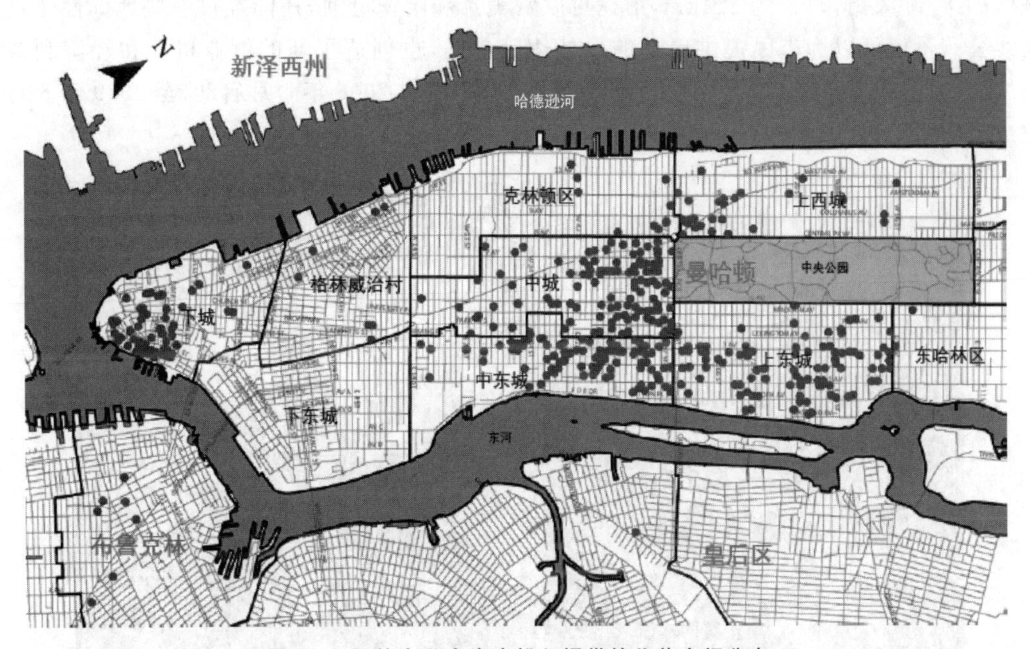

图 3-4 纽约市私人资本投入提供的公共空间分布

来源:于洋,2016.纽约市区划条例的百年流变(1916—2016)——以私有公共空间建设为例[J].国际城市规划,152(2):102-113

20 世纪 70 年代以后,中产阶级的郊区化、中心区的持续衰败、大规模城市开发对美国城乡土地使用带来一系列经济、环境和社会负面影响。在城市更新领域,以容积率红利(density bonus)、容积率转移(floor area ratio flow)、容积率转让(transfer development right,又称开发权转移)、容积率储存为代表的容积率调控技术是最为有效的增长管理工具。这些政策工具通过各类调控技术致力于城市中心区空间品质的再造和历史文化环境的保护,调节土地再开发中的私人利益和社会公众利益。城市更新公私合作的治理结构，区划法为容积率调控提供了实施平台(戴铜，2010)。开发权转移机制经常用于"地块合并"[①](zoning lot merger)，实现市中心小地块的整合，从而有利于土地开发利用。开发权转移解决了政府区划对容积率粗线条的划分与市场供需不同产生的矛盾，通过市场手段调整开发权。

(三) 纽约城市更新的实践：高线公园

高线公园(High Line Park)是一个位于纽约曼哈顿中城西侧的线型空中花园，原是1933年修建的一条连接肉类加工区和34街的哈德逊港口的铁路货运专用线，后于1980年功成身退，废弃多年后政府计划拆除。1999年两位当地居民 Joshua David 和 Robert Hammond 发起并成立了"高线之友"非营利组织(Friends of the High Line，FHL)，倡导将高线铁路改建为公众休憩空间。通过众筹，FHL 获得了50%的建造经费及90%的运行经费，将高线改造成独具特色的空中花园走廊。这条高架路从纽约市肉库区直通到曼哈顿西城区的第30大街，总长约2.4km，沿途可欣赏美景和哈德逊河，还能经过一些地标性建筑。高线公园不仅可以为市民提供更多的户外休闲空间，也创造了新的就业机会和经济利益。高线公园同样经历了长达10年以上的分期建设，一期于2006年4月启动，至2019年6月，完成了三期工程(图3-5)。

图 3-5 高线公园鸟瞰

来源：网络图片

① 通过地块合并来转移并累积开发权，将合并地块的开发容量累积到一定的小地块建设高层，是一种无须规划审批的开发模式，主要适用于纽约土地资源稀缺的黄金地段。通过开发权转移和地块合并，开发商实现了建设超高层建筑的诉求。

高线公园的开发首先面临的就是土地权属的转化和开发权转移问题。由于高线公园拥有的开发权有限,如果周边地区建筑的开发权完全运用,会将高线公园完全遮蔽。高线公园将高线廊道内原土地所有者的开发权转移到其他符合条件的接收地块,并将转出的开发权出售给开发商。参与"高线之友"的开发商需接受开发权转移从而获得容积率奖励。开发权转移和容积率奖励机制的引入,使得高线公园的开发商和公园本身均受益。开发商每获得一平方米建筑面积奖励,就要捐出50美元用于公园的发展基金;开发商提供一定比例的保障性住房将获得容积率奖励,奖励后地块容积率从原先的5～7.7提高到7.5～12。

张庭伟(2020)认为高线公园在多方面表现出城市更新范式转移的特点。该项目自下而上地应对居民的需求,成为"适应性再利用"(adaptive reuse)的样板,创造性地利用原有的客观环境条件,而不是拆光推平,体现了城市更新的社会文化功能;高线公园建设过程中,纽约规划部门积极配合,为此修订了区划法规,通过开发权转移获得周围土地所有者的支持,减小了开发的阻力。通过公私合作PPP的模式,以社区为运行管理的主体,民间资本为投资的主体,政府以修改法规、提供部分启动资金作为支持,减少了城市更新的社会、经济和文化代价,实现了社区、政府、业主三方共赢,体现了城市规划的制度创新。

(四) 纽约城市更新对我国城市更新的启示

对于纽约来说,在有限的土地资源约束下,如何提升土地的使用效率和价值、复苏地区活力,是其保持全球城市竞争力的重要考量。纽约的土地供需矛盾随着人口增长和经济转型日益尖锐,城市更新在高密度环境下采取填充式的开发模式,通过开发权转移,激励区划等弹性区划技术,结合税收融资政策、土地银行和信托的支持,挖掘存量棕地、空地、低效用地的开发潜力。棕地开发,小地块填充,原有低效用地的再利用,"口袋公园"等精细化计划,为我国大都市的城市更新提供了有益的参考。城市更新政策工具的使用受到公私部门的角色变化和城市更新思潮的影响(表3-3)。由于制度不同和国情差异,我们对美国城市更新政策工具难以直接照搬,但其政策工具形成的出发点、演变规律、实施绩效对我国具有借鉴意义。我国应从公共政策的角度,通过税收、融资、规划管控等政策工具推动城市更新实施。以控规和更新规划为平台,构建公私社区合作的协商平台,借鉴美国发展管理的工具,创新更新地区土地再开发的管控手段。

表3-3　美国城市更新思潮变化与不同时期的政策工具

城市更新思潮变化	城市更新政策工具	政策目的
以清理贫民窟解决住宅需求为目的的城市改造(20世纪30年代至40年代)	1937年《国家住宅法案》建立的等量清除条款,1949年《国家住宅法案》、公益征收	通过联邦基金的触媒作用带动私人投资
以振兴城市经济为目的的商业性开发(20世纪50年代至70年代)	TIF、BIDs、税金减免、贷款担保(loan guarantee)、债券融资(bond financing)、激励性区划、公益征收	吸引私人资本,清理衰败,促进地方经济发展,为城市获得更多的开放空间
以促进空间可持续发展为目的的城市综合治理(20世纪80年代至今)	BIDs、增长管理工具、弹性区划技术、土地银行和信托	保护历史文化,完善商业服务环境,提升改造空间环境品质

来源:作者整理

第二节　伦敦的城市更新

伦敦，英国首都，坐落于大不列颠岛东南，是一座拥有 2000 多年历史的世界级城市，也是英国的政治、经济、文化、金融中心。作为工业革命的勃兴之地，这里诞生了无数科学技术发明，既经历了工业革命带来的经济繁荣，也饱受战争破坏、环境污染、内城衰落、经济危机等灾难的摧残，但城市更新始终伴随着这座城市的发展。伦敦的城市更新从初露端倪到发展成熟，经历了凯恩斯主义下的政府主导、新自由主义下的资本主导再到后来多方主体的介入并存等阶段，逐渐形成一个主体多样化、目标多元化的成熟城市更新体系。本部分主要讨论大伦敦地区的城市更新起源、变革和实施成效，厘清其每一个阶段的政策背景、实施措施和相应影响，并着重介绍其规划体制与实施机制，以期为我国城市更新发展得出一些启示。

(一) 伦敦的城市发展概况

截至 2015 年，大伦敦地区（Greater London）有 8 673 713 人，总面积为 1579km^2（610mi^{2}①），人口密度为 5177 人/km^2（13 410 人/mi^2），包括内伦敦与外伦敦（图 3-6）。伦敦的城市更新进程从工业革命开始，经历了从萌芽到成熟的发展阶段。

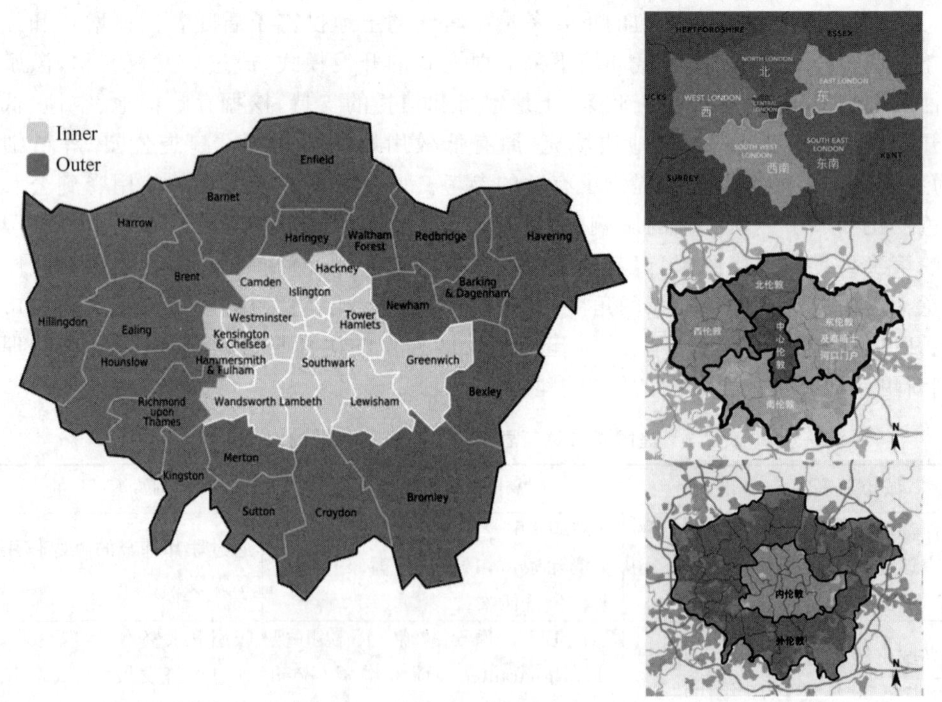

图 3-6　伦敦行政区划图

来源：图片来源于网络

① 1mi^2＝2 589 988m^2。

(二) 伦敦城市更新的阶段

从最早意义的城市更新算起，伦敦已走过了近百年历程。根据其各时期特点，可大致分为“初露端倪”“百废待兴”“福利主义”“改制放权”“多方合作”和“包容共生”6 个发展阶段(图 3-7)。英国的城市更新政策涉及住宅更新、企业发展以及内城整体复兴等诸多方面，聚焦点从关注贫民窟清理逐渐变为提升内城功能和活力(阳建强，2012)。

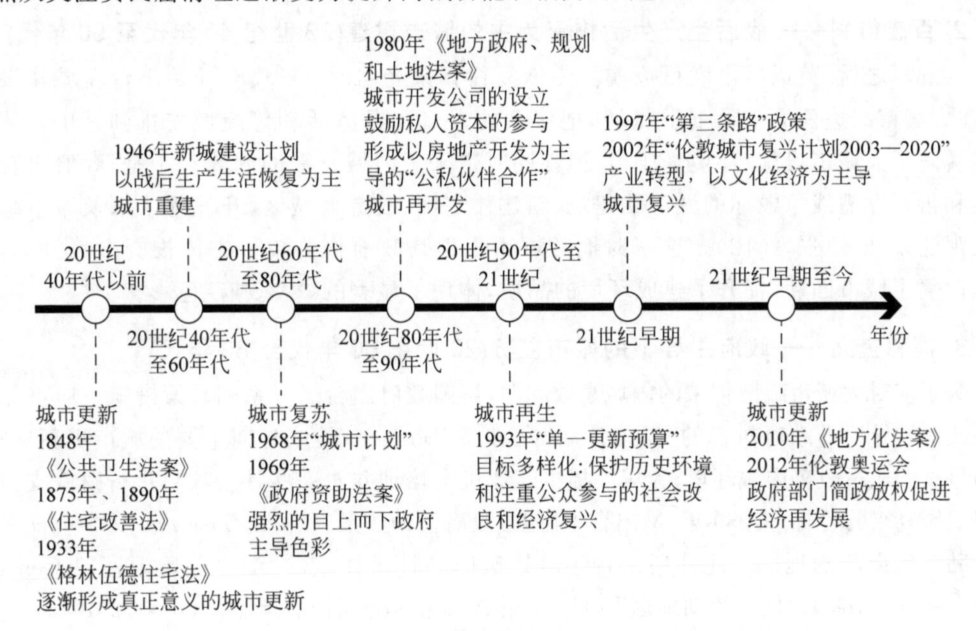

图 3-7　英国城市更新发展历程

来源：作者自绘

1. 初露端倪——逐渐出现真正意义的城市更新(20 世纪 20 年代—40 年代)

1750 年工业革命之后，生产力大幅提升所带来的生产生活方式的巨变使得城市能够以更高密度的形态存在，因此，伦敦得以迅速扩张，这体现在土地迅速增值、城市人口增多等诸多方面。但到了 19 世纪末，工业大发展造成的城市环境恶化、住宅拥挤、交通堵塞等现象日益严峻。

这一时期英国政府开始将城市改建的重点放到改善居住区、清除棚户区上来。1848 年《公共卫生法案》首次授权地方政府制定关于建筑物和街道公共卫生的法规，但由于仍然无法管理建筑物间相邻关系及城市用地布局，城市建成环境持续恶化。1875 年和 1890 年的《住宅改善法》中第一次提出清除贫层窟的法律规定，这标志着政府的公共干预职能扩大到可以消除不符合卫生标准的贫民区和建设新型的劳工住宅的层面。1909 年英国城市规划法颁布之前，政府仅对局部住宅区及其周围环境治理提出法律规定，并不涉及整个住宅区的规划控制，地方政府的工作也仅局限于公共卫生和住宅开发(阳建强，2012)。

从20世纪20年代开始，英国开始出现真正意义上的城市更新（杨静，2009；阳建强，2012），比如清除贫民窟的计划和1930年英国工党政府制定的《格林伍德住宅法》，两项法案法规采用当时著名的"建造独院住宅"和"最低标准住房"两种方法结合来解决贫民窟问题。在已清除的地段建造多层出租公寓，提供人口安置补贴，并在市区外建造独院住宅村。这是英国政府首次在财政上对清除贫民窟行动予以支持的法规，较多实施于曼彻斯特这类贫民窟较多的大城市。

2. 百废待兴——战后生产生活恢复为主的城市重建(20世纪40年代至60年代)

"二战"之后，英国城市满目疮痍。为恢复往日荣光，1946年政府开始出台新城建设计划，在大城市周边建立一系列卫星城，把多余的人口和经济活动等疏散安排到其中。此举虽然缓解了大城市设施、环境等压力，但却同时带来了内城衰败的问题。于是，政府再转向重建和再开发遭战争毁坏的城市和建筑、新建住宅区、改造老城区、开发郊区以及城市绿化和景观建设（阳建强，2012）。这一时期的城市重建是政府作为单一主体投资方，集中力量迅速恢复了城市面貌，提升了建成环境的品质，体现了显著的"大政府"色彩。

3. 福利主义——政府主导下的城市复苏(20世纪60年代至80年代)

为了应对大城市疏散带来的内城衰败问题，英国政府出台了一系列政策措施。1968年由中央政府主导地方政府执行的"城市计划"（Urban Program）是该时期重要的城市更新项目。该项目试图通过改善内城环境，为居民提供就业机会培训并对一些社会项目进行财政支持来实现旧城复兴的目标。1969年，又出台了《地方政府资助法案》（*Local Government Grants Act*）以帮助严重衰落的地区。此外还出台了修缮破旧的社区住宅的"综合改善地区"（General-improvement Area）、"住宅行动地区"（Housing Action Area）计划（严雅琦，田莉，2016）。

这个时期的城市更新仍具有强烈的自上而下的政府主导色彩，政府决定着援助项目的具体对象、方式和规模。具体的来说，在这一时期，社区邻里关系和其他一些城市问题都得到了妥善解决。但由于缺乏私人资本和地方政府的参与，范围和规模并不大，影响范围和最终效果也比较有限。

4. 改制放权——市场主导下的公私伙伴城市再开发(20世纪80年代至90年代)

20世纪70年代爆发的石油危机导致经济形势恶化，以制造业为主的城市开始衰落，城市中心聚集大量失业工人，中产阶级纷纷迁出，内城衰落严重，于是政府开始鼓励私人资本的参与，出台了许多优惠开发政策，如给予经济补贴、税收减免，以及简化规划审批等（杜坤，田莉，2015）。1977年英国政府又出台了《城市白皮书：内城的政策》，倡导基于产业复苏的经济更新计划。1978年出台了《内城地区法案》（*Inner Urban Area Act*），建议建立城市"伙伴合作"。1979年起，撒切尔政府对城市更新政策进行改革，将旧城的经济环境复兴放在首要地位，鼓励私人资本参与城市更新项目，形成一种以房地产开发为主要内容的"公私伙伴合作"机制。1980年根据《地方政府、规划和土地法案》（*Local Government Planning and Land Act*）设立了城市开发公司（UDC），协助推进城市更新与新城开发，1998年UDC完成其使命后关闭。

城市开发公司的运营模式是进行开发前期准备工作，如强制收购(compulsory purchase)、土地整理、基础设施建设等。公司成员由具有专门知识背景人员组成，可以代表政府行使部分职能。如除了可以强制征收辖区内所有的土地外，还拥有本属于地方政府的规划控制权和规划实施权。此举简化了原有规划审批和公共征询程序，有益于提升行政效率和城市更新的效率。

5. 多方合作——公、私、社三方导向的多元城市再生(20世纪90年代至21世纪)

从20世纪90年代开始英国的更新领域出现了三个主体：英格兰公司(English partnerships，EP，中央)、区域发展机构(regional development agency，RDA，区域)和城市复兴公司(urban regeneration company)。EP主要代表中央政府立场，统筹负责土地开发、利用不充分和闲置的土地进行再开发，并且拥有强制购买的权力，以及在新城范围内进入、测绘和规划的权力。地方则提供城市更新资源，比如城市挑战基金(city challenge)、综合更新预算(single regeneration budget)等。城市复兴公司于1999年在城市工作组报告建议下设立，是由地方政府和RDA设立的独立公司，至今英国已有16家。

这一时期，政府通过提供资金促进城市更新，尤以中央政府注资鼓励来引入地方政府以及城市复兴公司达成多方的“伙伴合作”。1992年，政府设立专门“城市挑战”资金，以扶持城市衰败地区的城市更新活动，公开投标，并设定投标要求。值得强调的是，本地政府是这个时期政策下的更新主体，另外同时也鼓励私人资金参与，保持与社区居民紧密的联系(规划征询)，并明确要求建立一个正式的合作伙伴机制，以推动和管理城市更新开发。1993年，出现了由RDA提供的综合更新预算，目的是以弹性的政府资金来推动城市经济、社会、环境的全面更新。其机制是推动地方整合和协调各部门的诸多更新项目、形成有多方参与的伙伴合作机制，通过公开竞争获得中央政府的更新资金。且提交的纲要中须明确：①合作伙伴的成员；②其他资金的来源和关系；③预期的社会服务目标，包括将创造多少就业岗位、培训多少人员、改善多大面积的城区物质环境等。

这一时期由于内城衰落，社会性问题开始凸显，以人本主义、可持续发展观为核心的多方参与、自下而上的社区能力构建受到重视，城市更新转变为了多目标、多方参与的城市再开发模式。由此，城市更新开始转型为目标多样化、保护历史环境和注重公众参与的社会改良和经济复兴(杜坤，田莉，2015)。

6. 包容共生——关注社会公平的协同共生城市复兴(21世纪早期)

1997年英国布莱尔政府上台，提出“第三条路”政策，政府通过在基础设施建设特别是文化经济方面发挥主导作用，从而保障城市对全球商务和投资人持续的吸引力；另一方面，通过社会融入政策减轻因结构变化带来的各种社会问题。伦敦成功地实现了从“工业经济”向“服务经济”的转型，并完成了从“工业之城”向“金融之都”“创意之都”的华丽蜕变，成为应对全球竞争的典范城市(田莉，桑劲等，2013)。

2002年伦敦市政府提出了庞大的“伦敦城市复兴计划2003—2020”工程，该工程以进一步提高伦敦的国际竞争力为核心，目的是建设一个开放、包容、富裕、优美、社会和谐的新伦敦，以求其在居住质量、空间享受、生活机会和环境保护等诸多方面处于欧洲城市前列(程大林,2004)。英国前副首相普利斯科特指出,伦敦城市复兴的意义在于用持续的社区文化和城市规划的前瞻性来恢复城市的宜居性和信心,把人们再吸引回城市(程大林,张京祥,2004)。同时,伦敦不断更新《伦敦经济发展战略》(*The Mayor's Economic Strategy*),战略以总部经济、金融业、商业服务业为中心,也对伦敦的城市复兴起到了重要作用(杜坤,田莉,2015)。2011年,为应对全球金融危机带来的影响,卡梅伦政府颁布《地方化法案》(*Localism Act*),提出去中心化(decentralization)、大社会(big society)等议程,为后来的城市更新政策奠定了基础。同时,取消区域发展机构,代之以地方企业合作组织(local enterprise partnerships,LEPS)。同时,把制定规划的权利下放到基层社区,并确立了邻里规划(the neighbourhood planning)的重要性。

此外,在国家政策框架上,将原先1000多页的政策文件大幅精简到50页,以简化流程和放松规划管制。卡梅伦政府又在职能部门上将原内阁办公室的社会小组的权利移交到公民社会办公室,将社区和地方政府部制定城市社会政策的权利移交到社会工作和福利部门。社区和地方政府主要保留筛选地方企业合作组织和企业区划这两项经济职能。其他的关于城市更新项目的制定和运作则主要交给财政部和商务创新技术部,或者多部门联合处理(刘晓逸等,2018)。

2012年伦敦奥运会的举办为伦敦带来新的发展契机,借此契机伦敦大力推进城市更新与复兴运动,提升了伦敦作为全球城市的竞争力。2014年规划战略指定了伦敦重点发展地区:泰晤士河口区以及伦敦—斯坦斯特德—剑桥—彼得伯勒,以及在更广的东南部地区占重要作用的发展区域:伦敦—卢顿—贝德福德,旺兹沃思—克里登—克劳利以及泰晤士河谷(London MO,2014)。在延续原有的更新政策体系构架即"城市—社区两大平行体系"的基础上,在城市层面主要采取放松管制、加强协作,在社区层面主要采取放权更新的做法,以推动社会经济的全面发展。

(三) 伦敦的城市更新规划体系

英国城市规划立法较早,是城市规划体系较为完善的国家之一,主要包括法规体系、行政体系、运作体系。随着城市更新泛化为城市发展战略,规划体系事实上也是城市更新的规划体系。

1. 法规与规划体系

自1909年以来,英国先后颁布了50余部和规划有关的法律。其中,1947年和1968年规划法对英国城市规划体系的影响最大。1947年的城乡规划法明确了任何开发活动都要申请规划许可,并实现土地开发权的国有化。1968年的规划法确立了发展规划的二级体系(two-tier system),分别是战略性的结构规划和实施性的地方规划(唐子来,1999)。

2004年,英国的法规体系发生了巨大的变化,政府出台了《规划与强制征购法》(*Planning and Compulsory Purchase Act 2004*)。用地方发展框架(local development frameworks,LDFs)代替沿用已久的结构规划和地方规划,并在国家批准的"区域空间战略"(RSS)的引导下进行"国家规划政策指南(Planning Policy Guidance,PPG)/声明

(Planning Policy Statement,PPS)"+"区域空间战略(RSS)"+"地方发展框架(LDFs)"的三级规划体系构建。

2011 年《地方主义法案》出台,英国的法规体系再一次发生变化,在四个层面进行改换归并:在全国层面上,原有的《国家规划政策指南(PPG)/声明(PPS)》被替换为《国家规划政策框架(NPPF)》,新的规划对创新的目标、方向等做出了详细的描述;在区域层面上,编制了新的《伦敦规划》,废除传统的《区域空间战略(RSS)》;在地方层面上,通过完善既有的地方发展框架和编制新的地方规划方案来强化规划决策,同时首先将邻里规划纳入法定规划,用以指导社区发展。此次规划改革再次精简了空间规划体系,在国家层面出台规划政策框架(NPPF),与地方规划进行对接,使得从国家的政策指引到地方具体的开发建设活动都有法可依,形成了以地方规划为主导的空间规划体系,并沿用至今(李经纬,田莉,2020)。改革的核心是将土地开发权交还给所在的基层社区,由基层社区自行通过编制规划配置土地开发权并分享收益以支撑基础设施建设,更加直接和高效地供给公共产品(汪越,谭纵波,2019)(图 3-8)。

2. 行政体系

目前英国的行政管理体系可以分为四级:中央政府、区域、郡政府和区政府。在中央政府层面,英国共有 24 个部门,其中住房、社区与地方政府部门(Ministry of Housing, Communities & Local Government)是主管规划的部门,负责制定规划的法规、政策框架和相关实践指导等。同时政府还下设了 410 个机构来辅助提供政府服务,其中规划督察委(Planning Inspectorate)负责规划申诉、国家基础设施规划申请、地方规划审查等。区域层面,区域空间战略(Reginal Spatial Strategy,RSS)的编制由区域规划机构负责,并由区域政府办公室负责监督整个区域空间战略的编制过程,但 2011 年政府宣布废止了 RSS。在郡级层面,由郡议会负责编制矿产和废弃物规划。在地方层面,地方的规划机构(包括地方自治区、区议会及国家公园等部门)负责地方规划的编制和审批。在教区层面,教区和镇议会(parish or town council)、邻里论坛(neighborhood forum)、社区组织(community organization)三种类型组织来共同编制邻里规划。英国从中央到地方形成了一套完整的行政体系,来行使空间规划的职能(李经纬,田莉,2020)(图 3-9)。

(四) 伦敦城市更新的实施机制

伦敦的城市更新从政府单一主导到市场主导,逐渐形成"公、私、社"三元主体的形式,形成了自下而上与自上而下决策模式相结合的综合的、全面型城市更新。

2001 年出台的邻里复兴的国家策略(national strategy for neighborhood renewal, NSNR)构建了"中央—区域—地方—社区"的多层面实施机制,同时涵盖了多类型的更新政策,包括邻里复兴基金(neighborhood renewal fund)、社区新政(new deal for communities)、邻里管理先驱(neighborhood management pathfinders)、邻里联防(neighborhood wardens)等项目。英国政府先后颁布了一系列政策,其中具有代表性的更新实施政策包括城市挑战、综合更新预算和社区新政等(严雅琦,田莉,2016)。

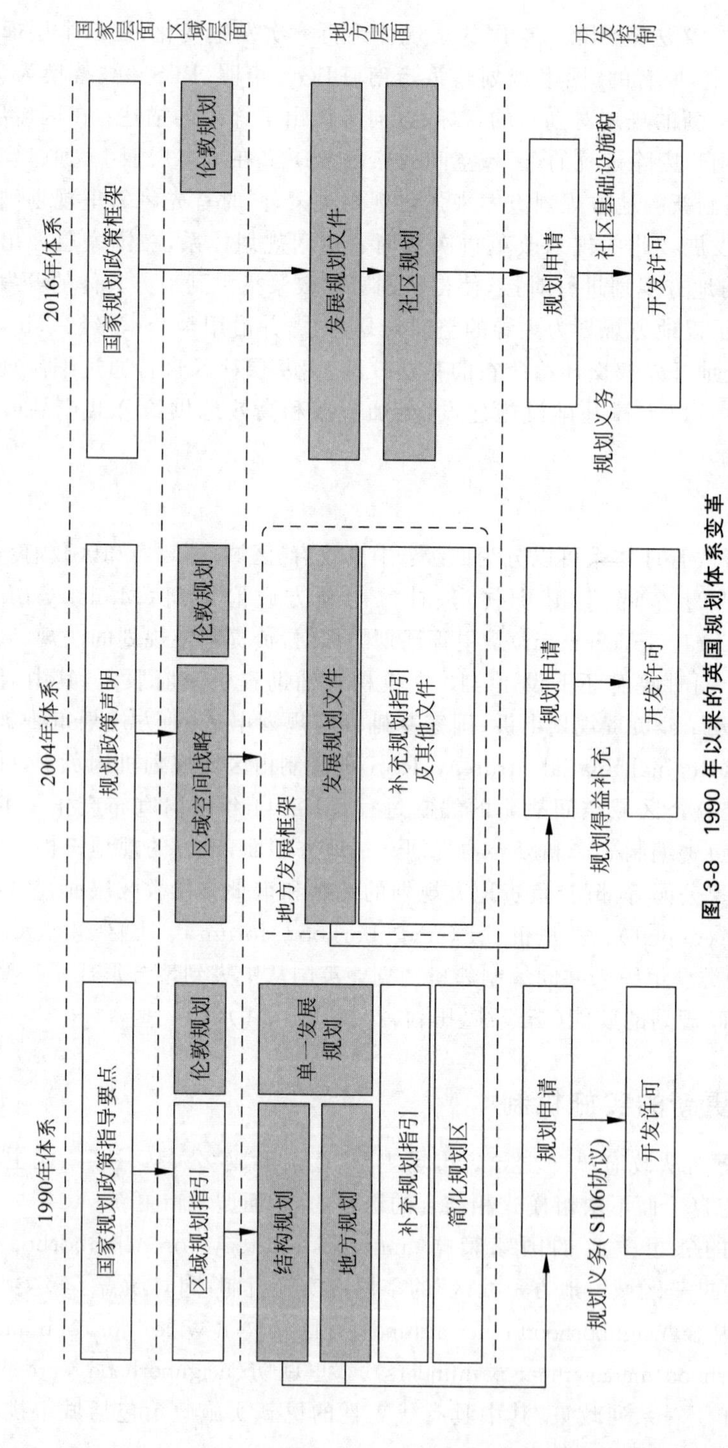

图 3-8 1990 年以来的英国规划体系变革

来源：汪越，谭纵波，2019. 英国近现代规划体系发展历程回顾及启示——基于土地开发权视角[J]. 国际城市规划，34(02)：94-100,135

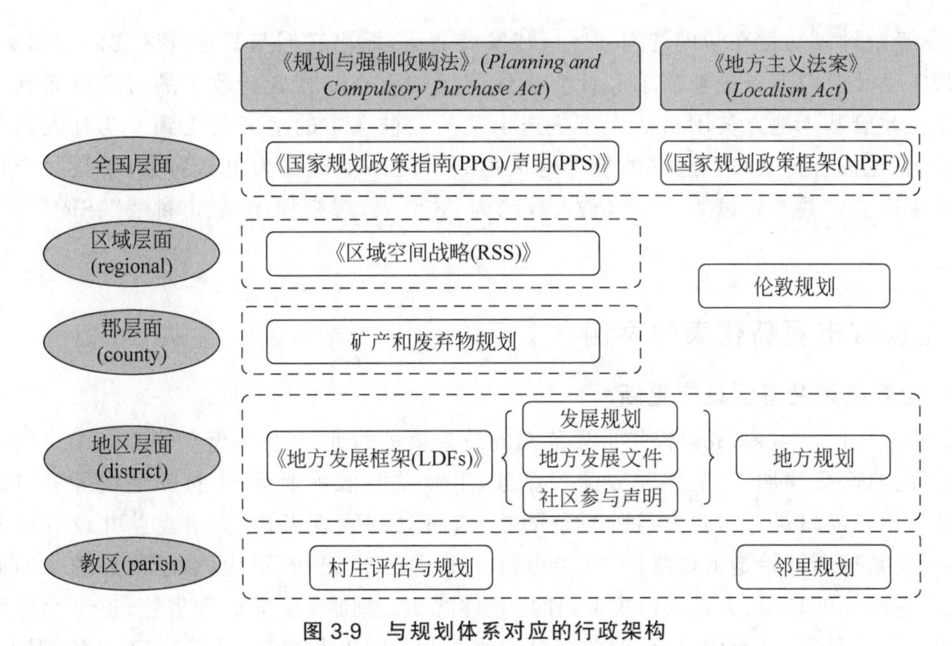

图 3-9　与规划体系对应的行政架构

来源：李经纬，田莉，2020. 价值取向与制度变迁下英国规划法律的演进、特征和启示[J/OL]. 国际城市规划：1-12[2020-10-15]. http://kns.cnki.net/kcms/detail/11.5583.tu.20200904.1056.002.html

1. 城市挑战

"城市挑战"(City Challenge)政策的实施主要分为两个阶段，分别为竞争投标阶段和计划实施阶段，合作伙伴关系贯穿两个阶段的始终。竞争投标阶段一般历时 1 年，整个流程可分为 3 个阶段：前期的筹备和公众咨询阶段、中期的竞标推荐和评定阶段及后期的行动计划制定阶段。进入实施阶段，合作伙伴组织正式成立，与地方政府保持"一臂之距"。其中竞标阶段的筹划指导委员会发展为正式组织的董事会，继续担任核心角色。该阶段城市更新的成果会受到严格的年度审查，依据竞标指南提出的产出指标定量考察实施成效，同时收回每年剩余的资金。城市挑战在 5 年内共支出 3750 万英镑更新基金，以公共投资撬动了更大幅度的私人投资，帮助城市更新地区改善了物质环境，包括更好的城市街道风貌、更齐全的公共服务设施和更多元的文化娱乐休闲场所等，提高了当地的生活品质。

2. 综合更新预算

1993 年，为实现更高的基金利用效率，环境部提出将 20 个原本由不同部门运作的城市更新基金(包括城市挑战基金)整合为一体，成立"综合更新预算"(single regeneration budget，SRB)基金(阳建强，2012)。SRB 是由城市挑战发展而来的更新政策，其竞标流程和实施方式与"城市挑战"大体相似，SRB 的实施和"城市挑战"一样获得了物质环境更新、地方经济起飞和部分社会问题解决的综合更新效果，而 SRB 实施成效的进步主要体现在对衰落地区需求的回应上。

3. 社区新政

1998 年，工党政府提出了"社区新政"(new deal for communities)，并于 2001 年正式出

台《社区新政计划》，旨在帮助贫困社区扭转发展命运，缩小它们与其他社区之间的差距，充分体现工党政府对地方更新需求和社会排斥问题的重视。社区新政中的每个更新地区都是由中央政府基于地方贫困指数大小挑选出来的。被选中的地区会受到参与社区新政竞标的邀请，竞标者再从政府选取的更新地区内划出更小范围作为更新对象，平均每个更新区域的家庭总户数不超过4000户，总人数约为9800人，规模相比“城市挑战”、SRB等要小得多。

(五) 伦敦城市更新代表性案例

1. 伦敦道克兰港区城市更新

道克兰港区(Docklands)曾是世界范围内最为繁忙的港口之一，起初道克兰港口的运营依靠船舶修理、食物加工、抵押和分配等业务，工业发展依赖烟草、木材和毛皮等进口原材料。此后由于港口运营需要大量的复杂的技术、贸易和管理人才，而道克兰并没有这方面的储备，于是逐渐开始走下坡路(王欣，2004)。到了20世纪60年代，由于落后的交通通达度、被严重破坏的环境、大量人口失业、住房条件恶劣、基础设施落后等劣势，道克兰地区开始衰落。特别是在70年代，道克兰的衰退导致企业关门停业、缺乏投资，衰退开始加剧。

20世纪80年代初期，政府成立了伦敦道克兰开发公司(LDDC)。该公司的目标是有效利用土地和建筑物，鼓励现存的和新的工商业发展，创建一个更具吸引力的环境，确保优质的住房和社会服务设施以鼓励人们在此工作和居住(王欣，2004)。LDDC由政府牵头成立，并被授予了独家开发规划控制权，独立于当地自治市，可以在码头区进行开发控制，拥有规划许可保证，可通过强制性收购等快速获取土地，并可以拥有、管理和处置土地。其资金来源主要是政府财政支持(20%)和私人资本(80%)。具体而言，LDDC的运行模式包括以下几个步骤：①LDDC制定规划框架、设计纲要；②政府提供优惠政策(免收物业税等)，引入产业、刺激经济，优先提升土地价值；③整备土地、提升商业价值，再分期开发住宅等物业。LDDC在道克兰城市更新过程中采取的政策体现在解决了市场失灵，获得了公共部门投资、私人部门的投资和更新效益等。对伦敦道克兰城市更新的研究对中国的城市更新具有借鉴和指导意义(王欣，2004)(图3-10)。

2. 伦敦国王十字区更新计划

国王十字区域位于伦敦中心区北部，总面积27hm^2，以火车站为中心，东西向由摄政运河横穿，南北向被铁路纵割。20世纪80年代起，伦敦中心区人口迅速增长，该区域成为穷困人口和流动人口的聚集区，房屋破旧，火车站的噪声充斥着整个地区；工业衰败的景象遍布车站周围，曾一度成为毒品交易、嫖娼等违法犯罪活动盛行的地区。80年代末到90年代，随着撒切尔自由主义经济理论的提出，政府实行铁路私有化，铁路周围地区土地开发交由铁路公司(图3-11)。

1987年至2012年间，肯顿(Camden)区政府、发展联盟和社会团体等发布过一系列关于该区域发展的规划和建议(吴晨，2017)，该区域的发展过程主要分为两个阶段：20世纪90年代至2007年，2007年至今。伦敦国王十字区更新计划的主体由开发商和社区居民

图 3-10　道克兰港区印象

来源：维基百科

图 3-11　国王十字中心区

来源：英皇十字中央有限公司. https://www.kingscross.co.uk/transport

团体两大利益团体组成，肯顿区政府负责协商，其主要资金来源于开发商和本地私人资本。

1989 年，伦敦复兴联盟（London Regeneration Consortium）向肯顿区政府提交了第一份规划申请。同时，当地社区团体也提交了以住宅建设为导向的规划申请。2007 年，政府开始公众征询、规划协商方面的工作，肯顿区政府举行多次听证会，召集了开发商（投资开发、未来土地所有者）、伦敦复兴联盟（土地所有者）、社区居民组织团体、历史遗迹保护组织和本地私人资本等多个组织组成发展论坛，定期召开会议。开发商提供基于公众协商的规划文件，主要内容有：设计原则、更新参考要素、更新框架和更新框架协商研究。最后具体制定更新计划，开发商组织制定、政府批准，主要内容包括：交通枢纽的升级利用、物质空间（交通、公共设施）的修补、多元功能植入（居住、办公、商业、公共空间），还规定了各类功能

(办公、商业、酒店公寓、机构、休闲、住宅单位)的建筑面积上限及住宅单位数量,这些计划于2007年正式批准生效。

国王十字中心区规划的形成提供了一系列成功的经验。它增强了混合型规划设计;提倡混合所有制经济投入和整体考量的探索与实践,为我国城市修补提供了宝贵的综合模式的参考(吴晨,丁霓,2017)。

(六)伦敦城市更新的经验与启示

1. 重视参与主体的多元性

多元的更新目标单靠政府或市场的单一主导,或是公私合作、市场主导的模式均难以实现,需要公、私、社区三方的共同合作,并重视政府的有效调控和保证社区参与的真正落实(严雅琦,田莉,2016)。完全市场化的机制将出现高收益的物业排斥低收益的物业的结果,改造后的城市功能将偏向单一化,破坏城市的多样性,最终导致城市中心区的萧条(杨静,2004)。英国的城市更新通过放权非政府组织积极参与和经济杠杆来解决,值得我国借鉴(易晓峰,2009)。

城市更新涉及众多的利益主体。随着社区规划师制度在我国逐步推开,家园的概念得到强化,逐渐形成我国特有的公众基层组织社区概念,公众参与的条件进一步优化。相较于英国谨慎的、渐进的城市更新活动,我国的城市更新在物质环境改善上节奏和速度较快,以被动式的公众参与为主,未来可以借鉴英国公众参与规划的流程与制度设计,促进公众积极参与城市更新过程。

2. 破除单一导向的更新模式

从我国目前城市更新的实践来看,绝大部分更新项目采取政府引导、市场主导的模式,以市场价值较高的房地产开发取代原有的工业用地和强度较低的旧村、旧城用地。然而,房地产开发导向的更新模式往往依赖于短期内房地产市场的繁荣,以追求短期的经济利益和利润最大化为目标,忽视了城乡整体和长期发展的利益。如深圳为了推进更新的实施,以容积率为主要奖励政策手段造成开发规模的急剧上升,对城市的基础设施容量造成巨大挑战。英国明确提出社会、经济、环境等综合更新的价值理念和定量化的实施目标,让城市更新不仅作为推动经济增长的工具,还成为解决社会、环境问题的助推器,由此实现城市复兴的综合目标。

3. 综合的更新政策体系

城市更新模式的实施需要配套相应的政策体系设计。然而我国目前尚未建立起综合的城市更新政策体系,领更新风气之先的深圳出台的更新办法和实施细则等内容也大多集中在容积率确定、公共用地提供、更新方式建议等方面。英国城市更新政策从规划、管理、公众参与和融资等方面进行了系统的探索,对新型城镇化背景下的我国城市更新规划及政策设计具有积极的借鉴价值。

第三节 东京的城市更新

东京作为日本的首都,在日本参与全球经济竞争的过程中具有重要地位。东京城市发展过程中经过了地震灾害、战后重建、大规模人口迁移、泡沫经济崩溃、高龄少子化等一系列挑战,而都市更新的主题始终贯穿其中,逐渐发展出一套成熟的都市再生(即城市更新)计划体系,逐步形成由中央向地方不断分权的规划体系和由政府主导向利益相关者自我组织协调的更新路径和制度体系(温丽等,2020)。

(一) 东京的城市发展概况

东京位于日本关东地区,在行政区划上专指东京都(Tokyo Metropolis)。日本全国划分为1都(东京都)、1道(北海道)、2府(大阪府、京都府)、43个县。都、道、府、县是平行的一级行政区,直属中央政府,但各都、道、府、县都拥有自治权,下设区、市、町、村。“东京”在狭义上可指东京都辖下的23个特别区(东京都区部,即东京市区),也可泛指东京都与相邻的3个县(埼玉县、千叶县、神奈川县)组成的东京都市圈,还可指东京都与周边7个县构成的首都圈(图3-12)。

东京都作为一个自治团体,拥有23个区,26个市,5町,8村。2018年,东京都区部人口约955万人,人口密度为1.52万人/km^2;东京都人口数达1384万人,人口密度约为0.63万人/km^2(表3-4)。除人口密度高之外,人口老龄化是目前日本面临的严峻挑战。2019年,根据日本总务省统计局数据,日本65岁以上人口比例达到了28.4%,已经进入超老龄化社会阶段(国际通行划分标准,当一个国家或地区65岁及以上人口占比超过7%时,意味着进入老龄化;达到14%,为深度老龄化;超过20%,则进入超老龄化社会)。在这种情况下,空置地块和空置房屋不断增加,城市环境的可持续性成为日本城市更新的重要课题。

东京城市整体结构很大程度上受到轨道交通网络的影响,且处于不断演化完善的进程中。始建于1886年的东京山手线于1925年形成环路,确定了东京中心城区的结构,并在之后向外修建放射线以引导郊区和卫星城的开发,在山手线与主要放射线的交会处形成了7个副中心,共同塑造了东京多中心的结构(曹庆锋等,2019)。

土地政策也直接影响城市更新项目的模式。由于日本大多数土地归私人所有,且建筑物和土地的租赁权与土地所有权可以分别独立所有和转让(刘雯,2007),在许多涉及私人拥有的土地和建筑的区域更新项目中建立共识通常是极其困难的(Harada et al.,2016),因此日本的城市更新项目通常需要多年的演进。

进入21世纪后,受泡沫经济影响,日本政府为拉动经济发展及解决城市问题,开始注重地域价值提升的可持续都市营造,“都市再生”(urban revitalization)概念出现在日本的政治

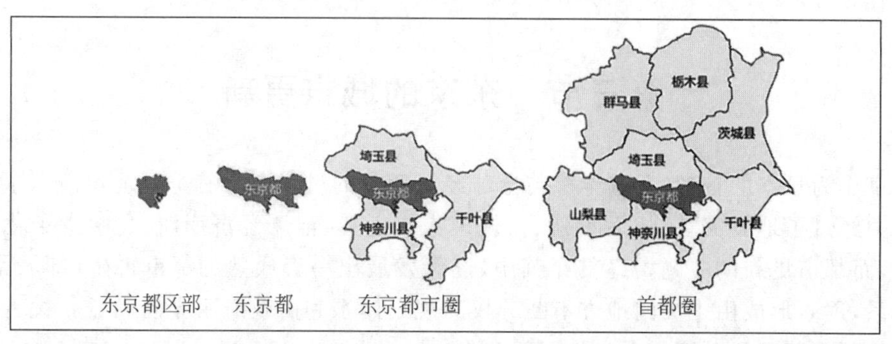

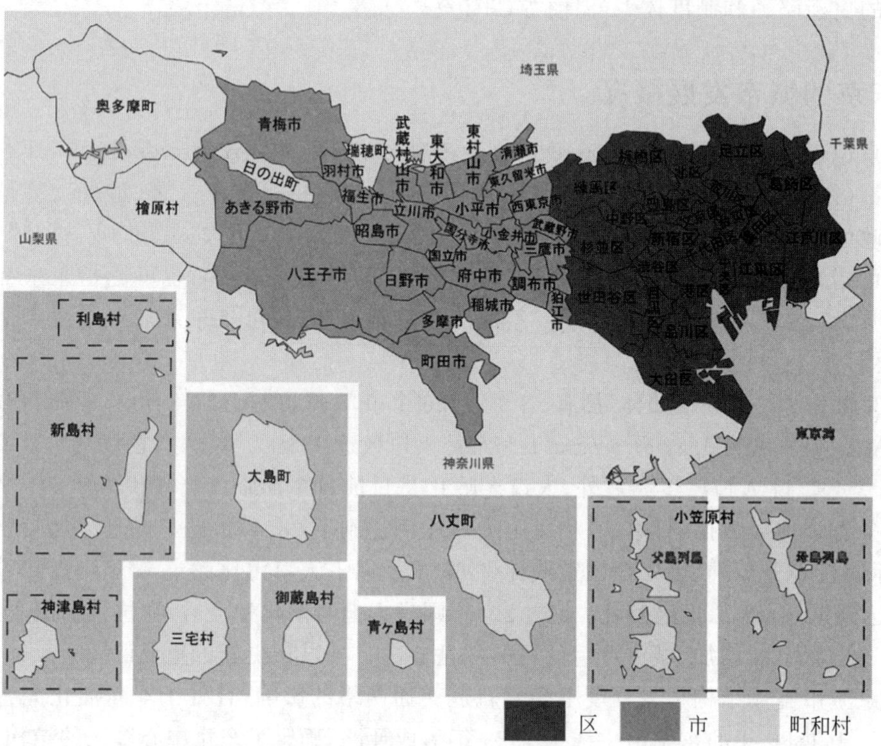

图 3-12 东京都区部、东京都、东京都市圈与首都圈关系图(上)和东京都行政区划图(下)

来源：维基百科

表 3-4 东京都区部、东京都、东京都市圈与首都圈概念对比

区 域	下辖地区	面积/km^2	人口/万人	与我国类比
东京都区部	23 个特别区	627	955	类比于上海中心城区
东京都	23 个特别区、26 个市、5 个町、8 个村	219	1384	类比于上海直辖市
东京都市圈	东京都、埼玉县、千叶县、神奈川县	13 514	3746	类比于上海大都市圈
首都圈	东京都、埼玉县、千叶县、神奈川县、茨城县、栃木县、群马县、山梨县	37 000	4400	类比于长三角城市群

来源：东京都总务局统计部数据. https://www.toukei.metro.tokyo.lg.jp/tnenkan/tn-index.htm

舞台上，以举国战略从面上推动城市更新。另一方面，日本政府持续鼓励自下而上的更新项目，聚焦街区、社区甚至单体建筑的更新改造。日本“都市再生”的范围不仅包括了物理环境层面的改造，还包括了人文社会环境的改善与活化，从而激活城市经济活力，以应对少子高龄化、国际化等社会经济形势的变化。

(二) 东京城市更新的发展历程

东京的城市更新可以从19世纪60年代明治时代算起，经历了关东大地震灾后重建、“二战”后经济高速发展、经济平稳发展以及泡沫经济破裂之后的都市再生共五个阶段(表3-5)。

表3-5　日本城市更新历程

时　期	特　征	重要法规颁布/修订
1868—1923年	建筑材料变化，增加居住安全	1881年《防火路线制度》
1923—1945年	城市防灾	1924年《防火地区建筑辅助规则》
20世纪50—70年代	成立“日本住宅公团”，大量兴建住宅；轨道交通网络快速扩张	1968年新《城市规划法》 1969年《都市再开发法》
20世纪70—90年代	放松土地开发管制，趋向以民间为主体进行更新	1980年《地区计画制度》 1983年《促进都市开发方案》
21世纪	提出“都市再生”政策，以地域价值提升为目标的可持续都市营造	2001年《都市再生政策》 2002年《都市再生特别措置法》

来源：作者整理

1. 明治时代与大正时代(1868—1923年)

1867年日本德川政权瓦解后，江户改名为“东京”，日本自此进入明治时代。1868年，天皇迁都至东京，东京成为日本名副其实的政治经济中心。然而，由于东京的建筑在明治时代之前都为木结构建筑，城市火灾和地震频发。1872年东京银座地区发生了特大型火灾，烧毁了4874栋建筑。借着灾后重建的机会，新政府提出了将东京建设成能媲美欧美重要城市的大城市的目标，加大了城市建设力度(同济大学建筑与空间研究所等，2019)。东京于1886年开始建设山手线，1914年，砖瓦建造的东京站投入使用，并在此区域形成了日本第一个商务办公区“大丸有地区”(大手町、丸之内和有乐町地区)(图3-13)。

2. 关东大地震灾后重建时期(1923—1945年)

1923年9月关东大地震后，东京与横滨等地受到极大的破坏，地震引发的火灾几乎烧毁了东京银座、日本桥等中央区，日本自此真正全面性地建立防灾与更新法令制度，特别是对于防震和耐火建筑的建设促进方面的法令制定(同济大学建筑与空间研究所等，2019)。以“防控地震次生火灾蔓延”作为规划重点，制定了《特别都市计划法》《防火地区建筑辅助规则》等法规鼓励民众改造建筑构造，促进地区建筑更新。

1925年山手环线东段建成，山手线正式转变为环线运营，形成了“环放式”的国有铁路网络。私有铁路由民营企业建设运营，主要以放射线为主，承担大都市圈内的郊区至城区的通勤出行，而城市内部交通出行主要由有轨电车承担(曹庆锋等，2019)。

图 3-13 东京大丸有商务区

来源：大手町、丸之内和有乐町地区发展与管理委员会. http://www.otemachi-marunouchi-yurakucho.jp/wp/wp-content/uploads/2020/03/ad18365d898a8a8e48895b25f1621e24-2.pdf

在此阶段，东京社会经济水平不高，处于城市化初级阶段。有轨电车和通勤铁路等交通方式的发展增加了出行距离，带动了人口流动，商业、金融业等在城市中心逐渐繁荣。但这一时期政府对城市更新的支持不足，多为居民自发对住宅、商铺等的自我修复，更新规模小且速度缓慢。

3. 第二次世界大战后的经济高速发展期(20 世纪 50—70 年代)

20 世纪 50 年代，日本确定工业立国政策，开始进入近 20 年的经济高速增长期。随着经济快速发展，城市人口急剧增加，居住空间不足成为了首要问题。1955 年，日本住宅公团成立，负责推动住宅开发和城市更新事业，开始在城郊有计划地建设集中式公寓住宅，称为住宅团地。团地的兴建，推动了日本郊区化的发展，并大幅缓解了住房供应不足的问题。但由于日本的郊区化是在交通发达和地价上涨的基础上被迫外迁，就业岗位外迁较少，向中心城区的通勤者较多，使中心城区就业、郊区居住的功能分化更加明显(罗翔等，2006)。

20 世纪 60 年代东京中心商务办公用房出现短缺，政府开始意识到职住平衡的重要性，提出通过建设副中心引导城市由单中心结构向多中心结构转变。于是东京开始由山手线向外修建放射线，以引导外围新城的开发。与此同时，东京借由在山手线上换乘车站聚集的大量换乘客流，加强了周边用地的综合开发，引入了大量商业及配套服务设施，进一步带动了商务及人流的聚集，最终在山手线与主要放射线的交会处，形成了 7 个副中心——池袋、新宿、涩谷、大崎、临海、上野·浅草、锦糸町(矢岛隆，2008)。

在这一时期，东京进行了大规模的拆除重建，位于城市中心的贫民窟和工厂等不断外迁，取而代之的是现代化的住区和商业办公建筑。并设立了一系列有关旧区更新的政策法规。如 1968 年修订的《新城市规划法》中明确了通过容积率上限控制建设项目规模，废除了原有的建筑高度不得超过 31m 的规定；1969 年将《市街地改造法》与《防灾建筑街区造成法》合并成为《都市再开发法》，其目的是有计划性地制定市街地再开发的必要事项，从而促进都市土地的合理利用和提升城市机能(黄姿蓉，2008)。这一时期的城市中心区更新是大规模、激进式的理性更新，虽然很大程度上缓解了住房紧张问题，商业中心得以形成，城市中心得到一定程度的复兴，但对历史文化破坏较大。

4. 经济高速发展期结束后的城市更新(20世纪70—90年代)

1973年的石油危机后，日本经济开始减速。这一时期的日本逐渐认识到历史街区的重要性，并在1974年后开始配合"社区营造"的概念，对历史街区进行维护性的更新开发(林佑璘，2003)。20世纪80年代初，时任首相中曾根康弘受到撒切尔和里根的新自由主义政策的启发，推行了放松管制、鼓励私有化的政策。中央政府强烈要求地方政府放松对土地开发的各种限制，鼓励私营部门参与城市更新，允许地方政府发行公债进行更新事业，并通过补贴的方式鼓励民间团体进行城市更新(黄姿蓉，2008)。这些政策使得日本经济在80年代末蓬勃发展，东京市中心的再开发迅速进行。东京市中心土地价格持续大幅上升，大量房地产投机行为加剧了东京市中心的空间冲突，住房问题加剧，传统社区遭到破坏(Sorensen，2003)。

5. 泡沫经济后的城市更新(21世纪)

大量投机行为支撑起的经济浪潮在20世纪90年代初破裂，泡沫经济的完全崩溃影响到了日本的城市发展。日本长时间保持着极为缓慢的经济增长，又经历了信息化、全球化、少子化和老龄化的社会经济局势变化，各大城市出现了郊区化、中心城区的衰退和空洞化现象。进入21世纪的日本采取了两个方面的规划制度建设：一是鼓励土地所有者、社区与市场力量参与甚至主导城市更新，不断赋予市民参与权、地方规划权；二是继续从政府的角度推进城市更新，以增加对内城的投资，刺激经济复苏(周显坤，2017)。

2001年，日本首相小泉纯一郎上任后提出"都市再生政策"，以活化城市地区作为日本活力的源泉，从国家层面推动都市更新。2002年，小泉首相及其内阁亲自推动出台《都市再生特别措置法》，并成立都市再生本部，在《城市规划法》确定的"地域地区"中增加"都市再生紧急整备地区"和"都市再生特别地区"，放宽这些地区的容积率、建筑高度、建筑规模等指标限制，以实现较高自由度的土地利用。于1955年成立的日本住宅公团也在2004年改名为"都市再生机构"，以推进都市更新事业。

这个阶段的东京城市更新从原来的物理环境改造向通过加强地域社会中的各种活动以活跃都市机能转变，从过去大量住宅发展向创造并长期持有社会优质资产转变，专注城市发展实际需要，基于需求进行再开发、运营以及维护，从而提供多样化的城市职能和提高城市生活品质(黄姿蓉，2008)(表3-5)。

(三) 东京城市更新相关规划体系

1. 行政体系

中央政府与地方城市的关系以及权限分配是日本城市管理体制的核心(谢守红，2003)。日本的政府行政体系包括中央政府、都道府县和区市町村三级。两级地方政府的议会都由居民直接选举出的议员组成，任期4年，决定本地区的重大事项和制定本地区条例。从行政层级上看，都与区、市、町、村是平行的，但是可以指导区、市、町、村的工作，为它们提供信息和咨询。

在中央政府中,建设省是城市规划的主管部门,根据城市规划法(1968 年)的规划权限下放原则,中央政府不再具有具体规划的决定权,建设省的主要工作是制定与城市规划相关的政策、组织相关法规的修订等,并采用中央政府预算中的补助金等引导和推动各地方的规划与建设活动(谭纵波,2000)。

在地方政府中,都道府县政府负责具有区域影响的规划事务,包括制定城市总体规划,其中最重要的是划分城市规划区中的城市化促进地区和城市化控制地区、25 万或 25 万以上人口城市的土地使用区划等。区市町村政府负责与市利益直接相关的规划事务,包括 25 万人口以下城市的土地使用区划和各个城市的地区规划。跨越行政范围的规划事务则由上级政府进行协调(唐子来等,1999)。当东京都以及都内区、市、町、村的行政长官与议会议员发生意见分歧无法统一时,以公民投票的形式裁决。

为了满足居民对基层政府的要求,东京都给予了都内区、市、町、村等地方机构更大的自主权。这种权力下放主要体现在财政上：都政府通过提供财政支持补充款项来弥补地方政府在发展当地公共设施上的不足,并且设立基金提供专项帮助。一些覆盖范围更大、投入更多、规模经济效应明显的大型项目如对外交通、消防系统等则由都政府来承担(谢守红,2003)。

另外,在长期持续的经济不景气、城市和产业急需结构调整等背景下,2001 年日本首相小泉纯一郎上台后,成立了都市再生本部和独立法人都市再生机构,作为直接参与更新的法定机构。都市再生本部成立于 2002 年,由首相担任本部长,组织成员是全部国务大臣。其主管事务包括：制定都市再生基本方针,推进基本方针的实施,制定推进都市再生紧急整备地区相关政策法令的立案等。都市再生机构(Urban Renaissance Agency)成立于 2004 年,其前身是 1955 年成立的日本住宅公团。都市再生机构作为日本政府推进城市更新的独立行政法人,直接受国土交通大臣管理,指导协调日本都市更新事务,其最高主管及预算均由日本政府指派分配,但拥有独立的人事权,营运商自负盈亏。

在近 50 年的变迁中,都市再生机构配合日本政治、经济和社会的结构变迁,不断调整其功能定位,并根据各个阶段不同的发展目标制定相应政策,有效扮演了公共法人的角色。同时,其名称和性质的变化也体现出城市规划关注对象从新建到更新的变化,治理方式从政府主导到多方参与的转变,角色从实施者到协调督办者的转变(表 3-6)。

表 3-6 都市再生机构的演变过程

时　期	机构名称	主要事务
1955—1980 年	日本住宅公团	新市镇开发、住宅更新
1981—1998 年	住宅、都市整备公团	宅地开发、新都心地区重划
1999—2003 年	都市基盘整备公团	推动都市基础设施更新和土地重划事业
2004 年至今	独立行政法人都市再生机构	统合、协调推进都市更新事业

来源：日本 UR 都市机构. https://www.ur-net.go.jp/aboutus/index.html

2. 法规体系

保障日本城市更新制度的是规划法规体系的持续摸索和完善。日本城市规划体制的基础是 1968 年颁布的《城市规划法》。该法作为编制与实施城市规划的依据,与国土及区域规划法规内容竖向衔接，与其他非城市土地利用的相关法规，如《农用土地法》《自然森林法》等进行横向协调。另外，围绕《城市规划法》还有众多法规将城市规划的内容进行延伸和细化，如《土地区划整理法》《建筑基准法》等(谭纵波，2000)。

1969 年城市更新核心法规《城市再开发法》颁布，确定了由都市设施建设为中心向以土地利用规划为中心的城市规划转变。在之后的修改中，不断加强地方规划的权力和更新施行区域的认定范围，不断提高对市民参与的重视程度。再开发施行者逐渐从公共部门发展到个人、第三方、公共社团等民间主体。

2001 年 6 月，小泉纯一郎内阁公布《有关都市再生项目的基本宗旨》，提出“都市再生项目”的概念，旨在为再生活动提供核心行动方针(山内健史等，2015)。2002 年 4 月，为了通过城市更新刺激经济复苏和提升城市竞争力，出台《都市再生特别措置法》，并由内阁会议决定都市再生的基本方针、都市再生紧急整备地区、审核制度及经济支援、纳税特例等内容。此法规的推出使中央政府的政策意见凌驾于地方政府条例之上(周显坤，2017)。同年《城市规划法》修订，增设了“城市规划提案制度”，该制度“改变了城市规划只能由政府主导编制的传统”(谭纵波，2008)，准许土地所有者、非营利机构及私人开发商在经 2/3 土地所有者同意后，提出或修订市镇规划。地方政府经过城市规划审议会的审议后决定采纳与否。城市规划提案制度是社区营造的重要支撑，促使日本城市规划过程中公众参与的程度逐渐提高。

以《城市规划法》《城市再开发法》和《都市再生特别措置法》为核心支撑，其他涉及土地区划、地方分权、民间开发促进等各专门法的制定和修订作为实施构架，不断推动着更新机制的变迁。迄今为止，日本的都市再生已经形成了比较完善的制度体系。

3. 技术体系

根据日本的政府行政体制，从国土规划到城市规划是一个自上而下的过程。国家土地署负责编制国土利用规划，将日本国土划分为五种区域类型，分别是城市区域、农业区域、森林区域、自然公园和保护区域。城市规划区范围与国土利用规划的城市区域大体相同，而城市规划法只适用于城市规划区(唐子来等，1999)。东京城市规划主要由土地利用规划、城市基础设施规划，以及为推进城市更新而产生的城市开发计划(日文为“市街地開発事業”，直译为“市街地开发事业”)三方面组成(图 3-14)。城市开发计划中与城市更新最为相关的为土地区划整理事业和市街地[①]再开发事业。除此之外，还设立了“特定地区”和“都市再生紧急整备地区”等规划制度以实现某些范围内的土地利用转换或改变容积率等限制条件(日本国土交通省都市局，2020)。

土地利用规划由日本各级行政区域针对各自城市规划区域而制定，对行政区划内的土地进行分区，明确土地利用性质、容积率、建筑限高等要求。为了促进城市更新和城市经济发展，土地利用规划中规定“高度利用地区”“市街地再开发促进区域”和“特定地区”等，放宽这些地区的容积率限制。

---

① 根据日本国语辞典的解释，“市街地”指的是住宅与商店密集的土地。

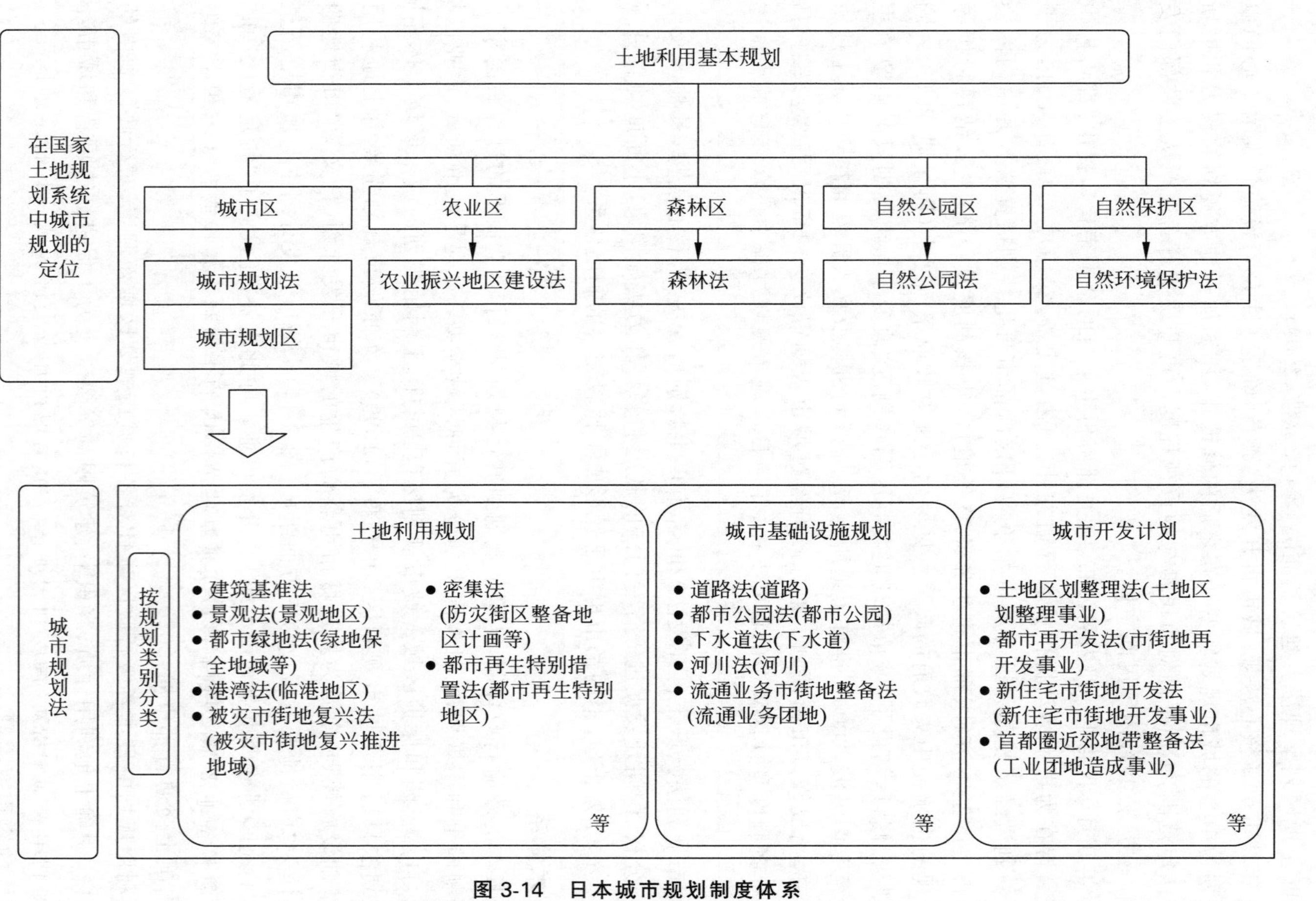

图 3-14 日本城市规划制度体系

来源：日本国土交通省都市局. https://www.mlit.go.jp/toshi/city_plan/toshi_city_plan_tk_000043.html

土地区划整理事业是在城市规划制定的土地区划整理地区内，土地所有者将一定面积的土地出让作为必要的公共设施的用地，经过地区内土地权利的交换，将原来私有的、杂乱的用地进行有规划的重整区划，以达到完善公共设施、提高宅地利用率和提高整个地区环境质量的目的(徐波，1994)。市街地再开发事业是1969年颁布的《城市再开发法》中提出的一种城市更新实施模式，其日文含义为“城市再开发项目”，通过整合市区内被细分的土地，重新规划公共设施，使整个区域的土地得以高效利用。

都市再生紧急整备地区和都市再生特别地区是根据日本2002年颁布的《都市再生特别措置法》设立的，后在2013年又增加了特定都市再生紧急整备地区。都市再生特别地区由民间组织或地方行政机构在都市再生紧急整备地区范围内提出申请后认定，因此民间力量的主导性更加突出(孔明亮等，2018)。这些区域可以不受既有规划中关于功能、容积率和建筑高度等规划条件的限制，有较高的自由度。截至2020年1月，整个日本共指定了52个都市再生紧急整备地域，其中有13个特定都市再生紧急整备地域，98个都市再生特别地区(日本内阁府地方创生推进事业局，2020)。在这种都市再生机制下，政府的作用主要是制定都市再生地区范围，制定都市再生方针，对都市再生项目进行批准，提供技术支持、监管等。私营部门则负责提供更为具体的建造及规划成本，土地业主贡献土地或建筑物(吴冠岑等，2016)。

(四) 东京城市更新的实施机制

当前主要应用于东京城市更新地区与项目的规划制度工具有两个：应用于较大规模更新地区的“都市再生特别地区”，以及应用于较小规模更新项目的“市街地再开发事业”(周显坤，2017)。“都市再生特别地区”并不单独发挥作用，而是起配合其他规划的作用，例如用开发导则提供新的用地引导，或者根据“市街地再开发事业”直接就项目提出规划条件。本节主要对这两种更新工具的实施机制进行介绍。

1. 实施主体

日本城市更新的法定实施主体有两类：公共团体，原业主团体。前者包括地方政府、政府背景的都市再生机构、住宅公社等，后者包括原业主个人(拥有土地所有权、租地建房权、租房权等各项权利的土地权利人)、都市更新会(土地权利人自行组织的更新团体)、都市更新公司等。民营开发商并不是法定实施主体，只在前述实施主体认为必要时作为合作伙伴引入。都市再生机构除了进行项目开发外，在许多项目中还起到政府、产权主体之间的协调作用和独立的专业技术方的作用。由都市再生机构主导的项目并不是很多，但其平均规模较大(周显坤，2017)。

2. 实施流程

一个城市更新项目的实施过程主要包括启动、计划拟定、政府认可、拟定权利变换计划、工程开发5个阶段(何芳子，丁致成，2006)。在启动阶段，由原业主组成团体提出更新计划，以确定都市更新基本构想。在都市计划拟定阶段，政府在原业主团体提出的基本构想基础上，与民间团体共同研讨拟定都市计划。在政府认可阶段，项目实施主体（通常是私营企业）依据都市计划拟定具体开发事业计划，并获得政府认可。在拟定权利更换计划阶段，利益相关方需通过权利更换的方式，对开发项目的权益进行分配，以求权利人公平承担和分配权利。最后再进行工程开发。

3. 公众参与

在私有产权制度下，日本的都市再生已建立起一个全流程式的多元主体参与机制。在多项制度措施的支持下，民间主体、政府、第三方机构协作实施更新，并针对私人权益及公共利益等重要社会问题进行讨论与决策，且民间力量在这一路径中呈现出层层递进的趋势（温丽等，2020）。

在都市再生相关政策颁布初期，政府以制度、措施等法律手段赋权于民，如根据《城市规划法》规定，“区市町村级政府在确定本地区城市规划的基本方针之前，必须以召开听证会等形式、采取必要措施听取、征求市民的意见”，并通过税收及金融资助等经济手段鼓励以民间为主体的再生事业。具体的实施过程中，政府则退居其次，让位于企业、居民团体等民间组织，以监管的形式保障城市更新项目的顺利实施；民间团体融合地区居民、土地权利人、城市建设团体等各方力量，设立协议组织作为表达利益诉求的沟通协商平台，在前期策划、规划确认、方案设计、项目开发等不同阶段，对与公众利益密切相关的话题进行协商探讨，建立开发共识与施行条件，作为约束再开发行为的非正式工具（温丽等，2020）。第三方机构如“社区建设中心”“社区建设 NPO”、建筑和城市规划的各种专业团体、大学、研究所等，则在协议过程中给予技术咨询、信息提供等帮助，并对组织运营及宣传提供必要的协助（王郁，2006）。

日本的都市再生体系从政策层面强调了民间力量的重要性，并在不断发展完善的过程中形成了一套全面且灵活的民间主体参与机制及实施方法。这种强调公民意愿、自下而上的再生实践超越了公众“参与”的内涵，转向公众“决议”、公众“行事”（温丽等，2020）。

4. 资金支持

对于市街地再开发事业，政府通过设置社会资本维持综合补助金等进行资金支持。具体补助内容见表 3-7。

表 3-7 市街地再开发事业的资助机制

	核心业务	内容	补助率
社会资本维持综合补助金	市区重建工程等	设施大楼及其场地维护所需的部分成本待批项目： （1）勘测设计计划； （2）土地维护； （3）联合设施维护等	1/3*
	道路业务	维持城市规划道路所需的费用	1/2

* 灾难恢复城市重建项目的补贴率为 2/5。

来源：日本国土交通省都市局市街地整備課. https://www.mlit.go.jp/crd/city/sigaiti/shuhou/saikaihatsu/saikaihatsu.htm，2020/08/04

对于都市再生特别地区，民营资本主导的再开发项目可以获得由日本国土交通大臣批准的特殊金融支持和税收优惠，如提供债务保证、都市再生无息贷款等。另外，还可以获得中央政府和地方政府对四项费用的补助：①调查规划、设计费用；②建筑物拆除、临时安置费用；③广场、开放空间等兴建费用；④停车场等公共设施兴建费用。中央政府和地方政府各承担项目所需费用的 1/3。若被指定为特定都市再生紧急整备区域，则会进一步对其加大支持力度。

5. 利益分配

东京城市更新的实施基础是确保土地所有人在城市更新实施前后的资产实现等价变换(同济大学建筑与空间研究所等，2019)。再开发实施前，利益相关方会对土地所有人在再开发区域内持有的土地、建筑物和租赁情况等进行资产评估；再开发竣工后，根据"权利更换"原则，土地所有人将获得与评估价值等值的"楼板面积所有权"。在大多数更新事业中，因城市公共设施、开放空间用地增加，开发建筑项目的用地会减少，但建筑物的容积率上限通常会大大提高，以确保土地所有人在获得"楼板面积所有权"后，仍有较多额外的楼板面积。通常这部分面积会转让给第三方，以获得再开发项目建设资金。

(五) 东京城市更新的实践：大手町地区

1. 大手町更新历史沿革

大手町位于东京市区的千代田区内，南侧为东京站，西侧紧邻日本皇居，占地面积约 $40hm^2$，是日本金融保险、贸易、信息通信、报纸媒体等领域大型企业的总部所在地，与相邻的丸之内、有乐町共同构成日本最重要的商务办公中心"大丸有地区"(图 3-15)。

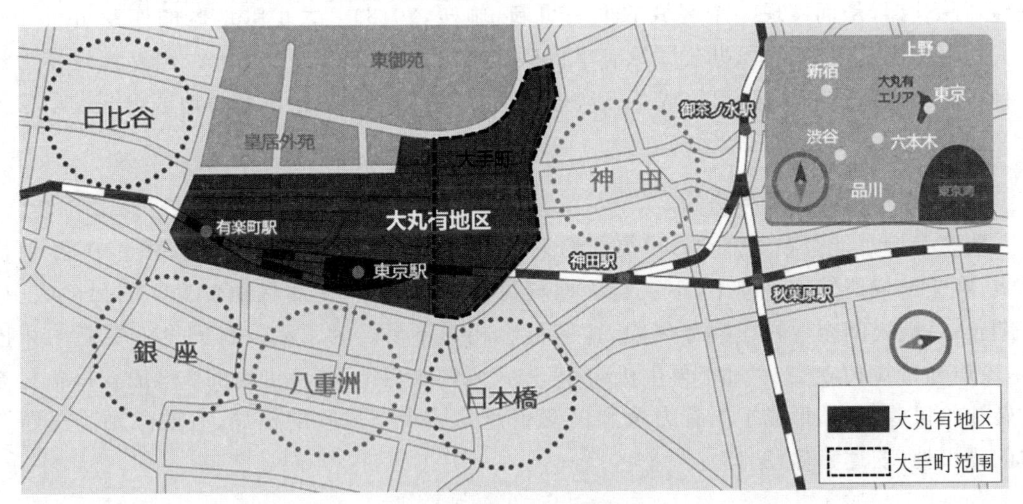

图 3-15　东京大丸有地区

来源：http://www.otemachi-marunouchi-yurakucho.jp/introduction/

大丸有地区原为日本陆军用地，1890 年，随着《东京市区改正条例》的实施，这片用地被出售给民营企业，由此开始了日本第一个商务办公区的建设。1914 年东京站建成之后，受到美国中心区办公建筑风格的影响，此区域新建的办公楼规模较大，且统一为31m高度，形成了整齐划一的商务办公区。“二战”结束后日本进入高速发展期，对办公空间的需求猛增，伴随着对绝对限高法规的废除和以采用容积率作为城市规划控制指标，大丸有地区迎来了更新浪潮，建设了众多大型商务办公楼（同济大学建筑与空间研究所等，2019）。20世纪90年代，该地区因为单一的办公功能而逐渐失去作为城市中心区的魅力，1996年民间团体自发组织了地区振兴协议会，与东京都、千代田区以及东京站所有者JR东日本公司一起制定了《地区中心建设指导方针》，旨在创造高品质、高竞争力和吸引力的首都中心区，实现从中心商务区CBD到多功能宜人商务核心区（amenity business core，ABC）的转变（大丸有地区城镇建设恳谈会，2008）。2002年，《城市更新特别措置法》出台，大丸有地区被指定为都市再生紧急整备地区，大大开放了建设的限制条件，大手町地区迎来了新一轮的城市更新。

2. 连锁型更新应对拆迁难题

截至2002年，大手町地区超过70％的建筑物已使用30年以上，并且建筑物已经老化，亟待更新。但由于此地区大量通信、传媒企业的业务需要24小时不间断运作，因此无法采用“先拆后建”的更新模式，如何在保障大量企业正常运营的同时实现都市再生，成为大手町地区更新面临的关键问题（安達幸信，2018）。

为了解决这个难题，2003年政府牵头出台了《连锁型城市更新计划》。连锁型城市更新是指将“种子基地”，即同一区域内可利用的基地（通常是政府腾挪出来的用地）作为再开发起点，邻近的老旧建筑的土地权利人申请成为更新业主，将自己的建筑物与种子基地进行地权交换，开展新大楼修建工程，然后搬迁至种子用地内的新建筑，再拆除腾空的老旧建筑，用作下一轮更新的新“种子用地”（图3-16），以“先建后拆”的方式实现滚动更新，循序渐进地新陈代谢，从而实现一个区域的彻底更新（施媛，2018）。大手町地区的连锁更新开始于大手町中央合署办公厅，办公厅原有单位搬迁至埼玉县，腾出了1.3hm^{2}国有土地作为初始种子基地，截至2017年，已完成了三次连锁型更新，第四阶段的常盘桥地区再开发项目预计2027年竣工（安達幸信，2018）。

3. 激发民间资本参与更新

资金筹措是能否顺利推动城市更新的关键点。由于大手町地区位于东京市中心，地价昂贵，在土地权属转换过程中，不仅购买地权需要庞大的经费，而且地价变动的风险大、持有期长，一般民间企业顾虑财务风险，筹措资金相对不易。为了激发民间企业更新的积极性，政府通过让独立法人“都市再生机构”率先投入购买用地，并将土地的2/3股权以信托方式转让给民营资本，形成了国有力量和民营企业共同承担风险的格局，有效激励了民营资本的积极性（安達幸信，2018）。

4. 多方合作共谋城市发展

三菱地所是大手町地区最大的土地权属业主，拥有1/3的土地，在大手町更新进程中扮演了重要角色。2003年，三菱地所号召40位大手町土地所有权人、大丸有地区再开发推进协议会以及东京都和千代田区行政部门共同组成“大手町地区再生推进会议”，负责整合大

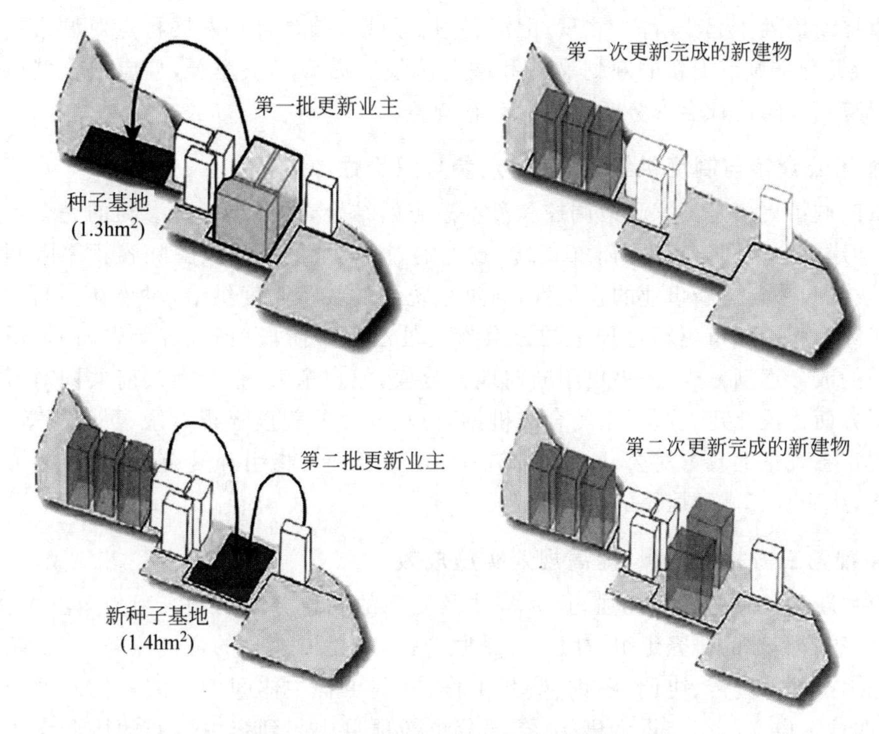

图 3-16 大手町连锁型城市更新计划示意图

来源：UR 都市機構連鎖型都市再生事業について. https://www.ur-net.go.jp/produce/case/otemachi/outline/index.html

手町地区更新中不同业主的意见，搭建起与政府沟通的互动平台，共同对再开发方式和策略进行谈论。独立行政法人"都市再生机构"受到会议邀请，执行土地重划和协调工作，该机构通过取得国有土地的所有权，以合署办公旧址作为种子基地，获得更新筹码，同时与"大手町地区再生推进会议"进行沟通，整合各业主意见，持续推动都市再生的顺利实施。另外，为了引导民众参与都市更新，三菱地所与大丸有地区经营管理协会成立了"大丸有生态据点事务所"，并设立了四个生态教育据点，向普通民众普及都市再生、生态环境保护等相关知识，并通过组织参观绿色建筑等一系列方式，增强民众参与城市更新的积极性，引导多方力量参与都市再生，最终实现都市再生的可持续发展(施媛，2018)。

(六) 东京城市更新的启示

尽管中日两国在土地所有制、城市规划管理等诸多方面存在差异，但东京城市更新中的成功经验和做法对中国城市发展具有重要借鉴价值。

1. 挖掘城市动态发展需求，加快完善相关法规

东京的现代化城市管理体制的形成是一个循序渐进的过程，根据不同时期的城市发展需求进行不断调整。在近百年来的不断演进中，每一次对城市更新的制度工具的添加或调整均以法律为基础，以相关法律的修订和补充作为开端，这有效地约束和规范了城市建设。

我国城市更新仍处于起步阶段，北京、上海、广州等城市结合自身发展特点对城市更新进行了初步探索，有关城市更新的规划文件和配套法规有必要尽快完善，且应结合城市不同阶段的发展特点和经济社会形势变化进行动态调整。

2. 强化公众参与制度供给，激活公众参与积极性

东京的城市更新是国家政策调控和资本意志的结合，并有小业主参与的完全市场行为（同济大学建筑与空间研究所等，2019）。政府通过土地权益转移、解除容积率限制等制度措施，激发民间参与更新事业的积极性，通过系统性的政策制度供给，对公众参与进行约束和利益保障。我国城市更新过程中的公众参与处于起步阶段（杨晓春等，2019），虽然政府直接干预的成分逐渐减少，中央也不断向地方分权，但在个人、企业和政府共同对城市进行协同治理方面还没有建立起真正的合作机制，市场介入的程度还很有限（吴冠岑等，2016），因此应制定系统性的政策对公众参与的程序、方式等进行指引和规范，建立起多方共治的更新机制，从而真正满足居民的利益诉求。

3. 重视第三方机构力量，提高规划实施成效

城市更新相关工作专业性强，且通常涉及复杂的利益分配问题。引入第三方机构，如身份中立、非营利性的研究组织、社区-大学联合体，或是专业化的咨询服务公司等，可以客观公正地承担部分宣传、协调、咨询、监督工作，有利于各主体间关系的良性发展（温丽等，2020）。如日本设立的都市再生机构，在部分更新项目中起到多主体间的协调作用和专业技术方的作用。另外，日本政府还提出“大学与社区联合推动的都市再生”，通过社区与所在大学联合，大学为社区更新提供技术、志愿服务，社区则为大学提供教学和实践基地，从而实现良性循环（洪亮平等，2013）。城市更新的推进不仅需要专业的规划设计人员，还需要项目运营、融资策划等人才来提供专业支撑与技术服务，我国非营利组织和社区组织发展不成熟，专业的咨询服务机构难以参与城市更新并与政府和开发商进行有效沟通和合作，对此政府应对非营利组织、研究机构等给予扶持和鼓励，重视第三方机构力量，达到顺利推进城市更新的目的。

第四节　台北的城市更新

（一）台北城市概述

台北市，位于台湾岛北部，全市下辖中正区、万华区、大同区、中山区、松山区、大安区、信义区、内湖区、南港区、士林区、北投区和文山区 12 个行政区。地区总面积约 271.8km^2。截至 2019 年 10 月，台北户籍人口约 264 万人，人口密度约 971 人/km^2，是我国台湾人口密度最高的地区（Wikipedia）。而“大台北”地区的影响力早已突破台北的行政范围，囊括附近的新北市和基隆，是一个土地面积 2325km^2，覆盖人口达 680 万人的“台北都会区”。

台北的经济社会发展状况大致划分为以下六个阶段。1851—1895 年，清代移民时期，作为通商口岸发展；1985—1940 年间，日据殖民时期，城市快速扩张；1940—1945 年，战乱时期，城市损毁人口外迁；1945—1965年，战后恢复期，政治移民造成城市建设杂乱；1965—1990年，经济腾飞时期，工业化、城市化快速发展；1990年至今，发展为国际化多元社会的大都市。

回顾历史，战后政治移民带来的违建问题和快速城市化背景下的经济发展与城市扩张决定了台北内在更新强大的驱动力。在战前和战后的一段时间内，台北作为台湾地区的重要政治经济中心，其城市更新以拆除和新建为主。20世纪60年代，由于大批政治移民在城市搭建违建，维护城市的正常建设秩序开始被重视，加之80年代台北经济的腾飞和快速的城市化，台北不可避免地遭遇交通拥挤、城市污染、贫富不均等大城市病，这种情况下更新"势在必行"。然而，台湾复杂的土地产权和土地私有制让土地的获得变得极其困难。面临台北未来发展的需要，台湾地区开始积极探索英美日等国家的城市更新成果，创新机制体制，走出一条属于自己的"都更之路"(林佑磷，2003；严若谷，2012)。

(二) 台北都市更新的概念和目标

"都市更新"类似于大陆的"城市更新"。"都市更新"一词的法定意义首次被定义于1973年《都市计划法》的修订中。简言之，都市更新(urban renewal)是指通过维护、改建、重建等方式，使都市土地得以在经济合理的原则下进行再开发与再利用，或合理改变都市功能，增加社会福祉，提高生活品质，促进都市发展。

台湾的都市更新又细分为"公办都更"和"民办都更"。公办都更由政府牵头并自行实施或交由其他部门实施，民办都更则是由民间主动申请并经由政府部门审议后自行或委托其他机构实施。公办都更和民办都更不是割裂区分的，如今台北更推崇的更新方式是在政府公办都更的引导下带动民办都更。

都市更新的总目标是改造城市机能老旧地区实现都市再生。具体而言，台湾新版的《地政大辞典》将"都市更新"的目标总结为：①创造良好的生活、社会环境；②防患灾害与重建灾区，灾害包括火灾、抗震灾害以及由于物质环境的恶化可能带来的犯罪率的上升；③增加中心区之住宅供应；④经济合理地使用土地资源；⑤通过空间结构的调整以充实或改变都市功能；⑥维护文物古迹并发挥其教育功能(财团法人都市更新研究发展基金会，2002)。综上所述，可见台湾地区的都市更新不仅涉及实体环境的改善，还涉及社会环境、防灾抗灾、文物保护等非物质环境的改善。通过改造功能丧失的城市区域，使之能满足城市的需要(唐艳，2013)。正如台北都市更新2050愿景中描述的："都市更新不仅是促进老旧地区发展的策略方案，更是构建都市未来的重要行动。"台北都市更新处认为，都市更新应当一方面通过制度检讨和调整来鼓励民间都市更新；另一方面应更进一步依照再生计划的指导，主导"公办都更"并完善相关的配套措施，以"公办都更"带动"民办都更"，从点到线到面全面更新老旧街区。

(三) 都市更新的历程演变

中国台湾地区的城市规划体系自20世纪60年代开始逐步建立完善，其参与主体、更新政策、金融工具等随时代发展愈发多元和完善。当前已有文献中，学者多将台北都市更新根据参与主体的变化分为政府主导时期、更新增长时期和多元合作时期三个阶段。在参考前述研究的基础上，本节结合近年台北推崇的公办都更和新近出台的《公办都更 2.0》等文件，增设了“回归政府主导”阶段，重点阐述在市场失灵下政府重新主导更新的政策措施及其背后原因。

1. 政府主导——从消极介入到主动更新(1960—1991 年)

1960 年及以前，台北处于城市化建设时期。此阶段，政府主要通过拆除违建，大量兴建市政基础设施及居民住宅来解决居住问题。面临战后建设的财务困难、城市面貌杂乱零碎的局面，台北的都市更新没有足够的经济支撑、没有得到政府的足够重视，相关的法律法规也不够健全，城市更新的社会情绪总体比较被动(严若谷，2012)。20 世纪 60 年代后，伴随城市化加速，大量移民的涌入，城市住房问题日益严峻，违章建筑激增，台北政府逐步开始重视控制和引导城市的发展，都市更新进入政府的视野(韩文超，2020)。

多数学者将 1973 年台北市《都市计划法》修订视为台北都市更新的起点，这是“都市更新”首次被赋予法定地位，象征着台北的都市更新已经从过去的政府消极介入的更新转为政府主导下的更新(刘波，2011)。1975 年，台北市政府成立“居民住宅处”，重点推动老旧宿舍和眷村的更新，同年《国民住宅条例》规定，政府为兴建国民住宅施行区段征收，同时专门设立国民住宅处，负责老旧房屋和军队家属聚居区等在内的大范围公有土地更新。1977 年，台北发布《都市计划法》并设立专职负责都市事宜的机构——都市更新科，成立了平均地权基金，负责一些小规模的私有土地更新(林钦荣，1995)。1983 年，台湾地区颁布《台北市都市更新实施办法》，在实施层面上为都市更新提供操作性指导意见，从实施者条件、金融工具支持到实施更新的各个环节做了细致规定。1986 年，《平均地权条例》修订，增加了关于都市更新实施地区进行征收方面的条文。1991 年，迫于人力和更新经费的不足，政府公布《台北市奖励民间投资兴办都市更新申请须知》，希望通过民间力量投资加快都市更新进程。

总体来看，这一时期台北市政府对战时大批政治移民带来的违章建筑、老旧建筑进行了清查改建，整体上提升了城市风貌。1981—1991 年间台北市政府主导推动了“柳乡社区”“八德路饶河街口”“大龙段兰州初中北侧”及“台北工专北侧”等 4 件更新案。但是，作为单一主导方，政府在更新的过程中面临着严重的财政负担；政府单方面给予征收的补偿金偏低，使被征收者产生了抵触情绪；同时，老城区土地和建筑产权的复杂性极大地增加了更新的难度(严若谷，2012)。

2. 市场主导、政府监督——鼓励民间资本参与更新(1991—2000 年)

20 世纪 90 年代，中国台湾地区开始从政府主导更新转变为市场主导更新。在全球化和社会意识觉醒的双重背景下，台湾地区的经济社会发生了较大变化，在市民社会崛起和各党派竞争中，旧城改造城市更新成为巩固政权的重要计划(陈晓玲，2016)。迫于人力和更新经费的不足，台北政府 1991 年公布《台北市奖励民间投资兴办都市更新申请须知》，并于 1993 年修订《台北市都市更新实施办法》，表示通过提高建筑容积率的方式“奖励私人(团体）投资兴办都市更新建设事业”。自此，台北市都市更新由政府主导变为鼓励民间资本投资参与，政府从全责包揽转为协调和监督。1997年，台湾地区的都市更新制度发生了重大变革。“都市更新方案”的颁布将之前的拆除和改建个别实体建筑变为“覆盖都市功能的结构层次更新”。其原则有四个：一是政府规划，优先利用公有土地办理；二是整体规划，根据市场需求分阶段建设；三是奖励民间兴办；四是必要时政府公权力应予以介入。从以上四点可以看出台湾地区的都市更新业已从过去的政府主导转变为市场主导。

这一时期依据《台北市都市更新实施办法》，共完成21件更新案的核定（图3-17）。总体来看，该阶段的都市更新以“建筑容积奖励”方式替代之前的强制性征收。此举较好地保障了产权人的私人财产，极大地鼓励民间投资和社会资本的参与，降低了政府在都市更新方面的投入，推进了台北的城市更新事业（韩文超，2020）。然而，这一时期都市更新办理程序较为复杂，审议时间长而通过门槛也比较高。更重要的是，更新缺乏相应的低息贷款等金融工具帮助。总体而言，对于普通民众来说，此阶段的更新阻力仍相对较大（刘波，2011）。

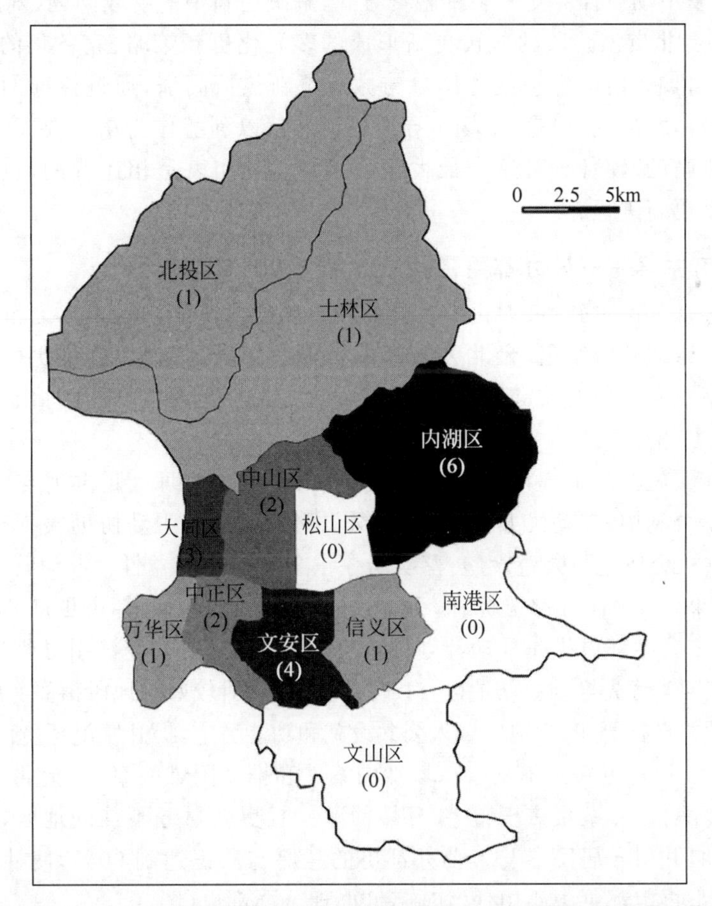

图3-17　“台北市都市更新实施办法”核定下台北都市更新案数量分布

来源：韩文超，吕传廷，周春山，2020.从政府主导到多元合作——1973年以来台北市城市更新机制演变[J].城市规划，44(05)：97-103

3. 多元合作——公私合作投资推动更新(2001—2014年)

在全球化的影响下，中国台湾地区的发展既需要扩大财政支出积极介入，又必须设法维持一个低税率的环境吸引外资强化产业竞争力(陈晓玲，2016)。为此，都市更新市场化参与的趋势必然越来越强。为了克服上一阶段更新的实践障碍并吸引更多社会资本，1998年台北颁布《都市更新条例》，首次提出以“都市更新单元”为单位实施城市更新。为配合都市更新的顺利进行，台湾地区政府在1999—2000年间相继通过并陆续颁布了《都市更新条例实施细则》《都市更新事业接管办法》《都市更新建筑容积率奖励办法》《都市更新投资信托基金募集运用及管理办法》等数十个都市更新的政策法规，为都市更新注入了更具实操性的程序，并设计了更新金融辅助工具降低更新门槛；2006年开始，台湾地区为吸引更多民间力量注入城市更新事业，对《都市更新条例》做了大范围的调整，采取进一步降低门槛、缩小更新单元面积、简化审批流程等多项措施吸引私人资本，解决都市更新效率低下等问题，同时积极开发不动产证券化等多种融资方式，解决更新中的财政问题(刘洁，2016)。

总体来说，台北市该阶段的城市更新形成的多元化更新策略、完备化的法令保障和多样化的公众参与机制，使得各利益群体参与城市更新热情高涨，通过核准的城市更新事业逐年增加(严若谷，2012)。但是，市场主导的更新必然以利益作为第一要义，进行到一定阶段势必会留下难啃的“硬骨头”，这与最大化公共利益的初衷是相违背的，也就需要政府发挥主导作用带动更新进程。

4. 回归政府主导——公办都更带动民办都更(2015年至今)

为了有效推动都市更新，最大化提升公共利益和公共安全，2015年，台北都市更新处提出“公办都更”。台北政府制定《台北公办都更实施办法》，选定“公办都更优先推动案件”，聚焦于台北都市再生任务的关键地区，主动担负起“实施者”角色，重新打出了“公办都更主导，协助民办都更”的标语。

公办都更在实施办法中提出：活化台北市都市机能，协助台北再生与门户计划推展；公有闲置土地整合利用，带动民办都更，强化公共环境整备；主动协助灾损建物，营造安全宜居环境；提供社会住宅与公益设施，落实居住正义与强化公益性；带动营建、智慧产业发展，发挥乘数效果；作为民办都更标杆，引导民办换轨，加速民办都市更新六个目标。基于六个目标，台北市公办都更优先推动计划中分出“公设充实型”“经济引导性”“咨询辅导型”和“弱势辅导型”四类优先推动更新地区，对于区位条件相对较好的地段招商实施更新，相对弱势地区政府扶助并自行更新，为地区置入公共设施和功能住宅，提升城市环境促进都市再生。

2020年9月，针对更新中不具备市场性的案件和推动困难的案件，台北市通过了《公办都市更新2.0专案》。专案聚焦于整宅、环境简陋并且更新财务不佳的地区，政府优先对其进行咨询与协助，并引导居民参与。公办都更的意愿与共识达到90%，使社区具备推动都市更新的量能后，再由都更中心担任“实施者”办理公办都更(图3-18)。

总体而言，这一时期的台北都市更新进程日趋完善，在市场融资、公私合作不变的前提下政府再次承担更新的“主导角色”，在更新中把握主动权。面对市场失灵和现实困难，政府的“再主导”是应对更新“瓶颈阶段”的有力推手。配合“精进168专案”更为精简的更新流

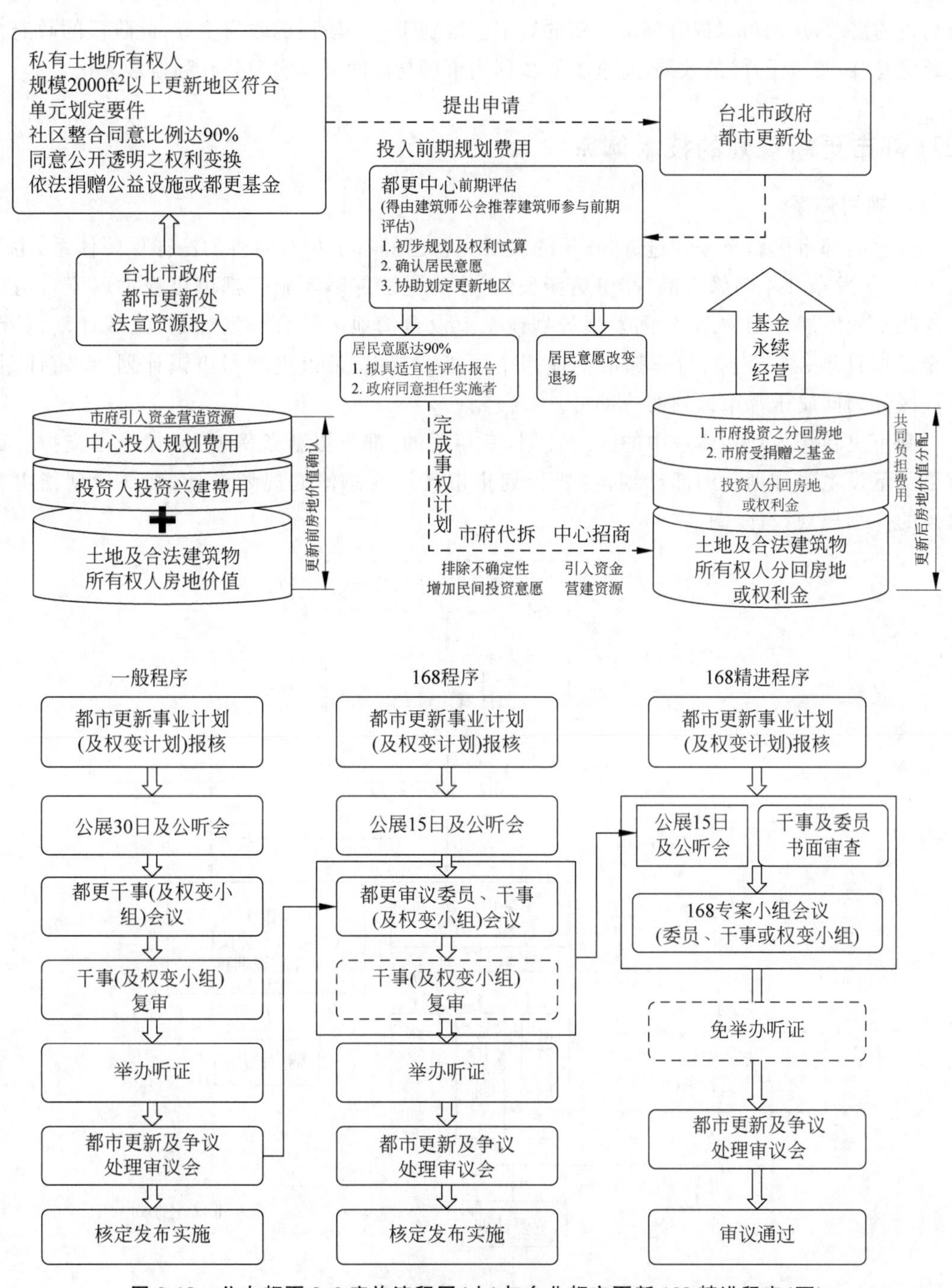

图 3-18　公办都更 2.0 实施流程图(上)与台北都市更新 168 精进程序(下)

来源：台北都市更新处. https://uro.gov.taipei

程(图 3-18),此阶段的更新既维持了市场力量参与的积极性,又发挥了政府主导下最大化公众利益的需求,从而可以提升都市更新的效率。区别于第一阶段的政府主导,此阶段的政府再主导更有“四两拨千斤”的效果,通过统筹和利用市场与民间资本实现公共利益最大化。

(四) 都市更新规划的技术体系

1. 规划体系

台北的都市更新至今经过近 50 年的发展完善已经有了相对完善的法律保障体系,主要由 1998 年发布并不断修订的《都市更新条例》作为主法保障实施。都市更新隶属于台湾地区现状空间发展计划体系,空间发展计划体系下设台湾地区综合开发计划、区域计划、县市综合发展计划、都市计划与非都市土地四个层级。其中,都市更新与市镇计划、乡镇计划、特性区计划同属于都市计划的一部分。

都市更新作为规划体系中的法定计划,有相关的《都市更新条例》等法律给予支撑。都市更新下设主要计划和细部计划,主要计划指市区层面总体的规划设计,细部计划指更新单元的详细规划设计(图 3-19)。

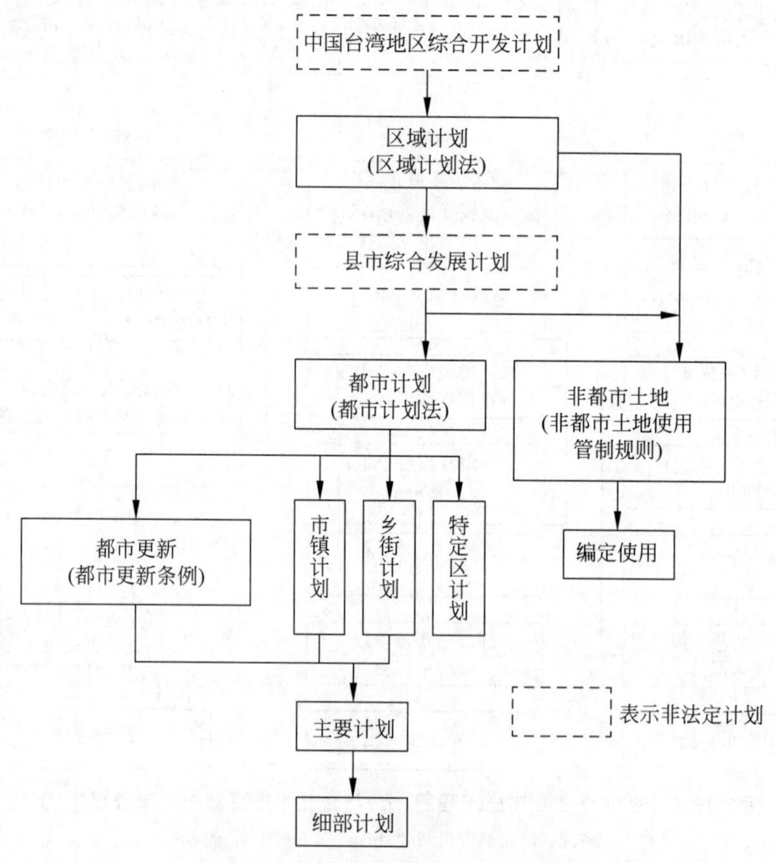

图 3-19 台北都市更新规划法律体系

来源：根据台北都市发展局网改绘. https://www.tcoc.org.tw/

2. 规划层次

台北都市更新的编制内容在市级、区级和地块层面均有不同的细分和安排。在市级层面，首先都市发展局需要拟定都市更新计划的目的、核定已划定更新地区；其次，需要确定划定更新地区的标准并划定台北市都市更新地区的范围(图 3-20)，最后还需要统计市内各行政区划定更新地区的地理位置、面积、土地用途并阐明更新地区内建筑容积率奖励相关规范等。

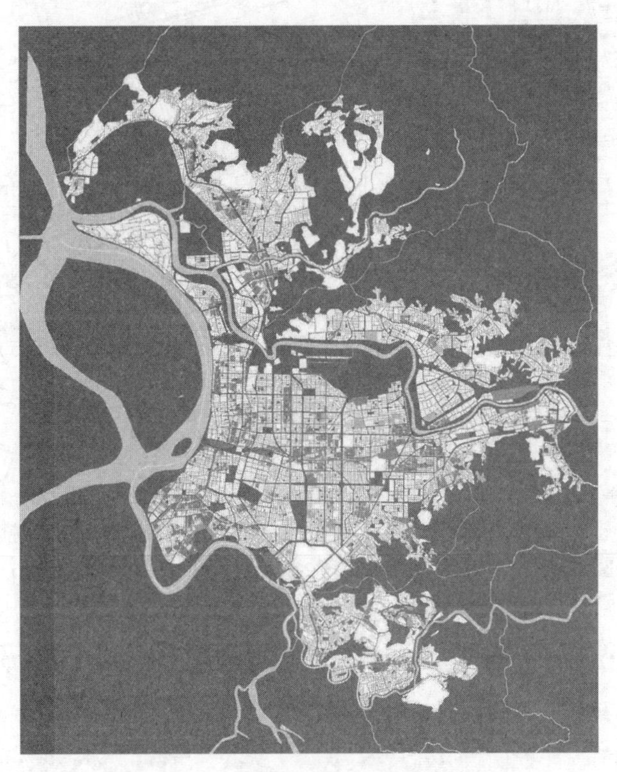

图 3-20　台北都市更新地区范围示意图

来源：同上图

在区级层面，需要明确更新地区的详细地块范围和面积。例如，中正区的都市更新计划书中划定了 12 处总计 68.13hm^2 的地块，并在计划书中包含了详细的地块更新地图(图 3-21)。在地块层面，则需要划定地区内重建、改造和维护地段的详细设计图、地段的土地使用计划、区内公共设施维修或改善的设计图、事业计划、财务计划和实施进度等。

3. 编制层次

从《都市计划法》开始，台北原本笼统而单一的法律体系不断完善。1973 年下设《都市计划法》；1983 年发布《台北市都市更新实施办法》；1998 年《都市更新条例》出台，各地方结合地方特点制定《地方自治条例》，在“9・21”地震后出台《“9・21”重建特别条例》的临门方案。为进一步落实更新细则，《都更条例》下设 10 个相关子法，形成了“1＋10＋N＋1”的法

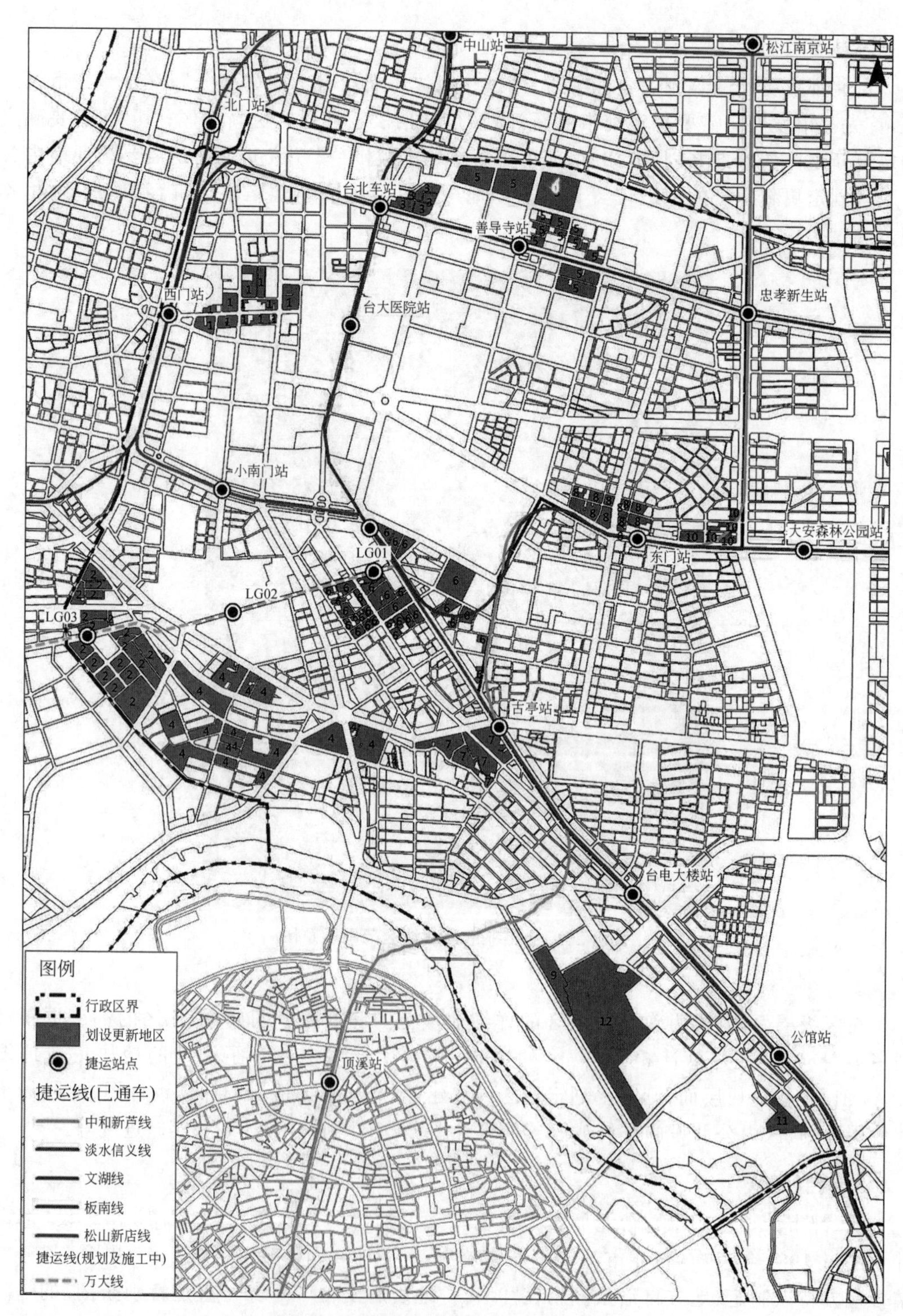

图 3-21　中正区都市计划更新地区范围

来源：同上图

律体系；2006 年，《都市更新条例》大幅修订，通过缩小更新单元面积等举措进一步降低门槛，通过赋税减免和容积率奖励吸引市场资金，同年推出《加速推动都市更新方案》扩大容积奖励和民间办理渠道；2016 年出台《公办都更法案》到 2020 年出台《公办都更 2.0 法案》，政府统筹力度加强，针对更新中的重点难点，以公办带动民办都更的方式帮助市场失灵的地区完成更新，实现公共利益最大化，同时配合《168 精进方案》，使更新流程更加精简，不断降低民办都更难度(图 3-22)。

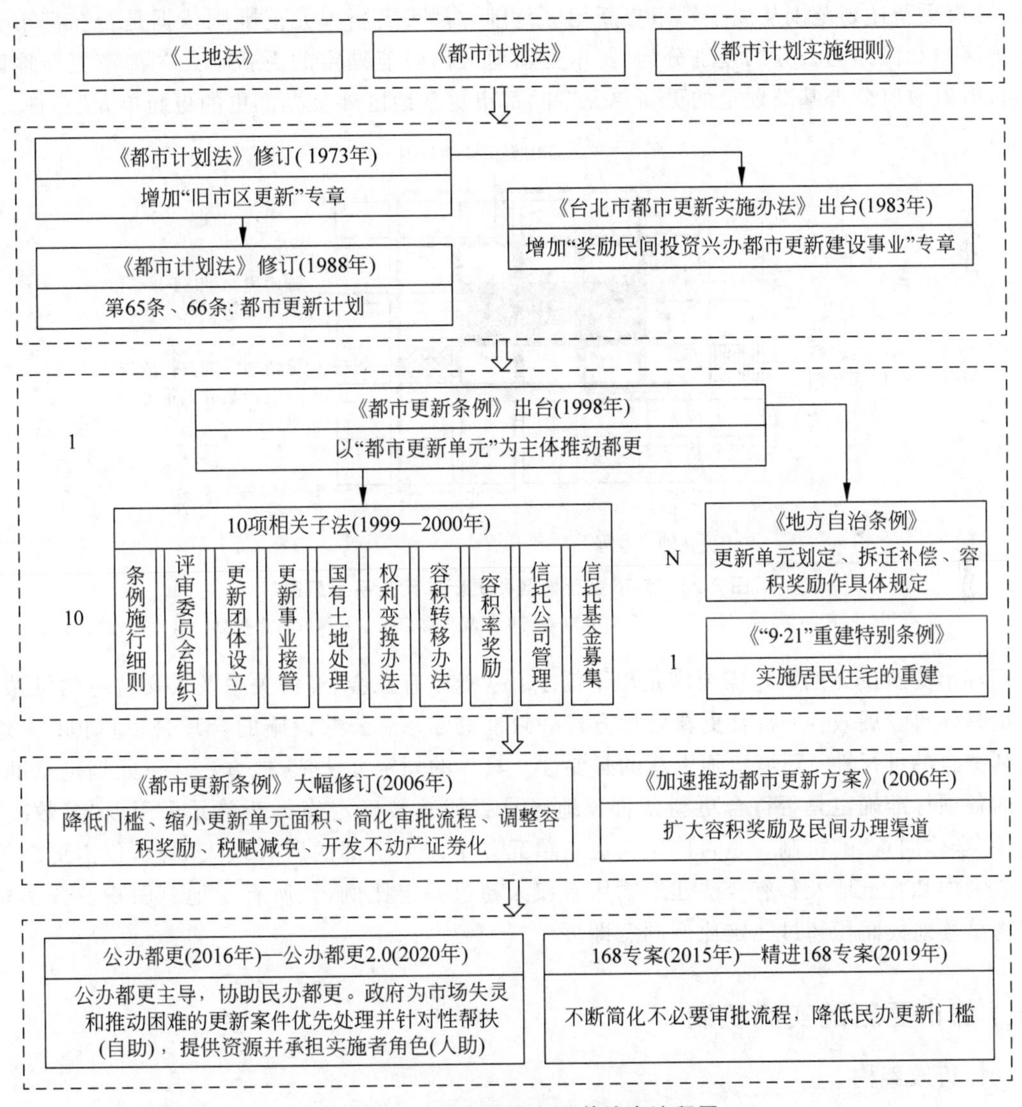

图 3-22 台北都市更新政策演变流程图

来源：根据台北都市发展局网站内容自绘. https://www.tcoc.org.tw/

4. "都市更新单元"

所谓"都市更新单元"，既指城市更新事业具体落实的范围，又是体现城市更新事业的最基本单元。作为单独实施城市更新的分区,更新单元只能在划定的更新区域内开展,同时也必须明确单元内各项改造项目(商业性质的开发、公共文化基础设施的建设等)之间的有机结合,实现城市利益最大化。

都市更新的范围分为都市更新地区范围、都市更新计划范围和都市更新单元范围三个尺度(图3-23)。都市更新地区范围分为一般更新地区、优先更新地区和政府征用更新地区。都市更新依据更新主导对象的不同,分为由政府主导的更新活动与民间主导的更新活动,都市更新计划范围从属于都市更新地区范围。都市更新单元范围则依据是否在都市更新地区内和民办与公办的差别分为"都市更新地区内政府划定的更新单元""都市更新地区内自行以政府公告基准划定的更新单元"和"都市更新地区外公办都更的更新单元"三种。

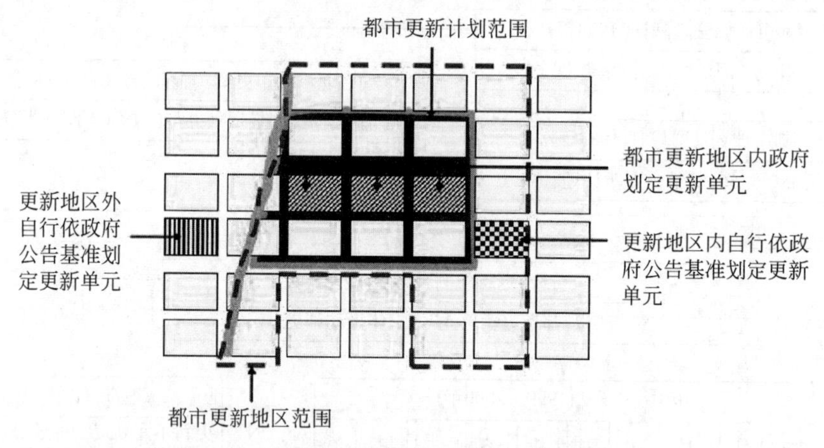

图3-23 都市更新地区和更新单元关系示意图

来源:严若谷,闫小培,周素红,2012.台湾城市更新单元规划和启示[J].国际城市规划,27(01):99-105

都市更新单元的划定需要满足以下需求:基于原有社会、经济关系及人文特色的维系;满足整体再发展效益;符合更新处理方式一致性的需求;公共设施的合理公平负担;土地权利整合的可行性;环境亟须更新的必要性。具体的划定办法依《地方更新单元划定基准》中的各项标准确定是否符合更新条件。地区是否能够被确定为更新单元采用以"多数决"代替"全体同意"的机制。是否确定为更新单元并不需要全部的所有权人同意,仅需更新单元范围内私有土地及私有合法建筑物所有权人超过一定比例,且所有土地总面积及合法建筑物总楼地板面积超过一定比例同意即可。

(五) 都市更新的实施机制

1. 行政架构

台北市都市发展局统筹都市更新的相关事宜,负责编制台北都市更新的主要计划和细部计划。都市发展局上对台北市分管城建副市长负责,分管台北市都市更新处和台北市建筑管理工程处,下设8科、5室,并接受财团法人台北市都市更新推动中心的监督(图3-24)。

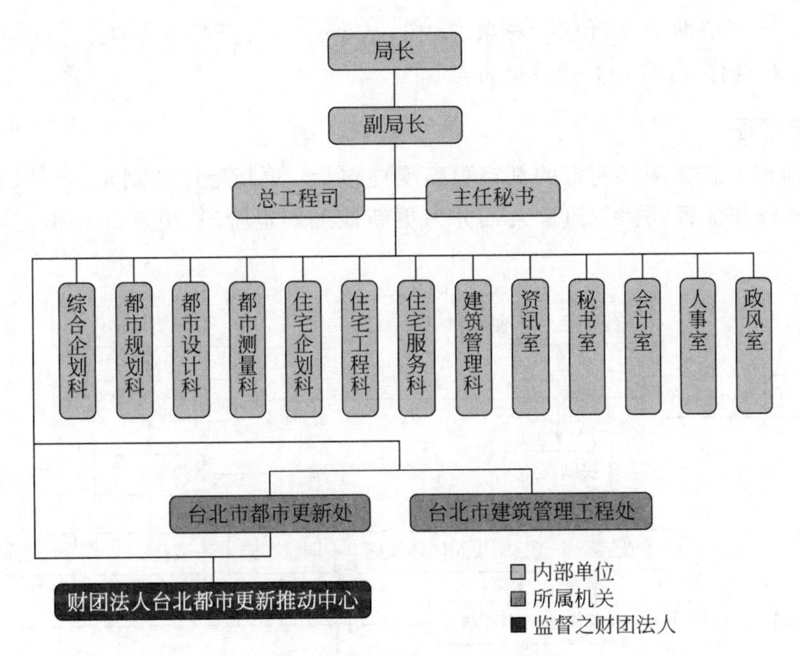

图 3-24　都市发展局组织构架

来源：严若谷，闫小培，周素红，2012. 台湾城市更新单元规划和启示[J]. 国际城市规划，27(01)：99-105

2. 实施主体与融资机制

都市更新的实施主体是在更新单元内实施城市更新事业的机关、机构或团体。实施主体按照类别可分为政府主导及民间主导，其角色类似房地产开发商，负责所有权人协调、施工建造申请及建物移交等事宜。政府主导的公办都更可分为主管机关自行实施、主管机关委托实施及主管机关同意其他机关(构)以股份有限公司实施；民间方面，可由地主委托城市更新事业机构(建设公司)或是地主自组更新团体(更新会)实施。目前台湾地区都市更新以民间办理为主要方式(陈晓玲，2016)。

都市更新中的融资机制大体分为调动民间资本、政府信用担保借贷、开发不动产证券化等多种方式并存的融资制度三个大类。

(1) 充分调动民间资本：降低更新门槛和审查流程充分吸纳社会资本。政府在更新资本不足的情况下最先采用的措施就是更多的为都更吸纳市场资本。在 2006 年《都市更新条例》和《加速推动都市更新方案》中，政府通过缩小更新单元面积、降低更新门槛、简化审批流程、扩大容积奖励和民间办理渠道、税赋减免、开发不动产证券化等措施，极大地提高了民间更新的积极性，为都市更新争取到了更多社会资本。

(2) 政府信用担保：政府为民办更新贷款做信誉担保。为进一步降低民办都更的门槛，减少民间参与更新面临的借贷困难，并满足银行融资和市场筹资的需要，政府以自己的信誉为民办都更提供了适度的贷款担保并提供延长还贷政策。

(3) 多种融资方式：开发不动产证券化等多种融资方式。在上述两种方式之外，政府还积极开发不动产证券化、土地信托融资等多种融资方式解决更新中的财政问题。除政府的财政投入外，可借助贷款、债券、彩票、信托、基金、上市、资产证券化、BOT（建设经营转让）、PPP（公私合作）等多种方式筹措资金。

3. 实施流程

依据《都市更新条例》，完整的都市更新实施包括：更新地区的划定、申请、拟定、审批、实施、竣工等操作流程（图 3-25）。大致分为更新地区划定阶段、更新计划拟定阶段和更新实施阶段。

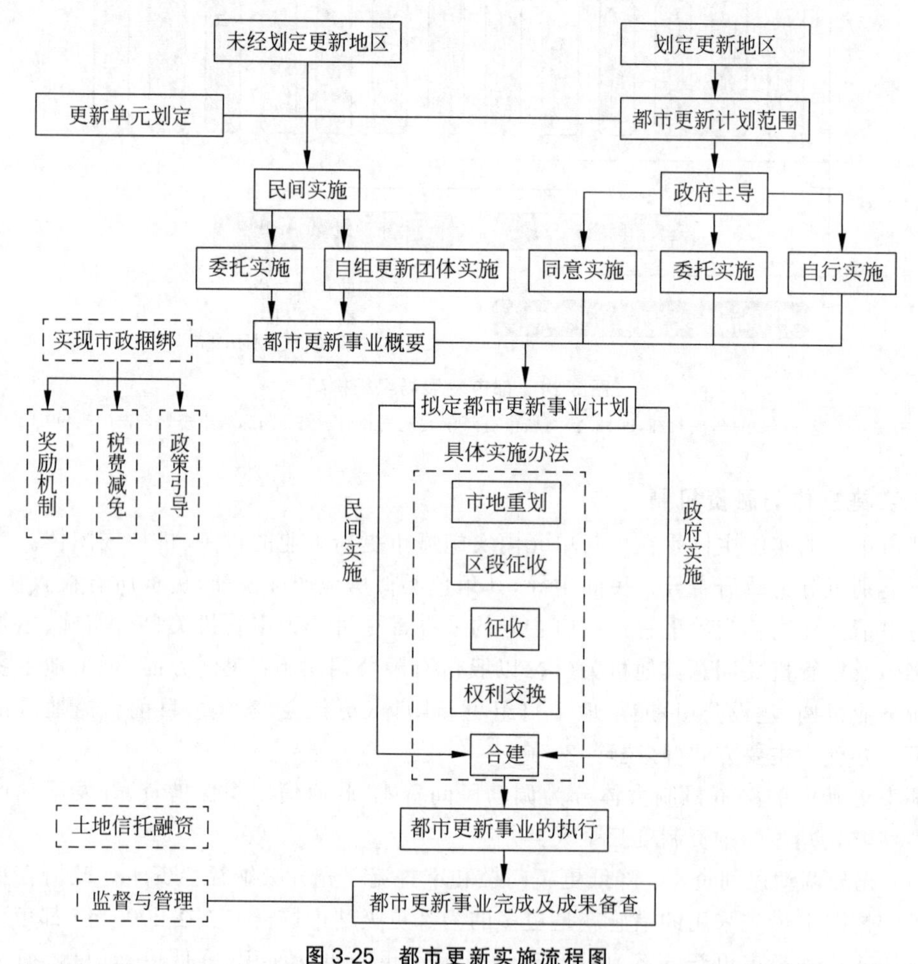

图 3-25 都市更新实施流程图

来源：严若谷，闫小培，周素红，2012. 台湾城市更新单元规划和启示[J]. 国际城市规划，27(01)：99-105

在更新地区划定阶段，政府需要根据地区的实际情况，对地区的社会经济关系、人文特色等方面进行全面的调查和评估，并最终保证划定地区更新的必要性。对于符合条件被划定于都市更新计划范围之内的更新地区通过公办都更或民办都更的方式申请更新。

在更新计划拟定阶段，政府需要对更新地区进行实地测量调查、开展公听会，并且引导民间都更的顺利实施。对于需要实现市政捆绑的民办都更，政府会基于相应的政策补偿，最终形成都市更新事业概要，拟定都市更新事业计划。

在更新实施阶段,政府对拟定的更新计划进行进一步核定和审议,最后通过实施。实施过程中对于所有权人的不同需求,都市更新计划利用市地重划、区段征收、征收、权利变换和合建的办法为所有权人提供灵活的权利转换方式。

4. 权利分配

权利分配是台湾地区都市更新的核心。所谓权利分配,即对更新中的相关利益关系人以公平合理的方式确定更新后的收益分配比例。更新中的权利分配大体分为两类,对于更新地区内的公办都更,可以采取权利变换、征收、区段征收、市地重划的方式;对于更新地区的民办都更,则以采取权利变换及合建方式为主。下文将介绍其中常见的三种权利分配方式。

1）权利变换

权利变换指在更新单元内采用重建的方式进行更新的区段,其土地所有权人、建筑物所有权人和其他相关所有权人参与更新,并为更新提供所需的物质和智力要素,在更新完成后,根据参与者在更新中提供的贡献比例按照公平公正的原则确定更新后的财产分配比例(图 3-26)。权利变换的参与者主要包括土地所有权人、土地附属建筑物的合法所有权人、其他设施权利人以及实施方,同时规定权利变换的参与者就是产权的交易人。权利变换为相关的产权交易人在谈判及交易的过程中提供了一种准绳,使得产权交易人的谈判及交易更易达成,从而做到将“外部性”成功“内部化”(唐艳,2013;郭湘闽,2011)。

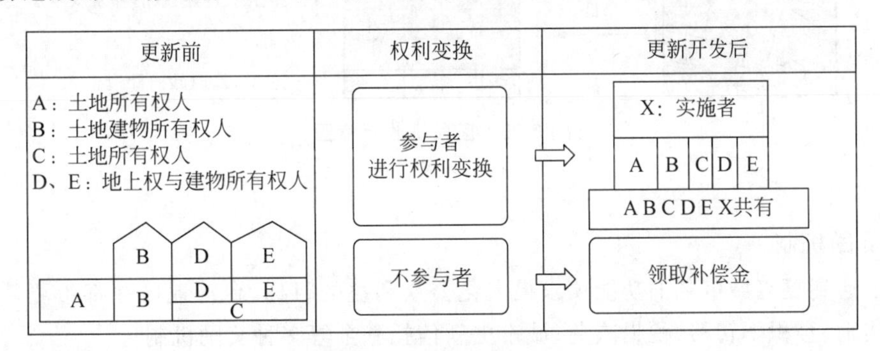

图 3-26　权利变换示意图

来源：财团法人都市更新研究发展基金会,2002.都市更新 2002 法规经纬[M].台北：都市更新研发会

2）市地重划

市地重划指的是政府通过地籍的产权重划,为地块注入公共设施和产业发展,使得地块得以综合性改良,地区生活环境质量得以提升的过程(图 3-27)。市地重划的地块通常是都市计划发布地区范围内已被确定为建筑用地的区域,但是地块零碎杂乱且公共环境恶劣,通过地籍地块的清理和整备加之兴建各类公共服务设施,使得土地的经济价值得以提高,城市得以健康发展。市地重划的对象仅为土地,不包括其上的建筑物。因此,最终的产权分配人仅为土地所有人。市地重划的经费由土地所有权人按照一定的比例支付,其可获得重划后土地价值增长的利益,而政府在这其中也可以取得公共服务设施所需的用地,公私合作,互利互惠(唐艳,2013;杨继瑞,1997)。

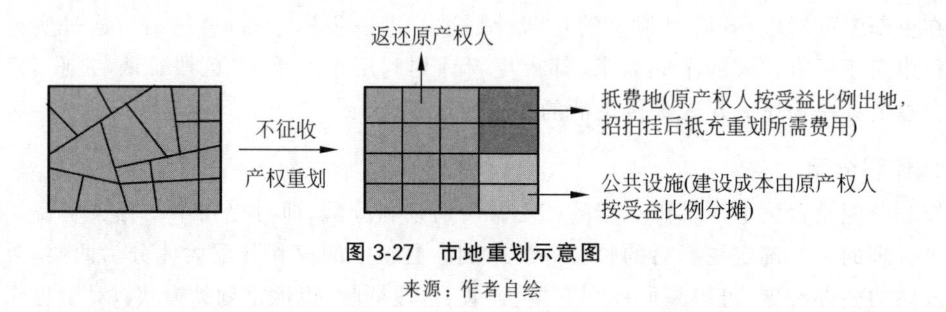

图 3-27 市地重划示意图

来源：作者自绘

3）区段征收

区段征收是指，政府为了特定的公共利益，依法征收一定区域内的私有土地，并将其重新整理规划并开发后，在地块中预留政府可支配使用的公共设施用地的过程(图 3-28)。在这一过程中，政府收回土地的使用权，对土地之上建筑物的所有者给予一定的补偿。这种补偿可以采用现金补偿，或置换同等价值更新后建筑用地两种方式。在区段征收过程中，土地的原所有者在改造中不仅仅是政府强制行为的接受者，而是转变成政府改造行为的参与者与利益共享者，能够实现公私利益在土地征收改造过程中的协调(丁承舰，2016)。

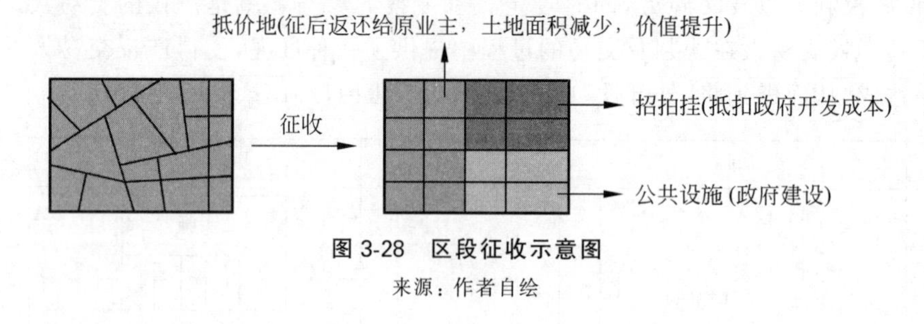

图 3-28 区段征收示意图

来源：作者自绘

5. 奖励机制

为了达到复兴城市老旧功能谋求最大化公众利益的目标，台湾地区在都市更新中采用容积率奖励、容积率转移、税捐减免、城市更新信托基金等多种奖励机制。

税捐减免即对于更新单元内能够分享更多公共利益的更新行为给予相应的税费减免奖励。城市更新信托基金则是指证券管理机关视城市更新事业计划财源筹措需要，核准设立城市更新投资信托公司，募集城市更新投资信托基金。

容积率奖励即对提供更多公共设施、公共空间或保留原历史风貌及扩大更新单元规模、缩短更新时序等有利于城市更新整体规划，推动更新进程，贡献公共利益的更新单元给予一定的容积奖励。

容积率转移即对于更新地区内公共设施保留地、历史建筑或街区，将其可利用建筑容积的部分转移至其他建筑基地建筑使用(图 3-29)。台湾地区的容积率转移制度包括转移对象、转移量、转移方法三个要素：第一是转移对象，即在哪里转移，涵盖的内容是送出区与接受区的地区和空间范围的规定，明确界定了容积率转移制度中的移出区的 5 种类型；第二是转移量，即送出区与接受区之间转移的容积的量，台湾地区明确规定接受区可移入容积不能超过规定基准容积的30%；第三是转移方法，即如何制定合理的移转价格(边泰明，2010)。

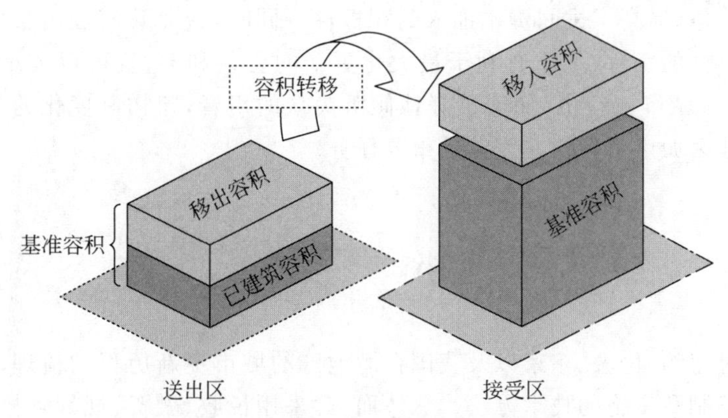

图3-29　台湾地区容积率转移示意图

来源：张孝宇，张安录，2018.台湾都市更新中的容积，移转制度：经验与启示[J]，城市规划，2018(2)

(六) 台北都市更新对大陆的启示

由于两岸环境和土地所有制的不同，台湾地区的都市更新与大陆的旧城改造在理念、策略、方法上存在较多差异，但两岸也面临着相似的挑战，台湾地区都市更新的一些做法可以为大陆提供借鉴。

1. 构建完善且协同的法律体系

从《都市计划法》到《都市更新条例》及其相关子法的完善，台北都市更新的发展历程本质上是都市更新政策和法律的完善过程。大陆地区土地在公有制的背景下，政府占据主导地位，民间力量相对薄弱，个人利益往往难以保障，亟须完善的法律体系为更新提供支持。在这方面，大陆可予以借鉴，完善产权评估体系，加强评估机构的筛选过程，细化估价师任用指标门槛，完善法律监督体系，并形成相关法律法规互约互助的协同形式(李婷，2015)。

2. 构建公平且灵活的利益分配体系

不论是都市更新还是旧城改造，改造过程中最根本的博弈点都是相关主体的利益分配问题。为了处理好更新的利益分配问题，台湾地区从日本引入"权利变换"，结合实际情况制定了较为完善的权利变换制度和估价制度。此外，充分运用容积率奖励、转移与税收减免等政策工具，在都市更新中达到个体利益与公共利益的均衡。

3. 构建完善且有效的公众参与体系

两岸产权制度的不同造成了政策与实施机制上的差异。台湾地区都市土地所有产权细分复杂和私有财产导致土地获得极其困难。而在大陆地区土地国有化的条件下，土地成为地方政府追求财政收入的重要工具，城市更新中常常忽略民众的利益诉求，造成了潜在的社会问题。对此，台湾地区都市更新中一方面在更新的划定、核定和实施阶段都将公听会、人民陈情会等置于法定的程序当中，切实保障群众的声音得到尊重；另一方面，通过公平公正的权利分配制度和适度的奖励机制，保证了更新中财产分配的相对均衡，保障了所有权人的既有利益，提高了民间资本加入的积极性。同时，台北政府提出“以公办都更为主导，协助民办都更”的宗旨，不仅有利于最大化更新的公共利益，且可以较小的成本完成都市再生。因此，在城市更新中，如何更好地倾听民众的声音，建构制度化的公众参与流程，将是未来大陆地区城市更新体系完善的重要任务。

小　结

本章通过对纽约、伦敦、东京以及我国台湾地区的城市更新历程的梳理，总结了四种典型的城市更新编制和实施的技术方法。总体而言，采用税收、融资、规划管控等多元手段推动城市更新的实施，社区、公司、政府等多方参与的更新机制；兼顾社会、经济、环境等多重维度的综合更新，完善的法律体系与规划制度供给等，这些经验都值得我们借鉴和学习，兼收并蓄、博采众长，不同体制与国情环境下产生的制度政策往往能从不同的角度“折射”出全新的思考。西方发达国家率先完成了工业化进程，也更快地进入城市更新阶段。这一期间出现的成功与错误，精华与糟粕，仔细品鉴有助于我国城市更新的顺利推进。

思　考　题

1. 本章中提到的国内外案例城市，在城市更新历程的演进中有何异同点？
2. 案例城市更新的政策工具对我国大都市城市更新有何借鉴价值？

第四章　空间治理视角下我国城市更新中的利益博弈

区别于传统增量规划以空间资源分配为核心，城市更新的核心问题是利益调整，利益调整过程中的复杂多元博弈是城市更新最核心的问题。本章首先讨论城市更新治理的宏观政治、经济、社会环境，梳理不同发展背景下空间治理主体的变化；然后进一步梳理城市更新的利益主体——政府、市场、社会三大主体在城市更新治理中的角色及其行为范式，各主体间形成的典型结构关系；最后从不同视角深入探讨城市更新中利益博弈的核心焦点，总结博弈类型，界定博弈失衡的场景，提出能有效推动利益协商、实现利益均衡的博弈策略。

第一节　我国空间治理的宏观政治经济社会环境

全球化背景下，城市空间治理的变迁是国家在不同历史时期基于特定战略需要，有选择地干预空间而引发的效应(尼尔·布伦纳，1999)。可以说，空间被特定历史阶段的宏观环境塑造，反映了特定历史时期的国家战略，而空间治理就是国家战略和宏观环境在空间上的具象表现。所以，把握不同历史阶段的宏观环境变化是厘清空间治理机制的基础。本节围绕历史脉络，探讨新中国成立以来我国空间治理中宏观政治经济社会环境的变革，以阐述不同历史阶段我国空间治理的背景和思路。按照城市建设、发展、改革和完善的逻辑将空间治理分为四个阶段，从政治、经济、社会三个维度出发，梳理了从新中国成立初期以巩固政权为唯一目的的以政治单一空间生产，到市场机制的介入，到社会力量的崛起，再到空间的政治、经济、社会、文化、生态等多属性生产的过程和空间尺度权利逐步下放的过程。

(一) 巩固政权阶段(1949—1978 年)

中华人民共和国成立之前的较长一段时间内，国家治理层层管辖，这样的治理下形成了“皇权不下县”的局面，对于基层鞭长莫及，管理效果不佳且易滋生腐败(费孝通，吴晗，1988)。新中国成立初期，从百年危机和动荡中走出来的中国共产党要进行现代国家建设，迫切需要巩固新生人民政权并实现中国从传统农业国向现代工业国的转变。在这样的历史背景下，此阶段的空间治理基于这两个主要矛盾，集中表现为强管制下的政治导向与空间形态“均质化”。空间的政治属性凸显，空间生产为国家重工业化服务的特征突出。

针对巩固新生政权的问题，中国共产党针对长期的制度弊端建立了完善的组织化构架，实行“单元分隔式”的治理模式，基于党政体系，通过控制国家代理人控制社会单元和社会成员（彭勃，2006）。针对国家工业化的迫切需求，中国共产党在城市内部通过“单位制”，构建了一种能够高效调动社会资源的基本运行架构，实现了在资源极度匮乏时期集中有限资源推动社会主义工业化建设和城市建设的目的（王海荣，2019）。

这种“单位制”的治理模式是中国计划经济特殊时代背景下社会主义中国为了实现共产主义和国家现代化的城市建设工具（刘天宝，柴彦威，2013）。单位制通过一个个城市治理的基本单元对城市进行统一分配和纵向管理，利用其系统化、标准化的特征为优先发展工业服务，象征着社会主义政权的首要地位。“单位制”形成并成熟于新中国成立初期的30年，1949年中国共产党七届二中全会会议提出“将工作重心转移到城市”标志着单位建设的开始，1956年“一五”计划完成时，城市中大部分成员都被纳入了集体单位空间之中，举全国之力进行工业生产，单位制正式形成。1957年之后一场囊括农村和城市的人民公社运动使得单位建设不断深化，形成了“完全单位化”的格局（王海荣，2019）。“大跃进”“文化大革命”时期，工业和单位的发展达到了顶峰。到改革开放时期，单位制伴随着计划经济的解体而没落。

综上所述，巩固政权时期空间治理中宏观政治、经济、社会力量表现为在政治主导下的主从关系。首先，在政治维度上，作为此阶段空间治理的主要导向力量，这种治理方式确实带来了预想的效果。它有效地实现了对公民的组织管理，为新中国人民政权的巩固提供了重要保障，同时它有效地组织了有限的空间和资源，使新中国的工业得以发展。由于单位制，两大关键矛盾得到了有效缓解，施行单位制管理是近代中国能够走出积贫积弱迈向现代化轨道的基础（容志，2018）。然而这种治理模式却造就了一种“均质化”的城市和国家，充斥在经济、社会的方方面面，表现在城市的外在空间形态和内部社会关系的方方面面（刘天宝，柴彦威，2013）。

在经济维度上，这种“均质化”的治理模式外化表现为当时的计划经济政策，空间生产强调国家单一空间尺度的区域均衡发展（邓睦军，龚勤林，2017）。国家对国土拥有绝对的统一支配权，将土地无偿、无限期提供给用地单位而不得转让，市场经济的级差地租和居住隔离分异等无法发挥作用（胡毅，张京祥，2015）。在工业化的核心目标下，城市发挥了为工业化奉献的最大效能，我国得以初步建立了完整的工业体系，改变了之前不合理的工业空间布局，国家经济得到长足发展。但是，这种区域均衡策略和权利的集中让地方政府只能依靠中央分配和投入资源获得地方发展，从而削弱了地方政府发展经济的主观能动性，导致了“经济低水平”的均衡化（杨荫凯，2015）。

在社会维度上，“均质化”表现在人们的社会关系、生活水平上。一方面，单位大院让人们的生活圈定在一个较小的范围内，生产和生活高度一致，社会关系高度重合，个人对单位产生了较大的依赖，这也就造成了人员在空间上的流动性差，导致城市的空间形态较为单一和固定（刘天宝，柴彦威，2013）。另一方面，平均主义下无法体现市场经济的优势，造成整体社会的生活水平低下，整体发展红利较少，国家也就无法建设更完善的公共空间和服务设施。值得注意的是，这种追求均质化的治理模式割裂了城乡关系并导致了“城乡二元”

现象。由于对城市发展的政策倾斜，牺牲了农村的发展机会和农村人口获得社会福利的机会，严格的户口制度成为拦在城与乡之间难以逾越的鸿沟，也间接造成了社会关系的不和谐。

(二) 改革开放初期(1978—2003 年)

1978 年，改革开放的春风吹遍大地，党的工作中心从"以阶级斗争为纲"转向"以经济建设为中心"，国家在克服了之前两大主要矛盾后，经济发展成为更为迫切的需求。改革开放阶段，开始融入经济全球化浪潮的中国逐步从重工业积累转型为城市的资本化积累，城市从"工业生产的容器"转型为"经济发展的容器"(王海荣，2019)。此阶段的空间治理合力呈现出权力下放后的强经济增长导向，空间形态"异质化"，空间生产呈现商品化倾向，空间属性表现出更多的经济属性。

在政治维度上，国家对行政分权纵向重组，将权力下放至城市，同时对行政兼并横向重组，将国家空间尺度上移至区域。一方面，1983 年，国家实行"撤县设市"，随后的 10 年间，城市划分为直辖市、副省级市、地级市、县级市和乡镇五层级，并赋予不同层级的空间不同的权利和资源。这一行政区划空间调整的过程让城市的地位得以进一步提升，同时，对于地方财政的分权和放宽的土地政策极大释放了各层级的地方政府发展的积极性，一改之前"单位制"带来的"均质性"发展局面(赵燕菁等，2009)。另一方面，区域平均发展政策随着计划经济一同被摒弃，城市尺度的上移让区域成为空间治理的新单元，这一尺度的空间生产成为国家参与经济全球化竞争的重要手段。1978 年来，通过对国家地方县市的撤并，突破行政区划的界限发展经济区域，主张"让一部分地区先富起来"再发挥大城市的辐射作用拉动落后地区的经济发展。总的来说，在区域非均衡发展战略的主导下，我国提高了空间资源配置的效率，集中有限资源优先发展中心城区和东部沿海地区。这些城市区域引进外资，融入世界经济体系，积极参与全球经济竞争，并带动了中西部地区的发展。但是，这种做法导致了东西部区域差距的拉大，造成区域内的权力碎片化。城市社会空间呈现出一种区域阶层化的状况，造成了潜在的社会矛盾。

在经济维度上，顺应国家以经济发展为中心的核心战略，"计划经济"逐步被摒弃，随着"商品经济"到来，"均质化"的发展成为了历史。1992 年，党的十四大正式提出建立社会主义市场经济体制。随后把"实行社会主义市场经济体制"写入宪法。2001 年，中国加入世界贸易组织(WTO)，以更积极的姿态融入国际经济社会。自此，国家将市场机制运用到城市空间生产和治理过程中。并通过产业结构调整积极参与到全球化经济竞争的浪潮中。在经济维度上，城市表现出空间商品化倾向以及地方政府的企业化倾向。

首先，由于国家权力的下放，地方财政权力也得到了扩大，平均主义变为"财政包干制"，极大地释放了地方政府的发展积极性。1988 年，土地有偿使用制度建立，放开的土地政策让土地收益成为提高政府财政收入和增加城市建设资金的重要来源(黄爱东，2011)。同年颁布的《土地管理法》承认了土地使用权出让、土地征用的合法性，地方政府可以为了公共利益需要从征用的集体土地有偿使用费中获得 70%的费用，这使得城市政府获得了很大程度的自主权(陈映芳,2008)。1994 年分税制改革,中央将土地收益划给地方政府,加之 1998 年住房商品化改革,房地产行业被认为是国民经济发展的支柱之一,更进一步深化了土地资本化和空间的商品化。城市政府和政治官员像城市企业家那样把城市视为一部"增长机器""经营城市",将土地视为可供经营的最主要产品(洪世键,张京祥,2009)。

在社会主义市场经济逐步完善的同时,为加快经济结构调整,20 世纪 90 年代,我国提出"退二进三"政策,减少工业企业用地比重,提高服务业用地比重,以改变我国产业长期以来在全球价值链分工中的不利地位,并尽快融入全球化经济的竞争。同时,在"退二进三"产业结构调整和城市土地"资本化"的大环境推动下,城市新区开始大规模建设,工业区的空间重构也如火如荼地进行(田莉等,2020)。在这一阶段,全国大中小城市均设立了不同规模的工业区和开发区,促进了以制造业为主的工业发展步伐。各类开发区以其交通区位优势和良好的基础设施条件与优惠政策吸引了大批外资企业和部分城区外迁的企业,在空间上表现为工业用地在城市外部的集聚和扩张(熊国平,2010)。

在社会维度上,由于这一时期片面追求经济增长造成了对空间社会属性的忽视,城市社会空间不断被分化。公众无法参与到空间的生产中,权益无法得到保障。同时,空间生产的红利大部分转化为资本红利,并没有涉及社会性的公共空间和公共服务设施的建设,人民生活幸福感并没有随着经济的迅猛增长而上升,同时社会的阶层分化愈发明显。

(三) 科学发展阶段(2003—2012 年)

2003 年,胡锦涛为代表的党中央提出"科学发展观"与"和谐社会"的施政理念,国家战略开始从"以经济建设为中心"的"速度发展"转变为"兼顾经济和社会平衡"的"科学发展"(薛澜,2010)。尤其是 2008 年全球金融危机,房地产经济泡沫的破裂和次贷危机过后的出口减量,都让人们反思过去城市依靠"卖地赚钱"和传统资源要素"增量扩张"的发展路径,转而思考"集约、科学"的发展方式。基于此,该阶段的重要目标就变成了维持经济增长的同时兼顾社会稳定,从"效率优先兼顾公平"变为"效率与公平兼顾"。总体来看,空间治理合力表现为社会力量的觉醒,空间表现出经济和社会双重属性,空间生产表现为商品化和公共社会性特征,并向社会属性生产倾斜。随着社会力量中公民社会参与意识的觉醒,空间治理表现出一种自下而上的"问题导向"。

在社会维度,城市社区不断上演"经济权益性、自治权利的维权"(陈文,2010)。人民表达出对于公共空间和优质基础设施的诉求,社会力量迫切希望能够享受空间增值的红利,得到"有尊严的生活所得"。快速城镇化背景下大量流动人口也迫切地发出他们对于教育、医疗、住房保障等配套政策方面"市民化"需求的声音。

基于上述问题和诉求,在政治维度上,一方面国家权利在横向尺度上向社会化倾斜,加强城市的社区建设和公共服务设施建设;另一方面通过扶持西部地区为区域间协调发展而努力。为了达到维护社会稳定的政治需求,国家决定将国家权力下放至社区,让社区承担部分基层管理职能并塑造和引领有序社会生活(李友梅,2013)。同时,针对公民意识的觉醒和公共参与意识的增强,国家愈发重视建设服务型政府,在社区空间治理中旨在实现"政府、市场、社会"多元主体合作(魏娜,2004),解决社会问题的同时,还重视将权利嵌入基层,维持基层的秩序和稳定。在区域协调上,从2001年的"西部大开发战略"、2002年的"振兴东北老工业基地战略"到2004年的"中部崛起"地区发展战略,"四大板块"协调发展的空间格局逐渐形成(魏后凯,2011)。

在经济维度上,该阶段"科学发展"的主要目标是空间领域的"去商品化",让空间生产出更多集体性消费空间,并重视空间的存量挖潜和保障安居工程。在土地"去资本化"方面,国家相继出台了"新旧国八条""国六条""新国十条"等一系列政策整顿土地市场,控制土地供给总量,严格土地管理并控制房价上涨,加强保障性住房的建设,力求"建立健全基本公共服务体系"。同时,从2000年开始,中央逐步加大在土地、住房、道路等各种基础设施建设方面的投入,着力提升集体性消费空间的占比。

在空间存量挖潜和保障性安居建设方面,力争在空间上"效率与公平兼顾"。2008年,广东开展了"三旧"改造试点工作,力争产业转型、城市转型和环境再造,争当探索科学发展模式的排头兵。同年,中共中央启动保障性安居工程,将棚户区(危旧房)、国有垦区危房、中央下放地方煤矿棚户区改造作为重要内容。2011年,国务院总理李克强强调,大规模实施保障性安居工程,是保障和改善民生、促进社会和谐稳定的必然要求(李克强,2011)。据统计,从2008年第四季度到2010年末,我国开工建设保障性住房和棚户区改造住房1300万套,竣工800万套,保障性安居工程体系初步建立。

在促进区域协调的政策下,中西部和东北老工业区涌现经济增长极,区域间的发展差距缩小。同时,社会力量开始参与城市空间治理,国家和社会之间形成良性互动关系。在城市更新与空间治理方面,"科学发展"带来了"存量挖潜"和"减量发展"的前奏。但是,这种基于社会逻辑的城市空间治理模式并未改变总体区域竞争和权力碎片化状况,空间的扩张、蔓延在加剧,空间的阶层化也仍存在。

(四) 新时代阶段(2012年至今)

2014年,习总书记提出"新常态"概念,我国经济社会发展进入新阶段。2015年,确立了"创新、协调、绿色、开放、共享"五大发展理念。2020年新冠疫情暴发以来,我国处于"国内国际双循环相互促进的新发展格局",城市更新作为拉动国内"大循环"的重要部分,如何带动城市从粗放式的"增量扩张"转向质量提升的"存量更新"是当前迫切需要思考的问题。所以,当前阶段,城市治理的合力主要表现为国家宏观战略领导下各层面的精细化治理,城市空间生产由单一政治属性、经济属性、经济社会双重属性转向多重空间属性生产,表现为经济、政治、社会、文化、生态多重空间属性的全面发展。

具体来看,区域经济战略方面,国家战略愈发强调区域协调与合作的重要性,以及区域间协调发展和国家多中心尺度的协同合作发展。中央相继制定了"一带一路""京津冀协同发展""长江经济带""三大支撑带"等重大的国家空间发展战略。2014年,中央印发《国家新型城镇化规划(2014—2020)》,2015—2018年,长江中游城市群、成渝城市群、长江三角洲城市群等相继获批,目前中国正在发展和计划发展的城市群有19个。

空间治理能力的现代化成为城市发展的主要目标。党的十九大报告指出,“要形成节约资源和保护环境的空间格局,构建国土空间开发保护制度,形成科学合理的空间开放结构”等。城市发展突出强调“减量提质”的目标,以积极应对传统城市化模式对土地资源的过度占用和过去以大规模建设新城区与开发区为主导的“增长主义”。自此,我国建设用地减量实施全面起步,在北京和上海等地围绕工业、集体产业用地和宅基地开展大量探索。2017年国务院批复《北京城市总体规划(2016—2035年)》中明确提出刚性的底线约束标准,要求城乡建设用地规模从现状2017年的2921km^2缩减为2035年的2760km^2(胡继元等,2018)。同年12月,《上海市城市总体规划(2017—2035)》获得批复,要求严格控制城市规模,坚持规划建设用地总规模负增长,到2035年建设用地总规模不超过3200km^2,严格控制新增建设用地,挖潜存量用地,合理开发利用低下空间资源等(张扬,2018)。

社会保障民生方面,2017年,党的十九大报告明确指出“房住不炒”,要加快建立多主体供给、多渠道保障、租购并举的住房制度,优化城市空间结构,均衡配置公共资源,统筹解决群众住房及衍生需求。同时,党的十八大以来生态文明战略受到前所未有的关注。2015年《中共中央国务院关于加快推进生态文明建设的意见》明确各类国土空间的保护边界,推进绿色城镇化。2017年中央政府提出建立国家公园体制并出台总体方案,将国家公园确定为禁止开发区域,纳入生态管控范围。中国城市的精细化治理在各个层面不断推进。

总体而言,新中国成立以来我国的空间治理体系发生了重大的变化。总体发展逻辑是空间生产从单一属性生产向多空间属性生产转变,空间治理尺度从国家单一空间尺度到国家空间多中心尺度下的区域不平衡发展、区域管治发展和区域协调发展。宏观社会环境表现为社会参与的意愿和程度提升。展望未来,我国的空间治理仍存在诸多问题,改革开放四十年来城市的快速发展仍遗留了许多问题,不平衡、不充分的矛盾将长期存在,空间治理任重而道远。

第二节 空间治理视角下城市更新中的政府、市场、社会关系

作为治理理论在城市决策、公共管理领域的应用,空间治理的本质是治理中的三个抽象主体——“政府”“市场”与“社会”在城市决策中共同解决城市问题、实现城市利益最大化的过程。分析城市治理,要在理清各利益主体构成的基础上,对治理中的各主体权力结构关系和治理过程中的作用方式、机制构建进行综合讨论。本节将从城市更新的利益主体构成、三大主体在城市权力结构中的角色及其行为范式、各主体间形成的典型结构关系进行论述。

(一) 利益主体构成

城市更新的过程,就是地方政府对区域稀缺资源(土地等)进行重新分配的过程,其重

点在于利益的分配与协调，使得各主体的利益与城市更新的发展目标达成一致，实现利益最大化的配置。在这一过程中，明确各利益主体的构成并厘清主体之间的关系，是合理分配利益的前提。

在抽象的治理理论中，城市更新由“政府”“市场”和“社会”三个主体构成，但具体到不同类型的城市更新中，利益博弈主体也会有所变化(图 4-1)。最典型的城市更新主体由地方政府、开发投资商、涉及的社区居民、社区公众等组成，同时由于利益层次的不同，其中任何一个主体都可以分解为若干次级利益主体。这种对于利益主体的分解是十分必要的，主要由于以下两个原因：一方面，我国正处于转型期，政府职能的转变滞后于经济发展，城市行政管理机构设置过多，责权划分不清。从横向结构来看，与更新项目直接相关的政府部门多达十几个，如规划局、建委、园林局、环保局、交委等。从纵向结构来看，市、区、街道的三级管理机构都可以在管辖区内对更新项目实施干预，有所属权限的审批权。不同部门从部门利益出发，可以出台部门法规；部门的行政官员又存在不同的私人利益。针对以上利益的分化，地方政府不宜笼统地作为单一利益主体，具体可划分为政府组织整体的利益、政府部门的利益和政府官员的自身利益(涂晓芳，2002)。另一方面，投资商内部和拆迁群体内部也可能在利益标的上有所差异，在经济发达城市这种差异尤其明显。因此在主体划分时，也要考虑其可能的差异化诉求。

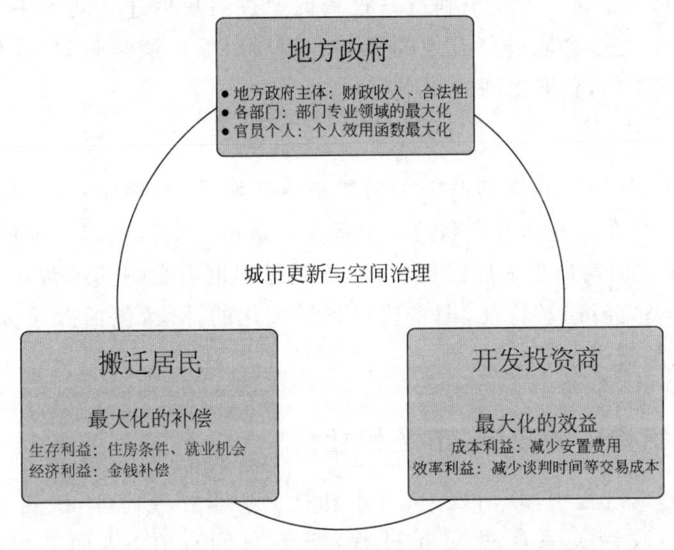

图 4-1　城市更新中的利益主体

来源：作者自绘

1. 作为整体的地方政府

在我国，中央政府的行政放权和财政分税制等制度基础使地方政府具有一定的自主支配性，具有一定的剩余索取权和对收入的合法支配权。因此，地方政府在实际更新项目过程中希望通过城市更新带来的土地转让金、拓展后的税费等来增加财政收入，支撑自身运作。同时，政府也是公共管理的服务者和规则的制定者，因此在更新过程中希望通过维护和增加社会的总体福利，以提高治理的合法性基础（陈庆云，曾军荣，2005）。

2. 政府部门和政府官员

在地方政府内部，各部门和政府官员作为具体行为的执行者和承担者，其诉求与整体的地方政府有所不同，既包括与政府整体利益保持一致的部分，也包括作为独立主体生存发展所需要的特定利益部分。对职能部门来说，其工作重点和利益诉求更侧重在各自特定的领域，例如水利部门对水资源的关注，交通部门对交通规划的关注等，各部门受到本位利益的驱动，积极追求部门利益最大化以突出各自的业务领域。政府官员在追求政府整体利益的同时，也希望通过岗位达到个人效用函数的最大化，例如物质资本、经济资本、政治权力等。在缺乏监督约束的特定条件下，政府部门和官员有可能运用公权力进行寻租，以获取货币收益和非货币化收益（声望、成就感、政治支持）等（赵祥，2006）。

3. 开发投资商

开发投资商作为统一整体，其诉求相对单一，即"经济人"视角下的最优解，通过降低成本、提高利润以获得效益最大化，主要通过提高成本与效率利益实现（黄信敬，2005）。成本利益指拆迁过程中减少拆迁补偿安置费用以降低开发成本所获得的利益。在投资商的开发成本中，包括土地出让金、房屋建设成本、企业管理成本、土地投资成本等，拆迁补偿费是土地投资成本中的一部分。而效率利益是投资商通过缩短拆迁时间等手段减小交易成本以获得的利益，通常企业会通过更有效的谈判和沟通以缩短谈判时间、减少拆迁群众上访等带来的司法仲裁费用，获取更高的效率利益。

4. 原业主

对原业主来说，他们的既得利益因为房屋被拆迁而受损，理应获得安置与赔偿。这一过程中的利益包括生存利益和财产利益两个部分。被拆迁的居民因为房屋被拆除，生存利益直接受到影响；同时房屋作为居民的财产，拆迁过程也会影响其经营或财产利益。一般情况下，居民也具备"经济人"特征，即希望得到最大化的补偿，包括拆迁金钱补偿、住房条件改善、就业机会解决等。

(二) 城市权力结构中的政府、市场和社会

城市空间治理的过程中，政治权力、资本和社会力量相互博弈，决定了城市空间的分配。社会、经济和政治关系通过交互过程，产生空间存在，从而实践空间生产过程（Marcuse，2016）。在进行空间治理分析时，首先要对三个主体在城市决策的权力结构中的位置进行分析，然后基于权力结构的分析基础，探讨空间治理中各主体的行为范式。

1. 城市权力结构中的政府

在城市治理的权力结构中，政府是城市空间资源的掌控者和空间生产规则的制定者，处于城市权力结构的中心。从政府—市场的权力结构来看，我国政府掌握着大规模的国有资本，控制着土地审批、城市规划、空间产品定价等重要决策权。它启动市场化改革，将各类市场主体纳入到城市空间生产过程中，促进市场力量参与城市空间治理；也决定着市场

经济的发展方向，具有引导和监管空间资本化程度的能力（殷洁，罗小龙；2013）。市场决定性作用的发挥则受制于政府的宏观调控，市场发展离不开政府的政策扶持、产业引导、职能转变等，市场行为必须接受政府的监管（何艳玲，2013）。

此外，中国的央地政府结构在空间治理中起着重要作用。中央政府为地方政府与市场的关系提供基本秩序和规则，如推行市场化改革和对外开放，推行以经济发展绩效为核心的干部考核制度，形成与经济发展密切相关的政治竞争锦标赛等（周黎安，2007）。中央政府直接管理的央企在关系国家安全与国民经济命脉的主要行业和关键领域占支配地位，对于调控全国统一市场、促进区域经济发展等具有重要意义（姚洋，张牧扬，2013）。地方政府管辖着央企以外的所有国有企业，掌握着行政审批、土地批租、政策优惠、空间产品定价等自由裁量权力，履行安检、质检、税收等职能，对外资企业、民营企业、合资企业有着重要影响力；受政治晋升的激励追求城市经济发展绩效，展开地方政府间的竞争，是追求城市经济增长的利益主体（周黎安，2018）。

在社会治理中，政府也占据较强的主导地位。通过控制社区空间基层选举、活动内容，社会组织登记管理、发展议程等手段，决定社会力量是否会出现以及进入城市空间决策议程，参与城市空间治理。它具有约束土地利用、城市规划、房地产等市场外部性的能力，承担着供给集体消费品的公共职能，这与市民的日常生活空间密切相关。社会的行动与发展空间限度则依赖于政府的制度变革、政策和资金支持等，社会必须在政府规定范围内成长，逐步实现和拓展城市权利。

改革开放后，随着单位制的解体和市场经济的发展，个人的自主性、流动性增强，国家对社会全面控制的行为模式逐渐弱化。但是，国家并未从社会领域完全退出，而是以新的方式介入城市社区空间，并决定着社会组织的发展，重新建立与基层社会和个体的政治联系（杨敏，2007）。中央政府在整体上规定着地方政府与社会的互动空间，保留着规则制定的主动权，如推行社区建设、提出维稳目标、促进民生发展等，并将此纳入地方政府的绩效考核指标中，形成与城市社会秩序稳定相关的政治竞争锦标赛等。政府对社会组织进行分类管理、选择性培育，塑造其形态和策略，影响其发展内容、活动地域、运作过程等，扶持和筛选与自身目标相契合的社会组织（谢岳，2013）。由于高度依赖政府的政策和资金支持，社会组织会迎合国家获得合法性，依附于国家而发展，主动寻求与政府接触、互动与合作，通过各种方式保持与政府的相关性（王汉生，吴莹，2011）。

2. 城市权力结构中的市场

与政府主导不同，市场通过实际执行生产活动来决定城市空间的“生产模式”，与政府组成“城市增长同盟”一同影响城市治理（Molotch，1976）。在当前的中国城市发展阶段，市场力量是城市化进程的重要推动者，对城市经济增长功不可没。市场也影响着地方权力结构，但这种影响是双向的，既能够促进地方政府将城市发展目标锁定在“增长”上，也可能导致地方政府的空间政策只服务于市场主体的空间利益，造成空间属性生产以及城市权力在各主体间的失衡（张京祥，2015）。

随着社会主义市场经济体制的确立、发展与完善，各种城市空间和行政机构相继出现，形成了多中心治理格局，权力碎片化趋势明显。在这期间，各种市场主体迅速崛起，进入到城市空间生产过程中，要求参与城市空间治理(武廷海等，2014)。一方面，政府与企业分开，国有企业自主权扩大，成为相对独立的市场主体。国有企业进行经营体制转换，接受市场的充分调节，让资本逻辑在国有企业中得到发展。另一方面，各种非公有制市场主体迅速蓬勃发展，个体经济、私营经济、合资经济等非公有制经济飞速发展，企业数量增多、企业规模扩张、企业家队伍壮大，成为创造城市财富的重要力量(何自立，2017)。

另外，由于各种企业入驻城市，能够促进城市经济增长，影响地方政府政治晋升的结果，所以，市场和资本也开始逐渐拥有影响地方政府官员行为和城市公共权力的能力。几乎每一个企业背后都有一些关心其创造经济绩效结果的地方官员，而资本跨地区、跨境的流行性促使地方官员全力善待市场主体，否则将导致人才流失、投资外撤等风险，影响地区经济发展。

在这种情况下，市场主体既可能限制官员的任意干预，并从政府那里获得有益于市场发展的资源和政策支持，发挥市场在空间资源配置中的有效性；也可胁迫地方政府的空间决策只代表市场主体的利益，扭曲城市公共权力的性质(周黎安，2018)。由于中国经济市场化和国际化程度的不断加深，地方官员的行为将会逐步受到市场竞争的约束。无论怎样，市场力量已经成为城市权力结构中的重要主体，并使城市空间治理呈现一种经营型模式。

政府与市场关系是理解中国城市空间治理转型的关键因素。政府与市场关系体现为政府与市场同时发挥作用，政府的宏观调控作用是对市场主体的引导与监管，既积极引导市场主体参与城市空间生产和治理，促进城市经济增长，又严格监管过度的空间资本化，保证市场运行的社会主义方向(陈易，2016)。市场的决定性作用是对政府的驱动与约束，市场作为重要的经济主体在空间资源配置中起到决定性作用。它介入城市空间生产，其空间增值的经济绩效既能驱动地方政府为政治竞争而让渡经济资源与行政权力，也约束政府对市场的不当干预，并竭尽所能为市场的空间生产行为提供资源与政策支持。

3. 城市权力结构中的社会

同政府和市场相比，社会组织通过提出需求、参与治理等途径影响城市治理过程。相比于欧美社会组织和民众更加自主的参与城市决策，我国的社会(群众)多通过政府引导的形式参与到城市权力的行使中，成为城市权力结构的另一大主体。政府通过自我改革主动退出一些社会领域，为城市社会发展释放空间，让社会承担起相应的治理职能：例如在公共管理中，完善民众的利益表达机制，促进新型政社合作关系的形成，在项目选址、历史遗产及环境保护中加入论证环节，听从市民意见；在社区内部给予业主一定的自主决策权，协调业主的利益诉求(庞娟，2014)。

在这种情况下，城市社会力量迅速发展，很多中产阶层参与进来，他们承担起服务社会的职责，解决城市空间问题，提升了城市空间治理的效果；他们释放了民间的活力和创造力，参与城市空间生产，带来了城市经济的迅速增长(周旋，2011)。政府容纳社会力量参与城市空间治理，对于国家治理的有效性与合法性具有重要意义。对社会力量而言，一方面，他们充分利用政府既有体制和提供的发展平台，主动参与城市空间治理，表达、维护空间利益诉求，争取更大行动与生存空间；另一方面，他们不仅仅满足国家为其规定的行动范围，而是改变自身生存与发展策略，从依附政府逐渐走向与政府的积极互动合作。近些年来，城市社区居民和社会组织的空间维权意识越来越强，参与城市空间治理的内容范围和有效程度不断提升，甚至成为一种有效制衡政府权力的力量（李有梅，2002，2007）。

党的十九大提出，我国当前社会的主要矛盾转化为人民对城市美好生活需要的日益增长与不平衡不充分发展之间的矛盾（习近平，2017）。这决定着社区居民和社会组织不仅要求政府满足集体消费品的供给，而且对集体消费品供给的质量和多样性提出了新的要求，使政府必须重视空间多重属性的生产；不仅要求政府健全市民空间利益表达的机制，而且对参与城市治理的内容和层次提出新的要求，使政府的城市空间治理必须纳入社会主体。社区居民和社会组织也积极参与城市空间治理，自主处理城市公共事务，并介入城市空间公共物品的供给过程中。社会（人民和社会组织）影响着地方权力结构，促使地方政府转变空间治理理念和方式，构建人民满意的地方政府。

政府与社会关系是理解城市空间治理的重要一环。政府与社会的关系体现为政府主导和引导社会发展下的共同治理。政府主导社会的发展是整合多元化的社会，防止极端的空间社会抗争行为；是提供集体消费品，缓解市场逻辑带来空间不平等问题。政府引导社会的发展是回应市民空间诉求，引入市民参与并拓展城市权利内容；是激活社会活力，发挥社会作用并与市民共治共建城市。在中国，国家与社会关系不是完全界分、二元对立，而是相互构造的关系。中国作为单一制的超大规模国家，政府必须保留控制社会的权力，应对社会结构变化带来的新行动者与行动，维持社会秩序的稳定；但政府也应清晰认识到市民的空间权益诉求，作出积极主动的回应，为市民提供空间利益表达的平台并不断满足市民对城市美好生活的需求（王海荣，2019）。

(三) 我国的发展型地方政府与“增长联盟”

在城市治理的过程中，政府、市场、社会三个主体不同的组合关系（主导程度）构成了不同的城市空间治理模式。皮埃尔依照不同的权力结构和决策模式，将城市治理划分为管理型、社团型、支持增长型和福利主义型四种城市空间治理模式（Pierre，1999）。管理型治理模式在政府改革中引入市场机制，政府把市民当作消费者提供公共服务，强调政府的专业性和高效率，政府的主导地位较强；社团型治理模式将城市视为城市政治过程中统合各类社会团体和自治利益的政治与民主体系，强调社会参与的重要作用；支持增长型治理模式把经济增长作为优先目标，政商同盟极大程度地主导了城市发展；福利主义型城市治理模式主要依靠中央政府的财政支持，以解决地方面临的经济衰退和就业问题。

自改革开放以来，我国不断推进分权化、市场化改革，具有强烈增长动力的中国发展型地方政府与市场资本组成的城市增长同盟构成了城市治理的主体结构，这种模式极大地推动了我国的城镇化发展，成就了中国城市近 20 年来经济和空间高速发展的奇迹（张京祥，2015），本部分将对发展型政府及“增长联盟”相关理论进行论述。

发展型地方政府理论由包括日韩等东亚新兴经济体的发展型国家理论发展而来

(Baum,Shevchenko,1999)。该理论认为,中国的地方政府以地方发展导向,识别地方的比较优势,为相关产业发展提供相应的辅助性政策支持和战略性的基础设施。发展型地方政府一方面促进地方经济发展,但同时本身却并不直接参与生产,而是允许非公有部门的企业保持自己的产权独立和决策自主权,并采用辅助性的政策工具支持非公有制企业发展。

有关中国的相关研究最早由布莱彻和徐慧文两位学者开展,他们对河北省束鹿县(1986 年升为县级辛集市)从 20 世纪 70 年代到 21 世纪的发展历程进行了长期的跟踪研究,发现改革开放以来政府并不直接参与生产活动,而是通过工业园区建设、旧城改造和新城建设、县域内区域经济协调等手段来推动地方发展(Blecher,Shue,2001;Blecher,2008;Blecher,Shue,1996)。同时,这种地方发展选择的操作方式、关注重点也与国家政策紧密相关。20 世纪 90 年代中期以来,分税制的实施与土地有偿使用制度的建立、住房制度的改革等制度性变化相伴生,从而导致 20 世纪 90 年代中期以来以土地、房地产开发为主要动力的城市建设热潮和"土地财政"现象的出现。地方政府不再热衷于搞地方保护主义以发展本地工业企业,而是通过营造宜商环境以吸引国内外投资,其中灵活的土地政策是最主要的政策杠杆之一。地方政府的主要收入来源是建筑与房地产业及第三产业的营业税和土地批租收入(陶然等,2009;周飞舟,2006,2010;曹正汉,史晋川,2009)。此外,大量学者聚焦于上海、广州等超大城市的发展战略进行研究,关注重点集中在城市发展战略制定和空间规划,包括政企联盟的形式、不同层级的政府机构之间的关系,特别是市政府与市辖区政府的关系以及全球化与地方治理等(何深静,吴缚龙,2005;徐江,叶嘉安,2005)。

总体来看,发展型地方政府的导向有两个主要诱因,一个是地方财政收入最大化,另一个则是地方党政官员政绩考核制度。在新的发展时期,除了产业扶持政策等传统手段之外,土地开发、空间规划等发展战略成为越来越重要的手段。

增长同盟的理论基础是美国"增长机器理论"(Molotch,1976)。朱介鸣最早将增长同盟理论运用在我国城市发展的主体分析中,认为市场化转变下城市土地潜在价值获得释放,中国已经出现地方政府和私人开发机构互惠互利的增长同盟形式,但他并没有阐明合作关系中的主导结构关系(朱介鸣,2000)。在后续的研究中,国内外学者进一步证实了增长同盟在中国城市化过程中的适用性,例如城市更新中的地方政府、开发商和其背后代表的市场资本所组成的非正式同盟,共同促进地方的空间更新,土地市场化和住房商品化是这一过程的重要推动力(陈浩,张京祥,2010;胡毅,2013)。

与其他国家的城市增长同盟相比,我国的城市增长同盟又具有一定的国家特点:由于中国长期形成的强政府传统,即使在市场经济体制下构成的增长联盟,政府与市场之间也表现出一种不平等的关系。市场体制确立之初,地方政府从对地方市场实行保护主义,到吸引投资、培育本地市场,再到分权化改革后基于土地财政而与市场结成城市增长联盟,政府由于掌握政策制定、土地、税收等垄断性资源,始终处于相对强势的地位,并发挥着对本地市场的培育、引导、规范与约束等作用。这种"强政府-弱市场"结构的增长联盟,在很长一段时间内主导了中国的经济增长与城市发展。但这种强政府的增长联盟也面临许多严峻的问题,例如地方政府的腐败问题,以"土地红利"为核心的房地产开发造成了房地产的供需偏离,产生了大量"鬼城"现象(陈浩等,2014)。

第三节 城市更新中的“反公地困局”

城市更新中，城中村、城郊村拆迁与征地过程及老旧小区改造过程中广泛存在的“钉子户”等引发的“反公地困局”现象，对城市发展的公共利益造成了重大影响，直接导致土地利用效率低下，并加剧了土地增值收益分配结果的社会不公，导致城市更新举步维艰，直接影响我国未来城乡高质量发展的进程。近年间征地拆迁补偿等成本性支出占土地出让收入的比重大幅增加，从2008年和2009年的36%左右上升到2012年后的80%左右，并维持在这个高位上。与此相对应，土地出让收入用于城市建设支出的比重则从2008年的29.26%大幅下降到近些年的10%以下。被征地拆迁的少部分群体通过博弈总体上获得了较大幅度的补偿金，而大部分农民工却享受不到任何土地增值收益，加剧了农民群体之间的收入差距，导致城市的公共利益受到侵害(曾志敏，2017)。为此，有必要对城市更新中的“反公地困局”进行深入研究，并探讨创新与突破的路径。

(一)“反公地困局”的内涵

传统产权理论强调财产的私有化有助于实现资源的最佳利用。在传统的经济模式中，通常是以产权私有化来创造财富。比如，发明一种产品就可以申请专利，创作一首歌曲即能够得到版权，把整片的土地先划块再修建房屋就能实现出售的目的。但经济演化到了当代，财富的创造却往往需要对多个持有人所分别掌握的产权要素进行有效的整合。从制药到电信，从软件到半导体，几乎所有高科技产品都需要整合大批专利。

“反公地”(anti-commons)概念由美国法学家迈克尔·赫勒(2009)提出，用以指代与“公地”(commons)相对的另一种产权状态。哈丁(Hadin)提出的“公地悲剧”是指太多人都可以使用同一种资源时，该资源很容易被过度使用，因此，或通过创造私有产权，或当集体可明确界定，且集体内部存在制约时可以通过建立共有产权来解决资源过度使用的问题。但是赫勒指出，公有财产的对立面并非一般的私人财产，而是“反公地”(即反公有财产)。反公有财产本质上也是私人财产，但它被界定为那些因为私人所有权过于零散和支离破碎而影响到其更有价值的用途无法实现的私人财产。“反公地资源”所带来的困局与“公地悲剧”正好相反：如果一种资源有太多的所有者，但该资源却必须整体利用才最有效率时，因各个所有者都可限制他人使用，所以一旦合作难以达成时，该资源就会无法整合而被浪费。

就城市更新而言，“钉子户”引发的“反公地困局”已成为世界性的难题，这是因为各类房屋与基础设施的建设需要对不同主体分散持有的产权进行整体设计与统一开发，因此整合的难度较大。例如，一块土地有数十位乃至上百位业主，个别人就可以为了最大化自身的利益去当“钉子户”，结果是资源整体开发与社会财富最大化难以实现。因此，除公有资源、一般私有资源外，还有反公有资源(图4-2)。它表明，仅有明晰产权与普通市场还不够，当所有权本身和/或政府管制过分零散或破碎化时，就很容易导致资源利用的困局。

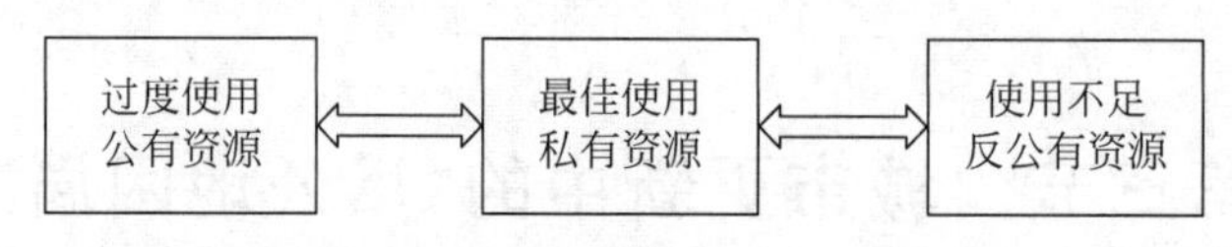

图 4-2 公有、私有与反公有资源

来源：栾晓帆、陶然，2019. 超越"反公地困局"——城市更新中的机制设计与规划应对[J]. 城市规划，43(10)：37-42

与多人使用、过度利用的"公有资源"相反，"反公有资源"很容易带来所谓的"集体性排斥"，也就是数量有限的所有者互相设置障碍，最终导致该资源无法得到有效利用的问题。在这种情况下，政府可考虑收回零散的权利或创造混合型的产权制度，降低人们整合各自所有权的成本。不论是过度利用还是集体性排斥，都可以考虑市场为基础的协作性管制办法来解决问题。比如，关系密切的多个所有者可以组织起来一起去克服"反公地困局"，但现实中关系密切且可以合作这个条件往往很难满足，因此政府就可以介入产权重组以消除协作的障碍(图 4-3)(栾晓帆，陶然，2019)。

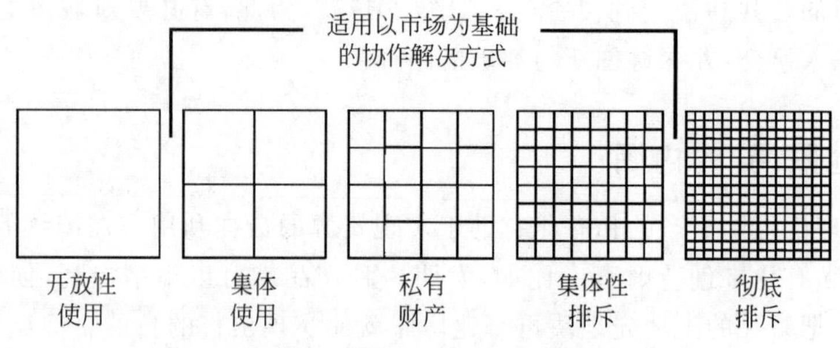

图 4-3 现有产权的完整范畴

来源：栾晓帆，陶然，2019. 超越"反公地困局"——城市更新中的机制设计与规划应对[J]. 城市规划，43(10)：37-42

(二) 城市更新中的两类典型"反公地困局"

目前的城市更新中存在两种典型的"反公地困局"：一是"钉子户"引发的"反公地困局"；二是政府多部门审批造成的多机构管制类"反公地困局"。

1. "钉子户"引发的"反公地困局"

"钉子户同盟"是城市开发中的一种"反公地现象"。所谓"钉子户"，是指民事主体在某块土地上实际居住或使用时，被政府或商业机构"要约"去变更土地的用益关系，但本方拒不接受要约方的单方定价并因此拒绝交易(陶然，2019)。这种抵抗本身不直接产生利益，而只会增加交易要约人的机会成本，因此"钉子户"实际获得的是一种"预期收益"，即希望在对方的代价折算体系下获得交易方的更高对价。特别是中国的《物权法》和新《城市土地拆迁条例》实施后，更多的被拆迁群体加入了"钉子户"行列。

与公共资源因缺乏明确权属被无约束的掠夺与浪费的"公地悲剧"不同，"反公地现象"是某些资源需要各分散的所有者去整合、协调开发以提高使用效率，但部分所有者为了"最大化实现自身利益"限制群体的相互协调，阻碍资源的利用(朱介鸣，罗赤，2008)。这种现象实际上是少数人为了追求个人利益阻碍了多数人的利益实现，即愿意接受补偿协议的多数主体因少数“钉子户”阻碍整体开发行为而利益受损。但由于这种损害是间接的，且过高的要价也是针对作为外来者的开发商或政府，所以即使多数人愿意配合拆迁并及早兑现收益，却很难动员起有效的社会压力，甚至还会有人借机“搭便车”以提高自身的要价。即使“钉子户”并不存在对其他人的强制行为，甚至还算某种程度的正常市场化行为，但在土地需整体性开发才能实现财富最大化的情况下，改造却因个别交易成本过高而难以完成（栾晓帆，陶然，2019）。

以城中村改造为例，一般可以分为相对独立但相互交织的两个博弈：首先是村集体与政府、开发商三方之间就规划条件与开发利益分配所进行的外部博弈；其次是村集体与普通村民之间就拆迁补偿所获利益进行分配的内部博弈。后一个博弈经常会产生因土地、房屋权利分散而导致的“钉子户”，带来所谓的“漫天要价类反公地困局”；前一个博弈则往往会带来因政府的规划审批权分散而导致的“多机构管制”，带来所谓的“九龙治水类反公地困局”。

2. 多机构管制带来的“反公地困局”

这一类“反公地困局”来自于政府的规划制定权与批准权的过度分散化与分层化。从最初有开发设想到最终破土动工之间，开发主体都不可避免地通过多个管制机构与多级别政府的审批。开发主体与多机构、多层级政府之间的博弈结果往往是审批过程过于漫长，甚至可能出现开发主体被拖到破产的情况。由于法律法规的障碍太多，各机构相互推卸责任，结果是过多的互补性管制增加了建设成本，太多互不协调的规章安排减少了土地的供给，也抬高了房价。

多机构管制首先是“横向多机构管制”，即同一级政府要求开发商去多个部门征求批准。此外，还有所谓的“纵向多机构管制”，即开发商要拿到许可证还必须获得从上到下多级政府的批准，而不仅仅是同一政府级别上的多个部门。这些不同级别政府的法规之间有可能彼此冲突，结果是符合各级政府规定的成本非常之高。

在中国的城市更新与城中村改造中，“多机构管制困局”有着非常明显的表现。例如，广州的城中村改造涉及多个阶段，需要相关主体进行多次表决，多个政府机构予以多次评审，导致城中村改造的流程非常漫长，时间与财务成本大幅上扬。根据广州市城市更新局发布的《广州市旧村庄全面改造更新项目报批程序流程图（试行）》，广州城中村的全面改造报批程序主要分为五个阶段，分别是计划申报阶段、实施方案编制阶段、实施方案审核审定阶段、实施方案批复阶段以及实施方案批后实施阶段（图 4-4）。方案批复前，共有 5 次需要上升至市级审批环节，分别是：①纳入年度计划；②片区策划；③控规调整；④实施方案成果稿；⑤实施方案批复稿。审批流程反复、烦琐，大幅提升了改造成本。另外，从改造流程启动到实施拆迁，需要经历 4 次村民表决，分别是：改造意愿表决、改造方案表决、改造方案批复后的表决与个人拆迁赔偿方案的表决。多次、冗长的表决流程造成了改造推进困难，成为“马拉松”项目。

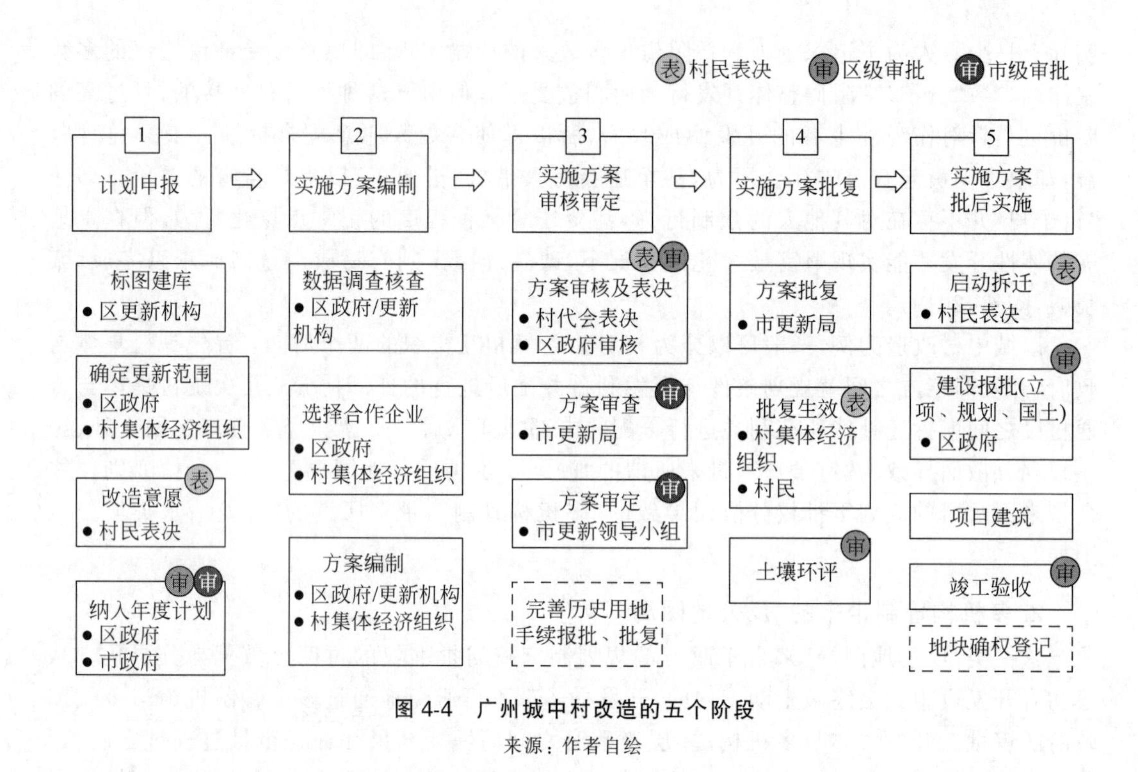

图 4-4 广州城中村改造的五个阶段

来源：作者自绘

第四节 城市更新中的利益博弈

(一) 城市更新中的利益博弈焦点

当前，我国正处在国土空间规划体系重构的关键时期，城市更新作为国土空间规划“五级三类”体系中的重要专项规划，其工作重心也必将从“增量空间资源的科学分配”转向“存量利益的合理协商配置”。由于存量空间上板结了错综复杂的产权与利益关系，政府、市场、产权业主等不同利益主体的更新诉求差异导致了利益博弈的多元化。同时，城市更新利益博弈焦点也伴随着城市更新理念的阶段演进而不断发生变化，因此需要从不同视角进行研究解读。从既有研究来看，可以将城市更新利益博弈焦点归纳为经济、社会、文化、环境四个视角。

1. 经济视角下的利益博弈焦点

经济视角下的利益博弈聚焦在更新成本由谁承担、更新收益归谁所有两大方面。从更新成本来看，城市更新中的改造成本主要包括前期成本、拆迁成本、搬迁补偿与临时安置成本、综合建安成本(含配套)、土地出让金和其他成本。关于改造成本的具体测算，很多地方政府都出台了相应的指导文件，例如广州出台的《广州市“城中村”改造成本核算指引(试行)》，明确了旧村庄全面改造成本的定量计算方式，政府与开发商都必须按照此标准计算改造成本。总体来说，前期成本、综合建安成本、搬迁补偿与临时安置成本等由于政策已经将成本测算量化成固定值，博弈空间较为有限（林美君，2019）。真正影响最大的是拆迁成本和补缴土地出让金，前者是开发商与原产权人的博弈，后者是政府与开发商的博弈。拆迁阶段会产生难以控制、高昂的交易成本，补缴土地出让金也会随着地价房价的改变而变化。因此，拆迁成本、土地出让金成为更新成本利益博弈的核心焦点。从更新收益来看，它一方面来自土地与建筑的初始价值；另一方面来自存量土地通过用途变更、强度提升等方式形成的土地增值收益（田莉等，2020）（图 4-5），主要表现为复建总量[1]以及安置量[2]、融资量[3]的比例分配。初始价值认定、增值收益分配成为更新收益博弈的两大核心焦点，政府、原业主和开发商构成了土地溢价捕获主体，由于三者在更新过程中的具体利益分配方式缺少明确且统一的制度性指引，导致土地增值收益分配成为城市更新中利益博弈最难以协调统筹的部分。

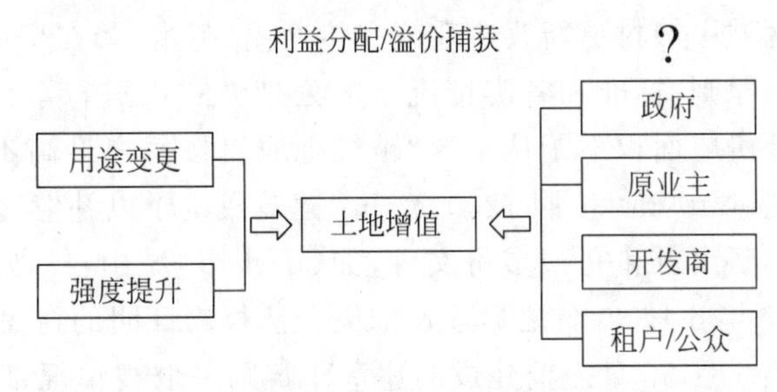

图 4-5 现行城市更新模式下土地增值收益分配逻辑

来源：田莉，陶然，梁印龙，2020. 城市更新困局下的实施模式转型：基于空间治理的视角[J]. 城市规划学刊，257(3)：10-16

将前文提到的更新成本、更新收益项放到城市更新的不同阶段中，形成更新前、拆迁补偿、复建三大阶段的成本-收益表（表 4-1）。从中可以看出，在更新前阶段，博弈焦点主要在于土地建筑初始价值的认定与归属、更新改造权归属，其中，土地建筑初始价值的认定很大程度上决定了拆迁成本；在拆补补偿阶段，利益博弈则围绕拆迁成本以及复建总量、安置量、融资量分配展开；在复建阶段，补缴土地出让金成为此阶段利益博弈的核心。下文将针对各阶段主要的利益博弈焦点展开论述。

表 4-1 城市更新不同阶段主要成本-收益栏目表

项目	更新前阶段	拆迁补偿阶段	复建阶段
成本	前期费用（宣传策划、建筑测绘、方案设计等）	拆迁成本*	综合建安成本（含配套建设成本）
		搬迁补偿与临时安置	补缴土地出让金*
收益	土地建筑初始价值认定*	复建总量*、安置量*、融资量*（复建总量＝安置量＋融资量）	
	更新改造权*		

注：标有“*”的为博弈的核心项。

来源：作者整理

① 复建总量是指政府与开发商商定的能用于安置和开发的建筑总面积，复建总量＝安置量＋融资量。

② 安置量是指用于安置被拆迁户的住房建筑总面积。

③ 融资量是指能用于商品房开发等盈利性建设的建筑总面积。

1）第一阶段：更新前

更新前最重要的博弈焦点是土地与建筑初始价值的认定与归属。初始价值主要包括存量土地因所处区位而具有的土地价值以及土地上既有建筑的价值，利益博弈主体主要涉及政府和产权人。根据《物权法》规定，土地初始价值、存量建筑物业价值分别归土地和建筑的产权人所有。但在实际更新中，存量建筑中可能存在违章建设部分，按照法律法规，违章建筑应当予以拆除，甚至还应追究产权人违法违规的责任。而在城中村改造中，由于历史上的原因及集体土地长期以来管理的松散，城中村内部往往存在着大量的违章建筑，群体性违章问题的处理并不是简单套用法律条文就能解决的。当前，针对城中村内部违法违规建筑的处理因地而异，各地的标准和做法差异较大。例如，珠海市香洲区针对城中村改造专门出台了《香洲区城中旧村更新改造政策宣传通稿（范本）》，在房屋面积认定篇中针对房屋面积认定的依据、原则、标准和各类情况下的处理方式都进行了详细规定（专栏 4-1），明确提出了“五层以上房屋面积不予认定”，“被征地农民按每户最高不超过 $400m^2$ 的标准给予房屋面积认定，超过 $400m^2$ 按照 1200 元/m^2 建筑成本予以补偿”，“地下室面积不予认定”等规定。广州也不断出台和完善多份文件，如《广州市“城中村”改造成本核算指引（试行）》中明确提出“2007 年 6 月 30 日之后建设的无合法权属证明的村民住宅一律拆除，不予补偿”，但对于 2007 年 6 月 30 日之前建成的违章建筑则采取视情况部分认定的方式，并以此为依据核定村民住宅复建总量以及集体经济组织物业复建总量（林美君，2019）。尽管政府出台了统一的政策标准，但在实际改造中由于违章建筑情况各异且村民人数众多，交易成本巨大难以达成一致的意见，已经成为制约城中村改造顺利推进的重要障碍。违章建筑的认定及其价值归属也成为城中村改造中最棘手的利益博弈焦点（图 4-6）。

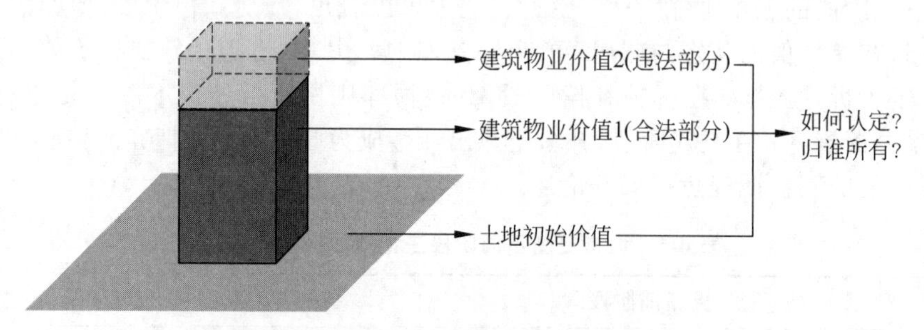

图 4-6 更新前阶段初始价值利益博弈焦点

来源：作者自绘

专栏 4-1：珠海市香洲区城中旧村改造——房屋面积认定篇

一、房屋面积认定原则：①五层以上房屋面积不予认定。②历史房屋面积不单列。历史房屋又称祖屋，与权益人在旧村场内的其他房屋面积合并计算，含历史房屋面积在内，给予最高不超过身份标准的面积认定。③含历史房屋在内的产权登记房屋面积超过身份标准的，按产权登记房屋面积予以认定。

二、房屋面积认定标准：①被征地农民按每户最高不超过 $400m^2$ 的标准给予房屋面积认定。②享受过福利性住房政策的被征地农民、非被征地农民、世居居民、侨民、渔民、蚝民按最高不超过 $240m^2$ 的标准给予房屋面积认定。③其他权益人按房屋产权登记面积给予房屋面积认定。

三、地下室的面积认定问题：不予房屋面积认定。

(……其他内容略)

来源：珠海市住房和城市更新局《香洲区城中旧村更新改造政策宣传通稿(范本)》

其次,更新改造权的归属是博弈的焦点所在。更新改造权某种程度上意味着通过更新改造获得收益的权利,属于制度性博弈的范畴。我国早期城市更新多由政府主导,原土地使用权人、开发商没有更新改造的权利,无法参与到土地增值收益的分配中,某种程度上导致了更新的缓慢与低效(叶林,2013)。随着城市更新改造的需求越来越旺盛,加上拆迁补偿的难度、政府财政负担越来越大,政府主导的更新模式难以为继。以 2008 年广东省与国土资源部共同推动的“三旧”改造为标志,突破了只能由政府主导土地再开发的局限性,改变了传统由政府直接拆迁并以“招拍挂”模式垄断土地一级市场的更新模式,其政策核心是政府与原土地使用权人分享土地再开发权,土地增值收益也由土地原业主、开发商与政府共享(田莉等,2020；何子张,李晓刚,2013)。这种模式在一定程度上调动了包括土地业主(村集体、村民、旧厂业主、居民等)与房地产商在内的各个社会群体的积极性,推动了原本停滞的城中村改造与城市更新。深圳市在《城市更新办法》中明确提出了“鼓励权利人自行开发”的规定,向一部分“土地使用权主体”开放了“项目改造权”,同时也要求规划许可管理覆盖更广泛的主体和更全面的开发活动(单皓,2013)。可见,更新改造权的放权有助于激发市场和产权业主自主更新的积极性。

2) 第二阶段：拆迁补偿

拆迁补偿在实际操作中是一个极其复杂、耗时耗力的过程,涉及补偿标准博弈—谈判签约—搬迁补偿与临时安置—拆除—平整等多个过程,包含政府、开发商、产权人三大主体,其中产权人往往数量众多,且博弈焦点较多,不仅包括对既有建筑的拆迁补偿,开发建设中复建总量、安置量、融资量的比例分配博弈,也包括推进城市更新过程中产生的高额交易成本的问题(图 4-7)。

(1) 拆迁补偿标准

首先,随着城镇化的不断推进,城市更新拆迁补偿的标准也一路水涨船高。在计划经济时代,旧城改造由政府主导拆迁补偿和投资建设,由于不允许开发商进入旧城改造,政府普遍按照政策标准以相对较低的标准对原产权人进行拆迁补偿；1998 年住房商品化改革后,形成了以房地产开发为导向的城市更新模式,开发商开始积极参与到城市更新中来,与政府主导时期相比,拆迁标准显著提高；2003 年物权法出台后,私人产权受到法律保护,明确规定“征收单位、个人的房屋及其他不动产,应当依法给予拆迁补偿,维护被征收人的合法权益；征收个人住宅的,还应当保障被征收人的居住条件”。此外,政府也细化各地的拆

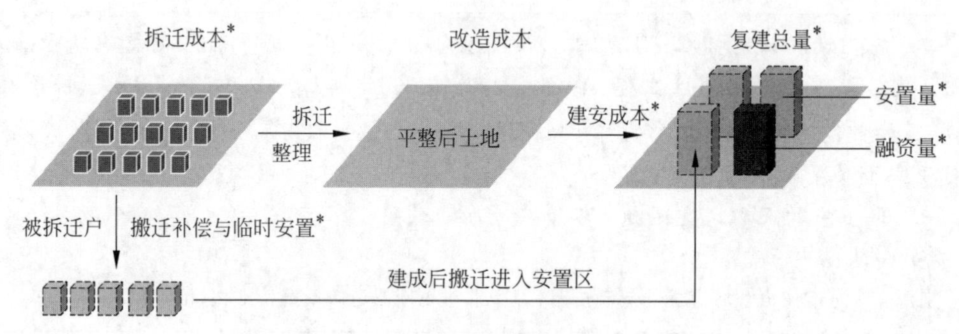

图 4-7 拆迁补偿阶段利益博弈焦点

来源：作者自绘

迁政策法规，增加补偿内容或提高补偿价格等。

自此，城市拆迁难度加大，补偿标准日益提高。传统由政府主导拆迁补偿的更新中，政府只能按照现有政策规定，对合法拆迁面积进行补偿，政策执行较为刚性。一旦遭遇“钉子户”，政府缺少相对灵活的措施，很容易使更新陷入僵局。在 2009 年以“放权让利”为特点的“三旧改造”政策下，为减少行政成本，政府往往交由房地产开发商去直接跟村民/村集体进行谈判。开发商在拆迁谈判过程中有更大的灵活性，对部分“钉子户”进行“暗补”，甚至对村干部进行某种程度的利益输送以便加速拆迁进程。也正是由于开发商的全面介入，导致了拆迁补偿一路水涨船高，“一夜暴富”“拆迁拆迁、一步登天”“拆出亿万富翁”等现象层出不穷。

其次，拆迁标准包括了拆建比、未认定面积补偿标准（专栏 4-2）、搬迁补偿与临时安置标准（专栏 4-3）等，其中，拆建比成为博弈最激烈的核心焦点，因为拆建比直接决定了更新后被拆迁人能获得的房屋安置量，也间接决定了开发商能用于建设商品房盈利的融资量。拆建比的确定需要紧密结合地方更新改造特征，当前主要采取政府牵头、多方来回多轮谈判协商的方式。具体比例各地不尽相同，如珠海市按房屋认定面积的 1.1 倍计算补偿建筑面积（专栏 4-2），广州市部分地区则按照 1.2 倍进行补偿。

专栏 4-2：珠海市香洲区城中旧村改造——拆建补偿标准

（1）补偿标准：按房屋认定面积的 1.1 倍计算补偿建筑面积。

（2）补差政策：被征地农民户分户前的房屋认定面积不足 $400m^2$ 的可以享受补差政策，不足 $400m^2$ 的差额部分按照 1∶1 计算应补偿建筑面积，但该被征地农民户应向属地政府支付该部分面积的建筑成本。

（3）未认定面积处理：权益人的未认定面积按 1200 元/m^2 的标准给予建筑成本补偿。

（……其他内容略）

来源：同专栏 4-1

专栏 4-3：珠海市香洲区城中旧村改造——搬迁补偿与临时安置标准

城市更新中在安置房尚未建成前，需要为拆迁户提供临时安置的服务，其中包括装修费补偿、搬迁费补偿、临时安置补偿费等。

1. 装修费补偿

回还物业按毛坯交付的，指定房层产权调换或房屋产权调换与货币补偿相结合方式的权益人享有认定面积扣除货币补偿面积后部分面积的装修补偿，补偿标准为 1000 元/m^2。装修补偿计算公式：(认定面积－货币补偿面积)×1000 元/m^2。回迁物业按精装交付的，权益人不再重复享受本项补偿。交楼标准以批复的更新单元规划为准。

2. 搬迁费补偿

被拆迁房屋搬迁费指权益人搬出、搬入所产生的全部费用，包括但不限于搬迁家私物品以及迁改电话、有线电视、网络、水电等费用，并按以下标准核算：①搬出费＝认定面积×15 元/(m^2·次)；②搬入费＝(认定面积－选择货币补偿面积)×15 元/(m^2·次)；③搬迁费以房屋面积认定表中的原户为单位支付，如一户的搬迁费不足 1000 元的，按 1000 元支付。

3. 临时安置补偿费

指定房屋产权调换或房屋产权调换与货币补偿相结合方式的权益人在安置过渡期内享有临时安置补偿，补偿标准以申报主体委托具有资质的评估单位出具的评估结果为准，补偿对象为认定面积扣除货币补偿面积后的面积，补偿期限自《附生效条件的房屋拆迁补偿安置协议》生效之日起至安置房竣工验收后实施主体发布安置公告之日后 30 日止。临时安置补偿计算公式：(认定面积－货币补偿面积)×临时安置补偿评估结果。实施主体按每三个月支付一次的方式向权益人发放临时安置补偿费。

来源：同专栏 4-1

(2) 复建总量、安置量、融资量

复建总量是政府综合确定的能用于安置和开发的建筑总量，包括代表原产权人利益的安置量和代表开发商利益的融资量。复建总量、安置量、融资量分别代表了政府、原产权人(被拆迁人)、开发商的利益，具体如下。

① 原产权人：争取最大的安置量。安置量包括住宅安置量和物业安置量。安置量的大小直接决定了产权人能够获得的住宅补偿量和经营性的物业补偿量。简单而言，安置量越大，原产权人获利最大。

② 开发商：做大融资量，减少安置量。开发商主要通过经营或出售融资地块上住宅建筑、商业建筑、办公建筑等融资建筑来平衡改造成本，获得投资回报收益，开发的利润取决于融资量。融资量越大，拆迁补偿量越小，开发商的利润越大。

③ 政府：需将复建总量控制在合理范围内。在一定的土地面积上，复建总量越大，代表容积率越高，过高的容积率不仅大幅增加后期公服、交通市政设施的配套压力，也会对城市景观和空间环境品质产生不良影响，影响居住舒适度。因此，政府希望控制复建总量，将

容积率控制在合理范围内。

复建总量、安置量、融资量三者的确定需要进行动态调整,当复建总量确定后,安置量与融资量之间是此消彼长的关系,政府为了保证更新过程能顺利推进,需要对双方进行必要的动态调整。

3）第三阶段：复建

复建阶段更新利益博弈主要包括综合建安成本(含配套建设成本)和补缴土地出让金。由于综合建安成本的测算往往具有较为明确的标准,如《广州市"城中村"改造成本核算指引(试行)》(表4-2),针对不同高度的住宅、市政基础设施建设都提出了非常细致的测算标准,利益博弈空间非常有限。但在补缴土地出让金方面,开发商和政府之间存在着激烈的利益博弈。那么,哪些因素将会影响利益分配呢?

首先,根据以下计算公式1和公式2:

公式1：土地出让金＝楼面地价×建筑面积

公式2：房价＝(楼面地价＋综合建安成本)×(1＋开发商利润率)

可进一步细化得出土地出让金计算公式3:

公式3：土地出让金＝[房价/(1＋开发商利润率)－综合建安成本]×建筑面积

进一步换算得到开发商利润率计算公式4:

公式4：开发商利润率＝房价/(土地出让金/建筑面积＋综合建安成本)－1

从公式3可以看出,在综合建安成本、建筑面积数值一定的情况下,理论上,土地出让金与房价成正比,与开发商利润率成反比。也就是说,站在政府维度,房价越高、开发商利润率越低,土地出让金越高。而站在开发商维度,要保证其较高的利润率,就必须提高房价或降低补缴的土地出让金。但房价不可能无限制提高,政府在"房住不炒"的宏观调控要求下,需要进行一定的限价调控,这样一来,土地出让金与开发商利润率之间构成显著的反比关系,这也正是开发商与政府在土地出让金上博弈激烈的主要原因。在现行开发商主导拆迁建设的更新模式下,开发商常常以拆迁成本过高,财务无法平衡导致更新难以推进为理由,要求政府提高容积率或让渡土地出让金。政府在面对开发商要求时,为了保证更新改造能够快速推动,一旦答应其要求,无论是提高容积率,还是减少土地出让金,最终受损的都是公共利益。调研中发现,珠三角一些城市开始限定开发商在城市更新项目中的利润率上限为25%,遏制开发商过度追求高利润率的势头,保障城市更新的健康有序推进。

表4-2 广州市"城中村"改造综合建安成本测算标准

分类型成本估算	价格	单位	备注
6层及6层以下多层住宅(不带地下室和电梯)	2257	元/m^2	仍按穗旧改〔2010〕9号的相关现定执行
7层及7层以上100m以内多层住宅(带地下室和电梯)	2831	元/m^2	
120m以内高层住宅(带地下室和电梯,一般框剪(筒)结构)	2918	元/m^2	
160m以内高层住宅(带地下室和电梯,一般框剪(筒)结构)	3724	元/m^2	
非住宅类独立用地商场(带地下室和电梯配中央空调)	3170	元/m^2	
非住宅类独立用地多层办公楼(带地下室和电梯)	2814	元/m^2	
非住宅类独立用地高层办公楼(带地下室和电梯配中央空调)	3876	元/m^2	

续表

分类型成本估算	价格	单位	备　注
市政基础设施建设	根据改造范围周边市政工程情况，可选择按实际工程量计算或 6 亿元/km^2 计算		

来源：《广州市“城中村”改造成本核算指引（试行）》2012 年版

2. 社会视角下的利益博弈焦点

快速工业化、城市化与社会和谐之间的失衡，是中国当前城市可持续发展的“短板”，其中尤以城市更新中的社会问题为甚。城市更新中的社会冲突成为城市社会矛盾积累、激化的最直接的体现，其矛盾的核心便是更新中的“社会公正缺失”（张京祥，胡毅，2012）。因此，基于社会公平正义来批判和反思中国的城市更新实践，探求城市更新的正确价值取向，对城市社会系统可持续发展综合目标的实现与和谐社会的建设具有非常重要的意义。当前，社会视角下的利益博弈焦点主要关注如何维护城市更新中的公平正义，包括涨价归公还是归私，如何在更新中保障公共利益，如何维护空间正义，保护城市低收入群体、弱势群体在城市更新中的基本权益等方面。

1）增值收益归公归私的博弈

关于城市更新中土地增值收益分配方式，既有研究可以总结为“涨价归公”“涨价归私”“公私兼顾”三种主流观点（程雪阳，2014；许宏福，何冬华，2018）。“涨价归公”观点主张土地增值收益基本归国家所有，认为土地开发由国家控制，更新中的土地增值收益源自政府通过规划权确定的土地性质改变和开发强度提升，因此土地发展增值收益也应由国家占有；“涨价归私”观点主张全部土地自然增值归原土地所有者所有，认为土地发展权是一种相对独立的物权，但这种物权是从土地所有权中分离出来的，是土地所有权人或土地使用权人改变土地现有用途或者提高土地利用程度的权利；“公私兼顾”观点主张在充分补偿失地者之后将其剩余部分收归中央政府所有，增值利益应大部分归公，同时兼顾政府、土地使用者的利益，但在实际利益分配中，界定多少比例的土地增值返还给政府所有则是极为复杂且具有争议性的，同时也是城市更新治理的难点与焦点（许宏福，何冬华，2018）。

2）公共利益与私人利益的博弈

在城市更新语境下，建设用地的土地增值收益有别于农地，城市建设用地的价值在“土地经济价值”的基础上增加了“社会公益价值”，即体现在公益性用地、公共空间和公服设施的充分供给上（袁奇峰等，2015）。因此，城市更新中的土地增值收益分配需要兼顾经济性与公共性。但在公共性方面，我国尚未形成“土地增值收益还原公共财政”的机制和途径，一定程度上制约着城市更新的有效实施与空间资源的再优化配置（许宏福，何冬华，2018）。具体来说，政府作为城市更新中公共利益的代表，主要通过收取土地出让金补充公共财政的方式来争取公共利益；而开发商和产权人则在更新中极力争取私人利益最大化。在实际过程中，一旦城市更新陷入僵局，政府往往采取让利开发商、让利产权人的方式来推动城市更新，尤其是各地城中村改造中，有的村民一夜之间获得几百上千万元甚至上亿元的拆迁补偿资产，导致公共利益遭到私人利益的侵蚀。

3）城市更新中空间正义的博弈

20世纪60年代，西方国家出现了严重的城市危机，核心表现为空间剥夺、空间隔离和贫民窟等城市空间非正义现象。此后，以大卫·哈维为代表的诸多学者对"空间正义"进行了一系列研究。在我国，曹现强等(2012)认为"空间正义"要求具有社会价值的资源和机会在空间上的分配是公正的，应避免对贫困阶层的空间剥夺和弱势群体的空间边缘化，保障公民和群体平等参与有关空间生产和分配的机会(曹现强，张福磊，2012)。张京祥等(2012)则认为所谓空间正义应该是寻求不同利益主体之间博弈的平衡和不同价值取向之间选择的平衡。

当前，我国城市更新中仍存在着空间话语权不对等、空间剥夺、空间隔离等诸多"空间非正义现象"：例如城市更新更多是在权力和资本主导下进行的，市民社会力量较弱，难以对权力和资本形成有效的制约，话语权不对等造成市民权利的非正义表达(张京祥，胡毅，2012)；当前中国大城市如火如荼进行的城市更新项目带来了大规模的阶级更替，也即"绅士化现象"，对城市低收入阶层造成了一系列负面影响。旧城居民获得的拆迁补偿远不足以支撑其在原区位生活定居下来，数以万计的低收入家庭被迫撤离迁往郊区甚至远郊区，从而形成郊区的贫困人口聚集区，加剧社会空间隔离(何深静，刘玉亭，2010)。一直以来城中村为城市中仅有的外来流动人口可承担的低成本居住空间，伴随着近些年来针对城中村的拆除重建式更新，外来流动人口只能被"越赶越远"，其基本居住权益长期得不到保障，表现为显著的"居住空间非正义"。

因此，城市更新中的空间正义要求平衡市民、政府和市场的博弈关系，实现三者的话语权均衡，成为城市更新中空间正义的关键所在(张京祥，胡毅，2012)。旧城居民、外来流动人口、城市低收入群体的权益仍未得到制度上的保障，政府仍需从住房、就业、福利等多方面着手对现行的社会再分配制度进行综合考量，并加强立法、管理和监督制度建设(何深静，刘玉亭，2010)。

3. 文化视角下的利益博弈焦点

城市更新中文化视角下的利益博弈焦点本质上是历史文化空间的保护与发展问题。从西方国家城市更新发展历程来看，最大的变革在于从推土机运动到文化再生理念的转变。尤其是自20世纪70年代末期以来，以文化再生和城市复兴为目标的城市更新开始成为主流，并逐渐进入到广义文化再生的更新阶段(徐琴，2009)。对于我国而言，随着城市发展对历史人文要素的逐渐重视，人们开始反思以往推倒重建式更新导致的传统社区解体、文化多样性丧失、城市"文化荒漠"等现象(蒯大申，2008)，文化传承和文化再生的价值在理念上逐步被确认，中国的城市更新正处于从单纯的物质改造向深层次的文化营造过渡的阶段。

在以往的城市更新中，历史文化要素的更新常常面临严峻挑战，突出表现为传统历史文化空间保护与拆除重建式更新模式之间的矛盾。究其本质，是文化类空间的保护发展要求与开发商经济导向下更新模式的矛盾。前者一方面需要对历史文化载体本身付出较高的保护成本；另一方面为了保护整体风貌，要求对周边地区提出开发强度、建筑风貌、景观环境等管控要求，尤其是对建筑密度、容积率等开发强度指标有严格的管控，这就与开发商追求高容积率以获取高利润之间产生激烈的利益冲突。再加上我国当前缺少容积率转移等土地发展权政策工具，历史文化保护与经济高效产出之间的冲突难以调和，导致城市更新中破坏历史文化的现象频繁出现。

近年来，市民文化意识的觉醒也深刻改变了城市更新中文化视角下的博弈格局，以广州恩宁路地区改造最为典型，从2006年的“大迁大拆大建”，转为2011年“开旧城改造先河，保护历史文化优先”，再到2012年被列入历史文化街区保护，“拆迁拉锯战”与“文化保卫战”使恩宁路成了广州的文化地标，恩宁路地区的更新改造也成为国内历史文化地区改造的一个经典案例(详见专栏4-4)。另外，随着文化复兴成为城市提升软实力竞争力的重要战略，小尺度、针灸式的微更新模式开始出现，尤其是城市内部大量传统文化氛围浓厚的老旧小区开始普遍探索微更新模式。以广州老旧小区景泰街片区微改造为例，提出了“菜单式”改造的方法，让社区民众选择改造项目和方式，在保留传统文化要素的同时还重点强化了文化维育与功能活化建设，营造文化特色空间，曾经的老旧社区变得别有风味(专栏4-5)。可见，文化视角将越来越成为城市更新中利益博弈的重要维度。

专栏4-4：广州恩宁路地区改造

恩宁路地区是广州现存最古老、各时期建筑保留最完整的历史文化街区，位处西关文化的核心区，从2006年的“大迁大拆大建”，转为2011年“开旧城改造先河，保护历史文化优先”，再到2012年被列入历史文化街区保护，“拆迁拉锯战”与“文化保卫战”使恩宁路成了广州的文化地标，恩宁路地区的更新改造也成为国内历史文化地区改造的一个经典案例。

恩宁路更新改造规划始于2006年，期间，规划方案反复、多次修改，历时5年，终于在2011年6月方案得以全票通过。恩宁路改造主要经历了4个阶段。第一阶段：在第一版规划中，提出“建筑全拆、居民全部原地回迁”，该规划方案一经提出马上遭到反对，被批评不重视保护历史文物。第二阶段：中心指定规划方案，将部分恩宁路的历史文化建筑纳入保护范围，但只保留文物，对于非文物但具有历史文化价值的建筑仍将拆除。为兼顾经济平衡，提出大量拆除民居建设商业建筑，遭到原住民的激烈反对。第三阶段：提出把恩宁路改造成旅游文化区，将拆除大量民居，没有做到保护历史文化，把恩宁路项目变成商业开发，引起外界质疑，遭到原住民的强烈反对。第四阶段：不追求在改造过程中一定要实现就地资金平衡，由此大大降低了拆迁量，保留的建筑数量大大增加，并提出“凡是具有历史文化价值的建筑一律保留”“原住民可保留房屋产权”的原则，规划方案最终得以通过。

来源：谢涤湘，朱雪梅，2014. 社会冲突、利益博弈与历史街区更新改造——以广州恩宁路为例[J]. 城市发展研究，21(03)：86-92.

专栏 4-5：广州老旧小区景泰街片区微改造

景泰街下辖景泰西社区、景泰北社区、云苑西社区、云苑南社区和大金钟社区等老旧社区，公共基础设施老旧缺失、水浸街、供水系统老化及危房隐患等问题层出不穷，同时，这些社区又是广州最具传统文化氛围的地区，系统整治难度大。

因此，广州市尝试采用了“微更新”的方式来改善整体的人居环境，提出了“菜单式”改造的方法，即制定老旧小区更新改造标准，设置改造的规定项目与自选项目，居民可实行菜单式选择。以小区自治提速老旧小区微改造，强化群众参与，搭建小区民主议事平台，共建共享、共治共管。在重要的沿街道路两侧进行文化小品点缀，增强街道文化气息。通过巧设岭南园林小景的方式，让老社区变得更有味道。另外，还强化了文化维育与功能活化建设，营造文化特色空间。目前已打造了客家小镇、岭南风情街，曾经的老旧社区变得别有风味。依托白云山旅游资源打造文化旅游点，同时向内挖掘柯子岭的柯子林、古泉、百家姓以及客家文化内涵，并大力开发其休憩及美食功能，形成特色鲜明，又与周边景点功能互补的岭南风情小镇。

景泰街微改造意象

来源：https://www.sohu.com/a/11062/179118608

4. 环境视角下的利益博弈焦点

随着我国城镇化进入下半程，要求城市发展从“高速度”向“高质量”转变，提高城市宜居品质成为城市建设的核心议题。而城市更新作为城市宜居品质提升的重要抓手，“宜居社区”“绿色社区”“智慧社区”等概念相继提出，其核心目的是在城市更新中更加强调宜居环境的营造。

城市物质空间环境主要指土地利用性质、公共服务设施配套、开发强度(容积率、建筑密度等)、景观环境等综合形成的空间形象与状态。环境视角下的博弈焦点在于良好的物质空间环境必然提高更新成本，要求完善的设施配套、优美的景观以及不宜过高的容积率，这与开发商追求高容积率开发之间形成强烈的利益冲突。传统开发商主导的城市更新，尤其是大量城中村改造，在与政府、村民的博弈中胜出，最后呈现出“千城一面”“千篇一律”的空间环境特征——高密度、高容积率、高层林立、充满压抑感的“钢筋水泥森林”(图 4-8)。尽管开发商会通过营造优质的居住环境来提高房价，从而提高销售利润，但在整体“房住不炒”的要求下，房价上涨空间有限，开发商普遍倾向于提高容积率增加商品房销售面积的方式来获取利益。更令人担忧的是，过高强度的开发给地区的公共服务设施、交通、市政等城市配套带来巨大压力，政府后期需要投入大量的资源解决由此带来的基础设施问题。

图 4-8　广州猎德村改造前后比较（左图：改造前；右图：改造后）
来源：百度图片

综上所述，经济、社会、文化、环境是当前城市更新利益博弈的四大视角（图 4-9），彼此之间形成相辅相成、相互制约的紧密联系。文化视角、环境视角更多呈现相辅相成的关系；当前阶段经济视角与社会、文化、环境呈现出显著的相互制约关系，开发商普遍倾向于高容积率、推倒重建的更新模式，通过抬高地价、房价来获取利益最大化，但这种模式却有悖于文化视角、环境视角的要求，传统历史人文空间的保护、高品质宜居空间环境的营造，均要求城市更新不能一味推倒重建，更不能一味地进行高强度开发。从本质上来说，经济、社会、文化、环境四大视角是城市更新价值观的多元体现。在城市发展的不同阶段，正是由于不同视角之间的价值观不断博弈，才使得城市更新的理念、导向、模式朝着“经济高效可行、社会公平正义、文化积淀厚重、环境舒适宜居”的方向不断转型演进。

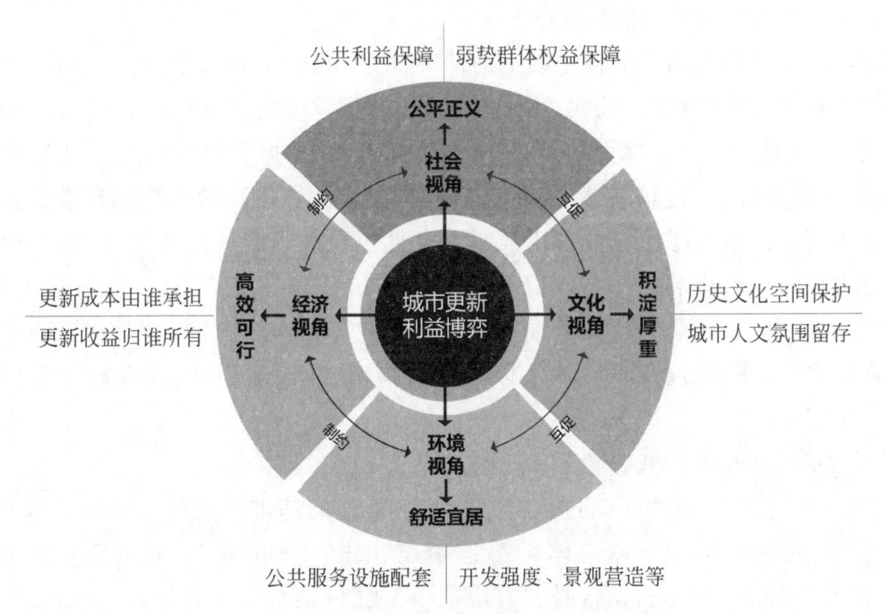

图 4-9　城市更新利益博弈四大视角
来源：作者自绘

(二) 城市更新中的利益博弈类型

在城市更新过程中,作为利益冲突与博弈的三方,政府、开发商、产权人的行为都在利己与利他之间徘徊并寻找平衡点,两两之间的利益博弈呈现出显著的差异,并形成具有不同特征的博弈类型。王春兰(2010)从利益主体之间的冲突合作关系出发,提出围绕城市更新利益而形成的三角冲突与博弈表现为,政府与商业利益群体之间冲突与合作并存,政府与民众之间冲突与依赖并存,开发商与居民之间冲突与不信任并存。任绍斌(2011)从博弈焦点出发,将博弈类型分为规则性博弈、分配性博弈和交易性博弈三大类。

1. 博弈主体间冲突合作关系

1) 政府与开发商:冲突与合作并存

政府与商业利益群体之间是合作基础上的冲突关系,其中政府是主导方。在政府与商业利益群体的博弈中,虽然政府是城市更新的主导方,但其采取的行动策略却大多数是"迎合"多于"对抗"(王春兰,2010)。在改造的资金来源上,政府比较重视利用市场主体的力量,通过土地批租和房地产开发方式来吸引资金,对商业利益群体的迎合策略不仅表现在以上所列出的一些积极行动中,也表现在政府的"不作为",有时表现出不应有的沉默。商业利益群体善于从政府规划文件以及相关优惠政策中发现商机,他们采取的是理性回应策略,唯利是图的本质使得其回避城市更新过程中出现的各种问题与矛盾,如更新改造中"原住居民回迁"问题。在政府的退让中,开发商进行的无序开发是导致中心城区房产开发中建筑高度与容积率方面失控的重要原因。

2) 政府与民众:冲突与依赖并存

政府与民众之间是相互依赖基础上的冲突关系,其中主导方依然是政府。政府存在的合法性依赖于民众的认可,而民众则依赖政府提供各类公共服务以及实现利益诉求。在博弈当中,政府采取的策略大体上是"柔性手段"与"强制手段"并存。"劝说""隐瞒真相"等柔性手段是作为"比较利益人"的政府机构及官员规避政治风险的理性选择。拥有强制力的政府当然也会考虑充分利用强制手段更快地推进旧城改造进程,这是政府清除障碍的有力保障。城市居民在与政府博弈中处于相对弱势地位,其行动策略主要有"顺从""有限拖延""有限抗争"或者"极端抗争"(钉子户)的特点。"顺从"是居民面对政府常采用的策略之一,在城市动迁中,补偿标准变动频繁、补偿不到位、民众利益受损是常见现象。

3) 开发商与产权人:冲突与不信任并存

开发商与产权人之间的互动过程都是在互不信任的基础之上展开的。总体上开发商在这对关系中是主导方,其策略总体而言是"强势出击、随机应变"。面对强势而灵活的开发商,产权人的选择一般是被动接受、"有限抗争"或"极端抗争"(钉子户)策略。但随着近些年来房价暴涨的利益诱导,在当前由开发商主导拆迁建设的城市更新模式中,因拆迁一夜暴富的现象层出不穷，对拆迁户的心理预期产生重大影响，原产权人与开发商之间的冲突越来越明显，采取极端抗争的案例层出不穷，"钉子户"现象越来越普遍，也导致了当前城中村改造难以为继的困境。

2. 规则性博弈、分配性博弈与交易性博弈

在城市更新过程中，政府、开发商和产权人两两之间的利益博弈呈现出显著的差异，可总结为规则性博弈、分配性博弈、交易性博弈三大类(图4-10)。①规则性博弈。政府和开发商之间的利益冲突焦点为规则性冲突，即两者在开发规则和开发条件上的博弈，一方面，政府通过开发条件引导和控制开发商的开发行为；另一方面，开发商为了使利益最大化，不断试图去改变和突破开发规则和开发条件。②分配性博弈。政府与产权人之间的利益冲突聚焦在公共利益分配上面，政府作为公共利益的监管者，需要从全域去考虑公共利益的分配，而产权人从局域利益和个人利益出发，希望尽可能多地分得城市公共利益的蛋糕。③交易性博弈。开发商和产权人之间的冲突纯粹属于交易性的，两者可以按照市场规则进行讨价还价，最终达成交易(任绍斌，2011)。

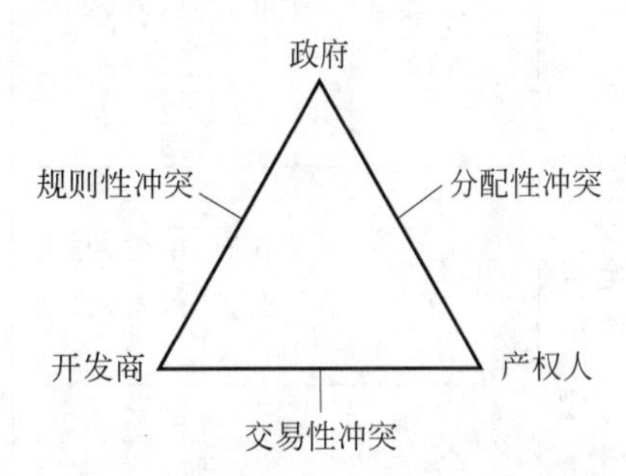

图4-10　城市更新中的利益冲突焦点类型

来源：任绍斌，2011.城市更新中的利益冲突与规划协调[J].现代城市研究(01)：12-16

在不同类型的城市更新中，利益博弈的主体、冲突形式和冲突焦点都存在显著不同。在不同性质的存量土地上，由不同的利益主体形成了差异化的利益结构。如城市公建区域，利益主体主要有政府、单位集体、公众(群体)，较少涉及单个的产权人，其利益冲突并不复杂，冲突焦点表现为分配性冲突；在工厂区，利益主体开始增多，由政府、企业、开发商组成，冲突焦点开始变得复杂，主要表现为规则性冲突；而在住宅区，涉及政府、社区(村集体)、开发商、产权人、公众，尤其是涉及数量众多的个体产权人，导致利益冲突最为复杂，利益冲突的焦点涉及分配性、规则性、交易性三大类(表4-3)。

表4-3　不同类型城市更新的利益主体及利益博弈类型

城市更新的客体类型		利益主体构成	利益冲突形式	利益冲突焦点
公共建筑区	行政(事业)单位	政府、单位集体	单位集体对国有资产的占用	分配性冲突
	公共中心区	政府、公众	公共利益分配中的冲突	
工厂区		政府、企业、开发商	(1) 政府与企业：土地置换的利益平衡、土地出让的利益分配； (2) 政府与开发商：开发条件的博弈； (3) 开发商与企业：交易性冲突	规则性冲突

续表

城市更新的客体类型		利益主体构成	利益冲突形式	利益冲突焦点
住宅区	传统住区	政府、社区、开发商、产权人、公众	(1) 政府与社区、产权人：全域公共利益分配、物业补偿标准； (2) 政府与开发商：开发条件的博弈； (3) 政府与公众：全域公共利益分配； (4) 社区与产权人：局域公共利益分配； (5) 开发商与村社区、产权人：交易性冲突	分配性冲突
	单位住区	政府、单位、开发商、产权人、公众	(1) 政府与开发商、单位：开发条件的博弈； (2) 单位与产权人：局域公共利益分配； (3) 开发商与单位、产权人：交易性冲突	规则性冲突
	城中村	政府、村集体、开发商、产权人、公众	(1) 政府与村集体、产权人：全域公共利益分配、开发条件的博弈、物业补偿标准； (2) 政府与开发商：开发条件的博弈； (3) 政府与公众：全域公共利益分配； (4) 村集体与产权人：局域公共利益分配； (5) 开发商与村集体、产权人：交易性冲突	交易性冲突

来源：任绍斌，2011. 城市更新中的利益冲突与规划协调[J]. 现代城市研究(01)：12-16

(三) 城市更新中的利益博弈失衡场景

在城市更新的发展过程中，经济导向、文化复兴、空间正义、宜居导向等不同价值观不断博弈，由于政治、经济、社会、环境等多方面的原因，无论中西方都不可避免地出现了拆迁补偿失衡、公共利益受损、绅士化、去产业化危机等利益博弈失衡的场景。

1. 拆迁补偿失衡

拆迁补偿失衡包括拆迁补偿标准过低和过高两种情况。补偿失衡源自拆迁补偿标准的模糊，虽然 2001 年的《城市房屋拆迁管理条例》第四条规定“拆迁人应对被拆迁人给予补偿、安置”，2007 年《物权法》的出台也为原产权人的权益提供了法律保障，但由于我国城市拆迁补偿的市场评估机制并未真正建立起来，而现有制度中对拆迁补偿的权利界定又不明确，再加上拆迁过程中缺乏科学合理的拆迁补偿机制与利益平衡协调机制，拆迁双方缺乏平等协商的对话机制和决策参与机制，因而常常导致补偿标准过高或过低的失衡场景(郭玉亮，2011)。

在我国早期的城市更新中，被拆迁人获得的补偿款不能使他们在原地买到同等面积和保持同等生活质量的房屋，甚至无法买到与被拆除房屋相近楼龄的二手房等。面对拆迁方犹如大象般的博弈优势，被拆迁方像蚂蚁一样微不足道。正因为这场博弈是一场不均衡的“蚁象博弈”，所以大量出现的是“象踏蚁亡”局面，如 2009 年底成都的唐福珍自焚事件，2010 年 9 月江西省宜黄县钟如奎家发生的悲剧(郭玉亮，2011)等。与产权人拆迁补偿过低形成鲜明对比的是拆迁补偿的一夜暴富。广州猎德村改造后从“广州天河最穷的城中村”一举成为“广州著名的土豪村”，猎德村民纷纷成为“千万富翁”。由开发商主导的模式极容易导致土地增值收益分配失衡，村民中总会出现一些要价过高的“钉子户”，而其他村民也乐得“钉子户”要高价后自己有机会得到更多补偿。为追求房地产开发利润和补偿标准的最大化，原本互相“敌视”的拆迁者（开发商）和被拆迁者（村民/居民）往往联结成一种潜在的“增长联盟”关系（章征涛，刘勇，2019），为了快速推进改造而过多让利于开发商、拆迁户，“拆迁拆迁，一步登天”的现象层出不穷，拆迁已经成为中国式一夜暴富的代名词。个别“钉子户”以对土地的实际占有向政府漫天要价，导致项目整体改造搁浅，增加了改造的经济成本和社会成本，对改造实施产生不确定性，陷入低效用地无法再开发的“反公地困局”。

2. 个体、集体与公共利益失衡

在当前由开发商主导的城市更新模式中，公共利益受损已经成为常态。由于公共利益主体的模糊性，且缺少相应的监督机制，导致在城市更新过程中代表公共利益的政府在面对开发商和产权人的共同利益博弈时，容易采取牺牲公共利益的方式，达到快速推进城市更新的目的。具体来说，由开发商主导的城市更新模式会带来如下严重的问题：首先，开发商会取得村干部的配合，两者之间形成“低成本快速拆迁联盟”。但村干部的配合行动却又往往造成村干部与村民之间的不信任，这就又增加了村民表决过程中否决方案的概率。其次，由于谈判耗时往往很长，而其间房地产市场形势出现了变化，房价如果高涨，即使村民原来同意了也很容易反悔，而若房价下降，开发商很容易中途退出，本来已谈成的方案因耗时太长而无法实施还会引发更多的矛盾。最后，开发商、村集体、村民形成了隐性的“增长联盟”，由开发商反向施压政府，要求降低土地出让金或者提高容积率，地方政府为了完成一定时间更新改造的目标，往往被迫同意，形成政府被开发商与“钉子户”联合绑架的后果，导致城市公共利益受损（图 4-11）。

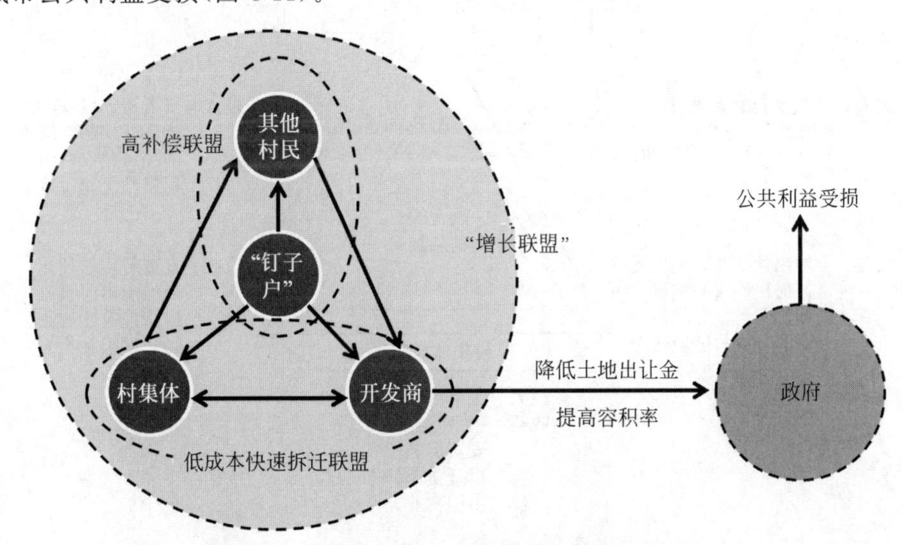

图 4-11　城市更新中公共利益受损的逻辑关系图

来源：作者自绘

通过对深圳2010—2016年城市更新项目进行分析发现，在旧工业区改造项目中，工改商住类型的项目立项数最多，实施率最高；由于工改商与工改工相比，改造后的利益增值空间大，成为市场追捧的改造类型（赖亚妮等，2018）。虽然商住用途为主的房地产开发较易实现地块融资平衡，但高强度开发带来的公共服务设施缺失的代价直接转移至政府和公众。

3. 空间"绅士化"与对外来人口的社会排斥

城市绅士化（gentrification）是20世纪60年代末西方发达国家城市中心区更新中出现的一种社会空间现象，其特征是城市中产阶级以上阶层取代低收入阶级重新由郊区返回内城（城市中心区）。当前中国大城市更新中也出现了大规模的阶级更替的绅士化现象。城市更新中的低收入阶层往往获利不多，反而成为巨大社会成本的承担者。被置换的居民往往无法在原住地及周边地区购买或租赁房屋，因此大部分居民移居到城市边缘区。尽管大部分被迫迁移居民的住房条件得到改善，但他们的生活水平并未因此得到提高，甚至进一步恶化。此外，低收入居民在世代居住的社区所建立起来的社会网络在绅士化过程中遭到不可逆的破坏。这一变化给居民带来的精神上和物质上的打击是不可估量的。令人担忧的是，将大量的低收入、失业居民集体搬迁至郊区将会造成贫困人口的进一步空间积聚，导致"新贫民窟"的形成（何深静，刘玉亭，2010）。

在房地产导向的更新下，市场运作的经济理性和寻租倾向导致改造项目的多重发展目标虚化，缺乏社会维度的考量，租户等社会弱势群体的利益在更新中没有得到关注。如深圳大冲村改造，除了900多户原村民和300多户非原村民原址返回安置，7万多租住人口将被迫搬迁出去。租客等外来人口在城市更新中难以获得政府与开发商的补偿，缺乏利益表达的途径，成为城中村改造利益闭环的局外人，加剧了对外来人口的社会排斥（图4-12）（赵晔琴，2008）。

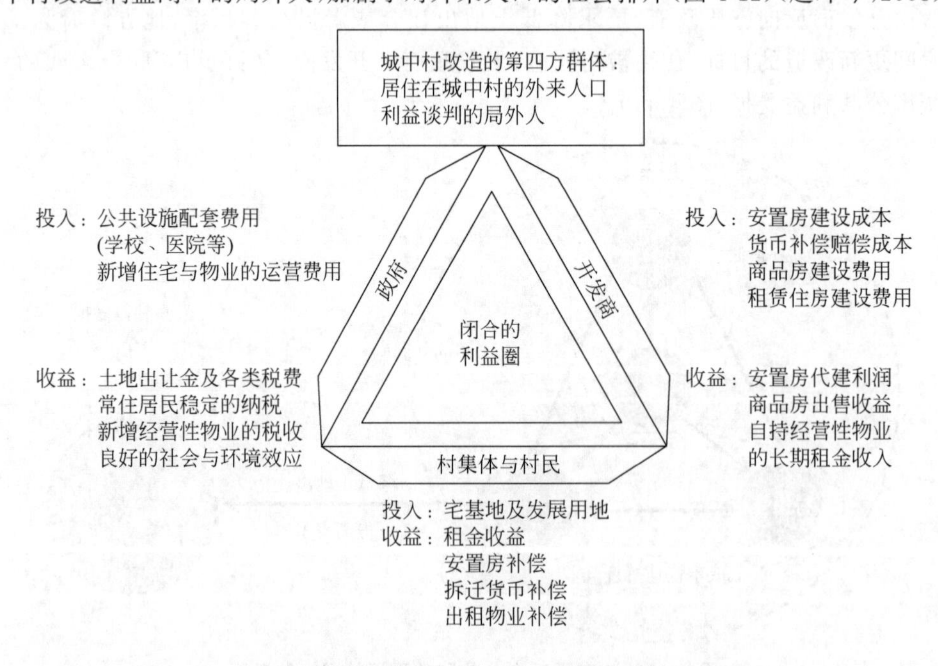

图4-12 城中村改造中治理主体的缺位

来源：田莉，陶然，梁印龙，2020. 城市更新困局下的实施模式转型：基于空间治理的视角[J]. 城市规划学刊，257(3)：10-16

4. 房地产导向引发的去产业化危机

以房地产开发为导向的城乡更新以追逐土地租金差为目标，为实现投融资平衡和改造利润，往往带来高强度大容量的商品住房和经营性用房开发，产业用地难以保留，带来商品房过剩、实体产业空心化的危机，进而导致城市功能失衡，城市税收和就业岗位的流失，居住空间分异、社会网络断裂等问题。梁小薇等(2018)、黄利华和焦政(2018)发现市场力为主导的城市更新中，住房开发的超额利润对城市的其他功能用地产生了挤出效应，导致产业用地锐减。

小　结

本章系统回顾了新中国成立后城市更新的政治、经济、社会发展背景变迁，可以发现，不同阶段的城市更新打上了深深的时代烙印。政府、市场、社会三大主体在城市更新中不仅形成了特定的利益诉求和行为范式，也在不同情境下形成了错综复杂的利益结构关系。时代背景和博弈主体的复杂关系，导致了城市更新利益博弈的复杂性，需要从经济、社会、文化、环境等不同视角进行解读。未来，城市更新的理念、导向、模式将朝着“经济高效可行、社会公平正义、文化积淀厚重、环境舒适宜居”的方向不断转型演进。

思　考　题

1. 城市更新中政府角色经历了哪些转变？受到哪些因素的影响？

2. 在不同的城市更新阶段，经济、社会、文化、环境等视角下的利益博弈焦点是如何演变的？

第五章　我国城市更新的地方实践

城市更新是一个渐进的城市发展模式的转变过程。改革开放以来至20世纪90年代早期，中国城市更新基本以“单位用地”的再开发和危房改造、棚户清理等物质性改造为主。90年代初开启的土地有偿使用制度和住房市场化体制改革，推动了我国城市更新的兴起；至90年代末，城市更新已从消除破旧房屋的社会福利职能过渡到政府主导的城市空间增长工具（He，Wu，2009）。2008年金融危机后，中国的城市更新已不再是单纯的房地产开发导向以追求土地出让金，而是通过土地再开发，政府将非正规开发区域转变为新的生产空间以增加其财政收入，同时引进高附加值的产业以实现城市产业结构转型。城市更新从单纯的物质环境改善导向走向了产业功能替代和城市整体环境提升的综合导向（Wu，2015）。

21世纪以来，在建设用地指标约束和城市产业转型的驱动下，以北上广深为代表的我国一线城市发展模式开始转型，从土地要素投入推动城市经济增长为特征的空间扩张，逐渐转变为社会经济综合转型为特征的内涵型发展。这四个城市的城市更新实践也代表了我国当代城市更新的特征与面临的困境，分析其更新治理模式的差异性与实施成效，可以对我国当代城市更新模式的优化提供经验借鉴。

第一节　北京的城市更新与老旧小区改造

纵观新中国成立以来的城市发展历程，政治经济因素的导向、对城市的定义和理解、对城市规划的认知与实践是几大重要的影响要素。其中，政治经济因素作为根本动因，决定了城市建设和区域发展的指导理念，例如“以人民为中心”“新型城镇化”“可持续发展”等。而对于城市的认知则直接关系到规划的具体实施，目前规划师对于城市的理解已不再是单纯用于经济发展的“生产空间”或用于居民居住的“生活空间”，而是充满创新和活力的和谐宜居家园，所应用的政策工具也从传统的物质层面的蓝图发展到了对空间管控、社会治理的讨论。总体而言，在首都规划成为国家事权的背景下，北京承载了更多的战略定位和城市职能，其城市更新历程既有特殊性又有一定的代表性，对于全面认知我国的城市更新地方实践经验具有一定的参考价值。

(一) 新中国成立以来北京城市更新历程

1. 第一阶段：精华保护和重点建设阶段(1949—1965年)

中华人民共和国成立初期，北京作为首都亟待加强城市建设，调整城市布局，改造城市风貌，此时城市更新与重建的核心在于中央办公设施的布局问题，以及与此相关的旧城保护问题。1950 年梁思成、陈占祥等提出了旧城整体保护主张，包括在北京西郊建立新的行政中心等，即“梁陈方案”。虽然这一建议在当时具有一定困难，但从历史城市保护的长远角度看，具备一定的前瞻性和合理性。整体而言，这一时期城市总体规划采取的观点是以旧城核心作为城市中心进行北京城的改建与扩建，即保护旧城历史文化遗产的精华，如故宫、天坛、颐和园等皇家建筑和园林，而对于其他设施，如城墙、牌楼、街巷、寺庙等则进行拆除。1957 年公布的旧城内市级文保单位仅 17 个，1961 年公布的国家重点文物保护单位在北京旧城内的仅 9 个，内城和外城的各城门均不在保护之列。长安街上的大庆寿寺双塔、皇城东南角的皇家喇嘛庙、永定门城门等珍贵文物都被拆除了。

同时，政府通过保护性利用进行重点地区的改建，强调在保持建筑原真性的前提下赋予其适宜的功能，实现有特色的现代化。例如，在天安门前皇城墙外加建观礼台，在长安街建成林荫道，选择主干道拓宽并在两侧建设重要的高层建筑等，从而塑造社会主义城市的现代化中心区，在实践中体现了首都的窗口典范作用。但由于物质条件等方面的限制，对于旧城居住区和环境恶劣地区仅采取了较为简易的修补措施，致使危房旧房数量增加，人们的居住状况日趋恶化。

2. 第二阶段：分散性破坏与城市运行瘫痪阶段(1966—1979 年)

受“文化大革命”的冲击，北京撤销了规划相关部门，执行“见缝插针”“先生产、后生活”等建设方针，使得城市建设进入低潮时期，引发城市建设无序、城市运行瘫痪、基础设施和生活服务设施短缺等问题。受客观条件和现实环境的制约，对于旧城区的改造仍然缺乏精细化管理，主要表现为拆除、翻建、大修等形式。

3. 第三阶段：建设性破坏与有机更新阶段(1980—2000 年)

这一时期城市更新与重建关注的核心在于功能的重构与物质环境的提升，以及由此可能导致的建设性破坏问题。其中旧城整体格局和风貌主要以两种形式遭到破坏，一种是推倒大片平房区重建为高楼形态的商厦、写字楼和居住区，在区域层面变革社会网络，使旧城的建筑风貌逐渐丧失；另一种是将传统的街巷拓展为宽阔的大马路，从结构上改变原有的古都风格和街区尺度。

在旧城传统风貌衰变，新兴现代城市面貌取而代之的同时，整体保护和有机更新等思想也在北京的规划实践中得到了一定的采纳与运用。20 世纪 80 年代初，吴良镛等提出了“整体保护—类四合院有机更新—近郊新城—多中心格局”的旧城更新设计策略，强调对北京旧城的严格秩序(包括城市骨骼、道路系统、精华地区等)这一突出特征的整体保护，具体内容包括疏解旧城功能和人口，控制商业规模和建筑密度，集中建设传统风貌区，形成“中空外实”的结构与形态，推行“建筑高度分区”，保持旧城“三度空间的有机秩序”，探索“类四合院”型住宅群体(如菊儿胡同)，搞好近郊新城的生活服务设施，建设几个城市副中心等。而有机更新思想则强调了“新建筑”的理念，即旧城居住区要从人、功能、空间形态、建筑形式上与传统形态融合为一体，从而使旧城整体走向一个良性的功能、结构、形态的更新，即

"有机秩序"(吴良镛,1989,1990,1995)。

在实践层面,随着改革开放进程的逐步推进,土地制度的改革和房地产开发的兴起,城市人口剧烈增加,引发了一系列住房供应短缺和生态环境问题。北京市主要推进了危旧房改造、标准化路网体系构建、城市功能提升和整体环境整治等项目。尤其在 1990 年政府全面推行了"开发带危改"政策,使拆除重建类城市更新规模剧增,并且从"插建"向"成片改造"转变,从"改建"向以"街"带"片"的整体改造方式转变。同时,这一阶段北京还探索出了"市政带危改""房改带危改"等新的旧城改造模式。这些探索加快了北京现代化的步伐,一定程度上改善了居民住房紧张的困境,但同时也对旧城风貌和社区关系产生了破坏,在高质量城市公共空间的营造等方面仍待进一步加强。

4. 第四阶段:渐进式改造与老旧小区改造阶段(2001 年至今)

新世纪以来,北京停止了"大拆大建"的模式,开启了旧城改造模式的新探索,通过开展历史文化保护区带危改的试点工作整治保护区的风貌,主要表现为推行小规模、微循环、多样化、渐进式的改造方式,促进旧城的有机更新和文化复兴。例如,什刹海、南锣鼓巷等地区开始尝试引入社会资本、结合居民意愿进行城市更新,同时也在产权改革、交易平台、修缮技术、人口疏散等方面开始探索。

这一时期还强调将文物资源活化并融入都市生活,创造了"积极保护和整体创造"等理念,建立了胡同和老旧小区的维护机制。如何更好地保护历史文化资源使之存续、利用并更好地进行开发、创造,如何解决不断增长的住房需求、人居环境等矛盾,成为学界关注的议题。自 2017 年以来,随着北京非首都功能的疏解,减量发展逐步占据主流,从"外延和内涵式拓展发展"转为"内涵式更新",老旧小区改造提上议事日程。

(二) 北京城市更新的主要模式

北京在城市发展的不同时期,基于不同的目标探索出了多种模式的城市更新。总体而言,可以归纳为拆除重建和微改造两种模式,而在拆除重建中,又包含了多种类型。

1. 拆除重建

拆除重建式的改造模式是指将片区内原有的所有建筑全部拆除后,重新进行规划建设的一种方式。主要针对两类住区进行,即建筑质量较差、配套设施老旧、存在消防隐患、亟待修整的危房和棚户区,分别采取以院落为单位的小规模拆除重建和棚户区整体的大范围拆除重建。值得注意的是,在北京旧城改造中选用这种拆除重建的改造方式需要非常慎重,必须尽量避免对历史古迹和文化遗产造成破坏,特别是要延续对四合院民居建筑形态、院落格局、街巷肌理的保护。因此,在具体实践中,通常将危旧房改造与其他类型的开发建设相结合,加上在村镇地区对集体土地租赁租房的探索,形成了以下 5 种模式。

1) 房地产开发与危改相结合

"开发带危改"改造模式通常指的是,政府将旧区改造地块以"毛地"形式批租(出让)给房地产开发商，通过收取土地出让金完成地块一级开发。在此过程中，作为实施主体的开发商依托已完成动拆迁的“净地”投资建设房地产项目并出售商品房，从而获取投资收益。此外也有将一级开发包含在二级开发之中，由开发商统一进行征地、拆迁、安置、补偿以及后续的开发建设。这种改造模式主要适用于人口密度较小、开发收益较高的地区，采取房屋安置与价格补偿双向选择的办法。具体而言，以“街”带“片”的改造发展模式，以及将商业、办公等公建与危旧房改建相结合的建设方式成为“开发带危改”的实践路径。

2）市政设施建设与危改相结合

1997年，北京市为完善市政配套设施，进一步解决城市治理问题，开启了以市政道路及重点工程建设拆迁带动危改的思路，被称为“市政带危改”。在这种改造模式下，政府作为改造主体，完全承担征地、拆迁、安置、补偿以及后期市政建设的所有工作，包揽了改造所需的全部资金。但总体来说，这种模式的实践条件和应用范围相对有限，难以成为城市更新的主流范式。

3）房改与危改相结合

为了缓解城市住房紧张的问题，2000年3月，北京市政府在《北京市加快城市危旧房改造实施办法(试行)》文件中首次提出“房改带危改”的危旧房改造路径。在该模式中，政府主要负责必要的政策支持，提供部分资金投入，并承担市政基础设施改造的工作。在改造过程中，居民可以选择的安置方案包括就地安置、异地安置与按经济适用房均价进行货币补偿相结合等多种类型。同时，在政策上允许低收入者申请使用住房公积金贷款，无能力购房家庭可经审查批准租住廉租房，进而有力地调动了不同群体和不同收入阶层居民参与城市更新的积极性。整体而言，这一改造模式通过引入多样化融资渠道减轻了政府的财政负担，缓解了危改项目资金难以平衡的矛盾，因此得到了较好的推广(谢远玉，2001)。

4）绿隔建设与旧村改造相结合

为了促进城市“分散集团式”格局的实现，避免“摊大饼式”的发展，北京市于2003年正式启动了绿化隔离带建设工程，在建设绿化项目的同时，还在朝阳、昌平等城市功能拓展区和发展新区专门划拨土地进行新村建设，被称为“绿隔政策带动旧村改造”。在这种模式下，新村建设主要依靠农民合作建房(或者集体经济组织引资进行建设等形式)，其中新建产品除了农民自住房以外，还可以按照1∶0.5的比例建造商品房，以此来平衡改造中产生的补偿拆迁、土地出让金、绿化建设费等。其具体运作模式如图5-1所示。值得注意的是，该模式的适用范围有限，主要针对半城市化地区、近郊区等区域。

5）集体土地再开发与租赁住房建设

在存量国有建设用地得到较为充分的挖潜与利用的同时，大城市边缘地带甚至城市内部还分布着大量处于低效利用状态的存量集体建设用地。作为集体土地建设租赁住房的试点城市之一，北京市在集体建设用地入市的基础要求上提出了具体实施方案，包括在项目选址方面需满足集体用地权属、现状非耕地等基本条件，在土地供给方面需遵循减量提质的做法换取发展建设指标等。

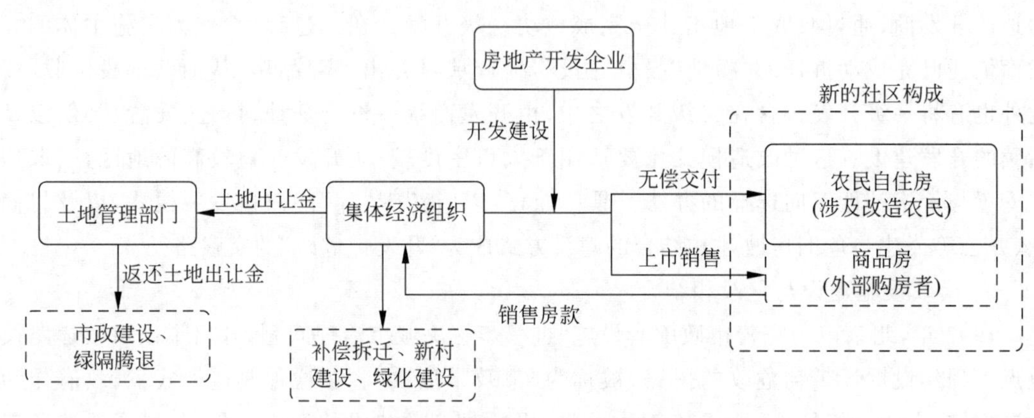

图 5-1 “绿隔政策带动旧村改造”运作模式

来源：易成栋，韩丹，杨春志，2020.北京城市更新 70 年：历史与模式[J].中国房地产，(12)：38-45

这一模式的典型代表为大兴区瀛海镇。该地区以镇为统筹单元，通过农资委的主导，以村集体经济组织为团体股东，将集体土地作价入股，组建了“镇级统筹下土地联营公司”，将其集体建设用地按照“拆 5 还 1”的标准统一置换到集中的地块上作为产业园(仍为集体建设用地)，实行产业园区、租赁住房的统筹协调开发，促使两者形成协同效应，也使得区位较差的农村通过指标转移的方式进行了有效的土地整理，并获得与区位较好的农村同等水平的经济收益，解决了集体建设用地零星布局的问题。

2.“微循环”式的有机更新

随着历史文化遗产保护与社区网络意识的逐步提升，同时减量发展背景下对“推倒重建”等模式的运用更加审慎，衍生出了以“微循环”改造为代表的城市有机更新模式，提倡小规模、渐进式的改造。该模式针对原有历史街区建筑风貌与城市肌理，进行最大限度的保留和保护，同时引导社区和居民成为改造主体，根据自身特定需求采取“留”“拆”“改”等多种院落改造方式，从而有效避免了“大拆大建”模式下的利益协调不均、社会矛盾频发、历史风貌破坏等问题。

以首批旧城改造试点菊儿胡同为例，这种有机更新模式得到了较为完整的实践。“菊儿胡同住房合作社”等组织的成立帮助居民在改造过程中得到更多的话语权，从而更好地表达利益诉求。同时，改造过程中划定了建筑分区，根据建筑物现状情况进行分批、分阶段的改造，既保留了大量极具历史价值的四合院，也对部分破旧危房开展了拆除重建，并配套完成市政基础设施的建设工作。

此外，针对东轿杆胡同、杨梅竹斜街、乐春坊 1 号院等历史文化街区的更新与保护，还探索形成了“填院模式”(利用庭院空间扩展使用功能，通过设计与传统第五立面尺度与风貌相协调，不鼓励屋顶平台和上人屋面)、“新院模式”(采用现代建筑的形式，与传统院落的尺度、肌理、组合布局模式产生空间联想)、“有效重整”(不改变产权面积，通过平移和租赁方式提高社区留住居民的居住面积，利用更新类院落的地下空间)等有机更新方案(图 5-2)，上述做法也可以纳入广义的“微循环”改造模式。

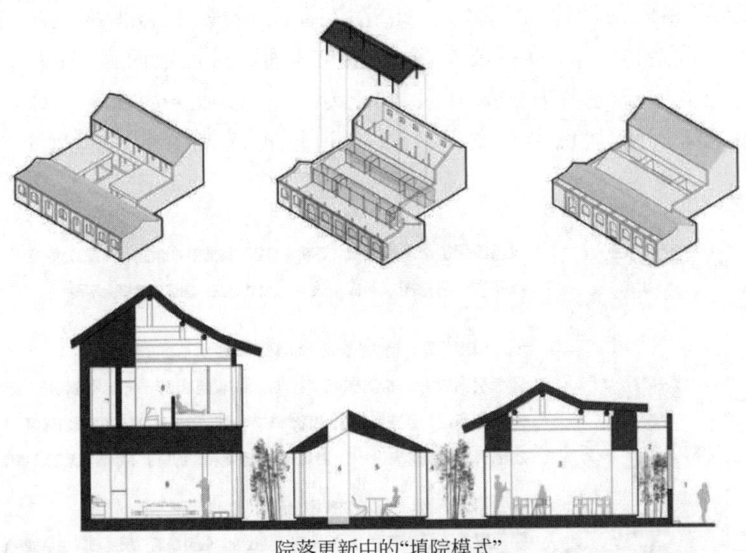

院落更新中的“填院模式”

院落更新中的“新院模式”（大院胡同28号）

图 5-2　北京旧城更新中的历史街区更新

来源：边兰春，2020

(三) 北京老旧小区的现状与改造面临的挑战

城镇老旧小区改造影响着百姓的基本民生保障等切身利益，近年来受到党中央、国务院的高度重视。根据国务院 2020 年 6 月的部署，今后一段时间内老旧小区改造工作的重点任务包括：摸清老旧小区类型和居民意愿需求，明确改造标准和对象范围，按照“业主主体、社区主导、政府引领、各方支持”的原则统筹协调，创新投融资机制吸引社会力量参与，积极发展社区养老、托幼、医疗、助餐、保洁服务，推动后续长效管理机制等。

1. 老旧小区存在的问题

老旧小区主要存在四类迫切需要解决的现状问题，即房屋安全问题、基础设施问题、配套服务问题和人群错配问题等(图 5-3)。此外,在基层治理、利益博弈的方方面面面临挑战。对政府而言,改造体量大,维护成本高、财政负担重;对社区而言,权力小,缺少资金支持,缺乏技术部门支持,改造提升效果有限,缺乏专业管理、服务团队等;对居民而言,改造目标诉求多元,难于协调,居民参与意识、付费意识较低等,都在很大程度上影响了老旧小区改造的进程。

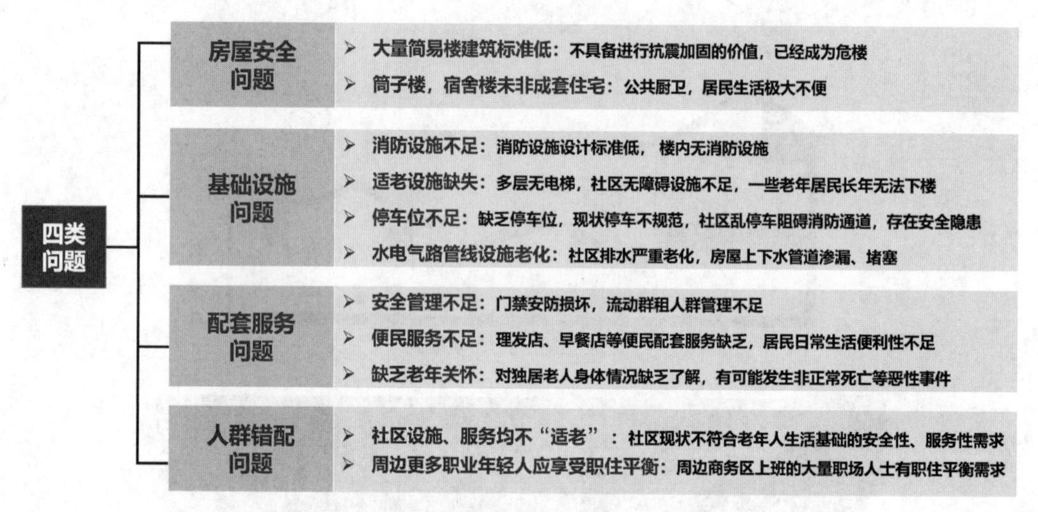

图 5-3 老旧小区主要存在的四类现状问题

来源:愿景集团

2. 老旧小区改造的功能模块

根据国务院办公室印发的《关于全面推进城镇老旧小区改造工作的指导意见》,城镇老旧小区改造内容可分为基础类、完善类、提升类 3 类。其中基础类是为满足居民安全需要和基本生活需求的内容,主要是市政配套基础设施改造提升,包括供水、排水、供电、道路、供气、供热、消防、安防、生活垃圾分类、移动通信和光纤入户、架空线规整(入地)等基础设施改造,以及小区内建筑物屋面、外墙、楼梯等公共部位维修等;完善类是为满足居民生活便利需要和改善型生活需求的内容,主要包括拆除违法建设,整治小区及周边绿化、照明等环境,加装电梯,改造或建设小区及周边适老设施、无障碍设施、停车库(场)、电动自行车及汽车充电设施、智能快件箱、智能信报箱、建筑节能设施、文化休闲设施、体育健身设施、物业用房等;提升类则是为丰富社区服务供给、提升居民生活品质、立足小区及周边实际条件积极推进的内容,主要包括对社区综合服务设施、公共卫生设施、教育设施、智能感知设施等的改造或建设,以及配套养老、托育、助餐、家政保洁、便民市场、便利店、邮政快递末端综合服务站等社区专项服务设施。

在实践中,根据政府、居民、企业等多方参与主体的协商谈判,可能形成"菜单式"的功能模块组合,例如参与劲松社区改造的企业愿景集团提出的"基础类(楼栋)+基础类(社区)+自选类"(图 5-4),就可通过选择的改造内容的项目数量和具体类型,满足不同定位社区的改造需求。

基础类(楼栋)
- 抗震加固
- 节能改造
- 违建清除
- 上下楼设施改造
- 空调规整
- 楼体外面线缆规整
- 楼体清洗粉刷
- 窗户外现有护栏拆除
- 一层加装隐形防护栏

基础类(社区)
- 补建社区综合服务设施
- 补建小区信息化应用能力
- 规范小区自治管理
- 规范物业管理
- 规范社区环境治理
- 规范垃圾分类处理

自选类
- 养老驿站
- 社区菜市场
- 居民会客厅
- 社区服务站
- 健身房
- 屋顶花园
- 屋顶光伏发电
- 儿童托管
- 社区便利店
- 共享空间
- 立体停车场
- 外挂式电梯
- 爬楼代步器
- 地下室储物
- 地下室种植
- ……

图 5-4　“菜单式”中的“基础类”和“自选类”功能模块

来源：愿景集团

3. 老旧小区改造面临的挑战

与其他类型的城市更新一样，老旧小区改造这一更新模式在实施进程中也面临着一些困境与挑战。

首先是资金难题。根据贝壳研究院针对目前各试点城市老旧小区改造投入资金情况的初步测算，平均每个老旧小区的改造需要约 850 万元资金，每平方米需要 280 元改造资金，由此可见，在全国范围内大规模地推进城镇老旧小区改造工作需要巨大的投资。虽然针对水电气路的改造等基础类民生工程可由政府专项资金重点支持，但是针对完善类和提升类的改造项目，仅仅依赖地方财政的支持是不现实的，也是难以持续的。因此，需要调动社会力量参与的积极性，培育居民的支付意愿，促使政府与居民、社会力量合理共担改造资金。总体来看，不同于开发新建，城镇老旧小区改造的回报机制表现为“微利可持续”型，前期投入大、盈利周期长，需要更多地依靠改造后的长时间运营来获得收益。为解决改造资金运营平衡的挑战，可以因地制宜地开展探索，例如统筹协调旧厂房、闲置空间等资产的利用，还可以统筹街区尺度和城市尺度，例如对于单个小区，可能难以实现资金的自平衡，但在更大的区域内，大面积的老旧小区更新改造有助于实现规模化的运营价值，从而让改造得以进行。

其次是组织难题。当前一段时间，城市工作的重要目标是提升空间治理现代化的能力，实现高质量人居环境发展。不同于传统的“管理”，“治理”更加强调多元利益主体(包括政府部门、私营部门、公民群体、非盈利社会组织等)的共同协商与决策过程，因此发动群众参与社区共建意义重大。根据改造试点情况可以发现，应对这一难题的关键在于“根据居民的需求来改”,“要从改造之初就让居民共同参与决策”,从而增强居民在改造全过程的参与感,增强其积极性、满意度和幸福感,实现“共谋、共建、共管、共评、共享”。此外,试点地区成功经验的样板效应对于周边社区居民参与改造过程也具有积极意义。

在具体的咨询策划、方案制定与实施运营环节,则通常存在潜在的多元利益主体博弈难题。老旧小区改造过程中的土地增值收益远不如拆除重建式的改造,因此在缺乏增量空间的前提下,对市场投资的吸引力欠佳。在很多改造项目中,需要政府、居民和企业联合出资,其中的利益平衡更需要治理视角的思考与实践。

(四) 老旧小区改造模式的探索：劲松模式

近年来,北京市朝阳区开展了“劲松北社区老旧小区综合整治”项目,该项目因具备创新性的改造特点和回报机制,解决了老旧小区改造的难题,促进了当地社区健康有序良性发展,引起了良好的社会反响。

劲松社区是北京第一批成建制小区,紧邻东三环(图 5-5),距离北京 CBD(中央商务区)仅一线之隔,在 20 世纪 70 年代至 80 年代为国内最大的住宅社区之一,体现着工人阶级的福利和荣誉,也代表了当年北京社区生活品质的先进水平。劲松一至八区建筑面积 78.6 万 m^2,居民由老年人、年轻人、原居民、租户等不同群体混合,共计接近 1.4 万户。其中老年住户比例约为 37%,老年住户中独居老人比例约为 52%。受年轻人自然迁入的影响,出租率约 37%,二手房年换手率约 3%。

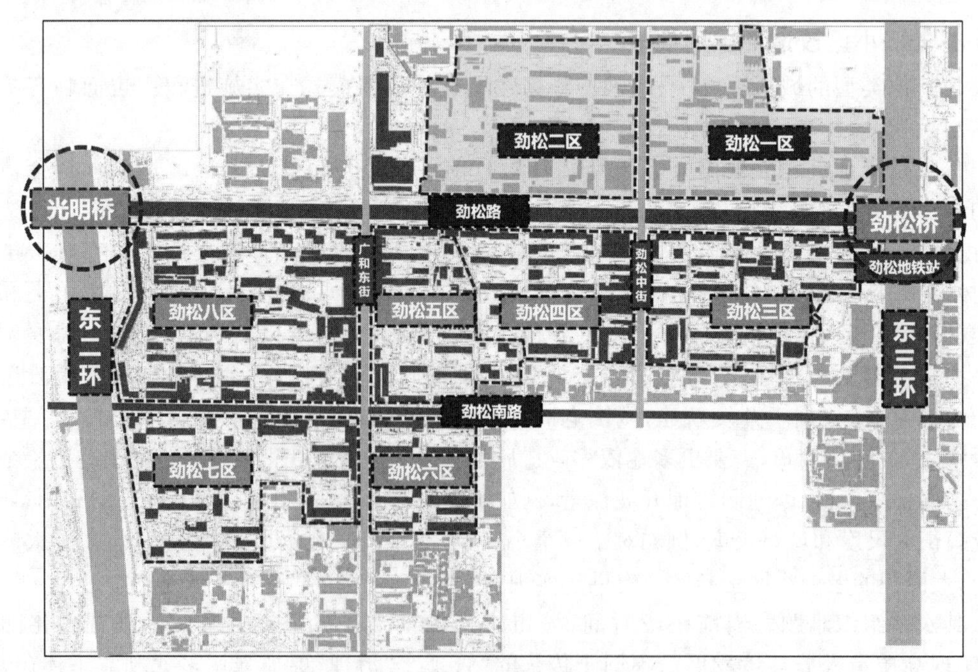

图 5-5　劲松社区平面图

来源：愿景集团

然而，经过几十年的发展演变，劲松社区的物质设施逐步老化，在绿化环境、卫生状况、基础设施、停车管理、公共空间、加装电梯、商业配套、物业服务、养老支持、安全保障等方面均出现了一些问题和挑战，亟待开展综合治理。

劲松北社区(即劲松一区和劲松二区)的综合整治以改善人居环境为核心目标，开展管线改造、环境整治及配套设施建设，同时不改变住宅原有产权关系。这一改造过程中，融资模式的创新在于通过利用社区闲置或低效空间引入便民服务业态，从而建立回报机制。具体提供的管理服务包括：①引入专业的物业服务；②交通、停车位规划及停车管理(包括社区车辆、行人及消防出入口的规划、设置及管理，社区内交通及停车位规划，社区内停车管理等)；③改造完成后持续的社区治理；④便民服务配套的规划及引入；⑤延续劲松文化和历史，激起老年人对过去的荣耀感；⑥居住人群置换(保留产权，部分老年人集体置换到养老型社区，周边年轻职场人士入住劲松社区，实现职住平衡等)。

在治理模式方面，主要实现了以下三点突破：

(1) 通过党建引领，形成“五方联动”的推进模式，即以人民为中心，开展“区级统筹，街乡主导，社区协调，居民议事，企业运作”(图5-6)，不同参与主体各司其职、各负其责，并从便民维度、平安维度、文化维度、科技维度等方面建设“六型社区”(表5-1)。

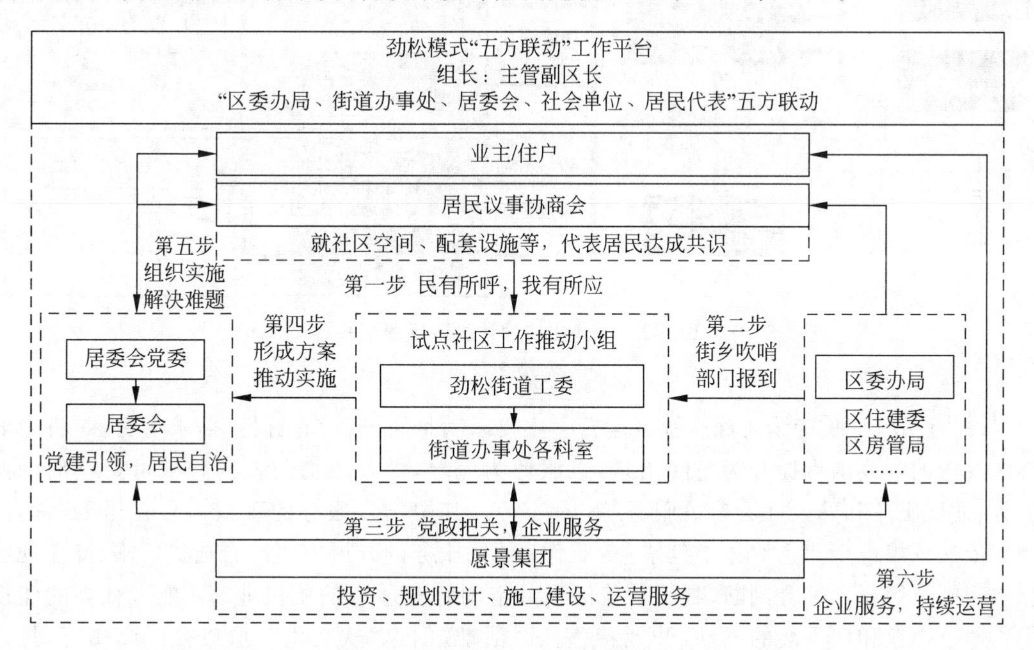

图5-6　“五方联动”的工作机制与流程

来源：愿景集团

(2) 引入社会资本，强调“设计、改造、运营一体化”。政府、社区和居民通过与愿景集团的合作，将设计、改造、运营一体推进，实现“一张蓝图干到底”(图5-7)。同时通过物业服务、停车管理等多项运营收入弥补前期自选类改造投资，创新了微利而可持续的长效管理机制，创新社会资本参与模式，实现“自我造血”的良性发展。

表 5-1 “六型社区”建设目标

目标维度	理念	关注核心
便民维度	适老改造/敬老社区	无障碍设施、老年食堂、医疗保健服务
	精细管理/有序社区	交通微循环、停车管理和电动车管理
	民生需求/宜居社区	文化景观、便民服务
平安维度	公共安全/平安社区	安保、消防、防灾
文化维度	乡土记忆/熟人社区	社区文化、兴趣社区
科技维度	科技手段/智慧社区	智能门禁管理、劲松一卡通、积分体系、社区云平台

来源：愿景集团

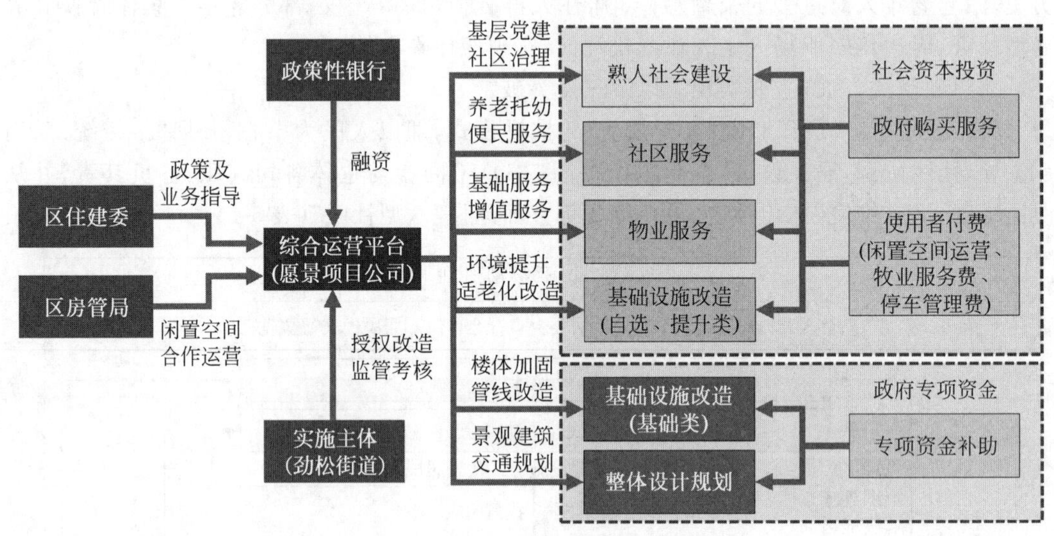

图 5-7 一体化的设计改造运营模式

来源：愿景集团

(3) 长效管理，持续的深度社区运营。主要以满足居民“七有五性”需求为目标，将老旧小区改造的实践内涵提升为空间治理，以服务为先导，做好疫情防控与长效可持续的物业服务、便民服务和熟人社会建设服务等(图 5-8)。其中物业服务的确权需要在居委会的协调下依法依规进行业主双过半投票①等工作；便民服务的开展应当结合居民需求、商业现状和空间区位等要素综合判断，利用示范区公共空间补充适合的便民业态；熟人社会的建设主要通过街道和居委会的推动，开展特色社区活动，创建“软文化”，形成社区归属感，打造“熟人、家人、主人社区”(表 5-2)，最终实现社区长效良性发展，具体活动形式可包括小公园开园仪式、趣味运动会、跳蚤市集、手工活动、老年人手机培训班、社区厨艺大赛、周末电影等。

① 根据“应当有物业管理区域内专有部分占建筑物总面积过半数的业主且占总人数过半数的业主参加”和“决定本条例第十一条规定的其他事项，应当经专有部分占建筑物总面积过半数的业主且占总人数过半数的业主同意”。

	幼有所育	学有所教	劳有所得	病有所医	老有所养	住有所居	弱有所扶	
基础物业类			物业共建共管	组织防疫工作 陪同就医 送药上门	节假日关怀 上门理发	安防管理 绿化保洁 上门维修 接诉即办	节假日关怀 上门理发	安全性 宜居性
便民服务类	四点半学堂 早教培训 普惠性幼儿园	知识培训 创业课堂	返聘居民	社区药店 健康服务中心 家庭医生	适老化改造 一键呼叫安装 社区养老驿站	社区食堂 社区便利店 社区缝补	节假日慰问 专属优惠 上门服务	便利性
熟人社区建设	亲子教育讲座 亲子运动会 儿童手工课堂	手机培训班 爱心书籍交换 兴趣小组交流 漂流书箱	简单技能培训 职业素养讲堂	健康知识讲座 社区免费问诊	老年健康讲座 才艺展演 趣味运动会	社区活动广场 社区花园共建 院墙彩绘	街坊邻里互助 困难群体帮扶 高龄老人慰问	多样性 公正性

图 5-8　持续深度运营的主要工作内容

来源：愿景集团

表 5-2　“熟人、家人、主人社区”的实践路径

目　标	概　念	形　式
建立熟人共同体，将陌生人变为熟人	发挥社区党员、楼门长积极作用，通过在楼栋建立居民小组和各类兴趣组织，开展“社区邻里节”等活动形成熟人社区的氛围	社区睦邻节、楼宇纳凉会、社区兴趣组织
建立情感共同体，由熟人变为家人	社区各类组织之间、居民之间，通过参与公共议题找到利益共同点，增进社区信任，营造温馨社区大家庭	邻里互助会，居民座谈会、业主代表大会等
建立自治共同体，由家人变为主人	通过多种参与渠道，引导居民关心和参与社区公共事务，建立具有约束力和激励功能的居民公约，逐步提升社区责任感，最终使其以主人翁的心态形成强烈的社区认同和归属感	

来源：愿景集团

(五) 北京城市更新的思考与展望

通过梳理北京市的城市更新发展进程，可以发现三点重要的“转变”：一是从自上而下到自下而上的机制转变，即在现今的城市更新中，不再仅仅通过自上而下的政府意志推动，而受到自下而上的社会需求的驱动，社会资本与民间力量发挥的作用越来越大，特别是在街区整理、街巷整治、院落共生等方面与政府管理部门一起主导空间的演进；二是从土地开发到邻里更新的模式转变，即新增的土地开发比例逐渐降低，而建筑保护修缮与邻里更新成为主流的更新模式，强调对公共空间的综合整治；三是从环境改造到社会共治的目标转变，即不局限于对物质空间的规划与环境品质的提升，而是更加注重人的社会活动场所营造和社会经济文化导向下的社会多元参与及空间综合治理。

和广州、深圳等房地产导向的城市更新不同，北京由于受到减量发展的制约，“拆除重建”模式运用较少，大多采用微改造的模式。在城市更新进程中，随着空间营造模式日趋成熟，企业与政府、居民的合作也将不再局限于单项内容的改造和对单个小区的改造，而将发展出街区整体、城市整体的综合整治模式，如跨片区的组合平衡和大片区的统筹平衡(图 5-9)。总而言之，在老旧小区有机更新的过程中适当引入社会资本，不仅可以降低对地方财政的依赖，有助于鼓励居民和物业“互利共赢”，使资金流转具备更强的可持续性，带来更具规模化的运营价值，还能促进城市更新项目内容的不断丰富，提升居民的获得感，更好地改善城市整体面貌。

综合对北京城市更新历程与“劲松模式”案例的梳理可知，在今后的老旧小区改造中需要加强四项工具的应用：①技术工具。通过建立统一的空间信息数据库等，加强顶层设计和规划统筹，确立改造标准和量化指标，注重一体化实施和模块化建设，推动区域城市更新和老旧小区改造“一张蓝图干到底”。②政策工具。构建弹性规划、完善配套服务设施等制度，加强政策保障。③金融工具。如政策性银行贷款、政府专项债等。④治理工具。在多方共建的老旧小区长效管理机制中，加强社区党建引领，发挥企业资本优势，促使治理职能不断完善，同时引导居民深度参与，自下而上地推进更新改造实施。

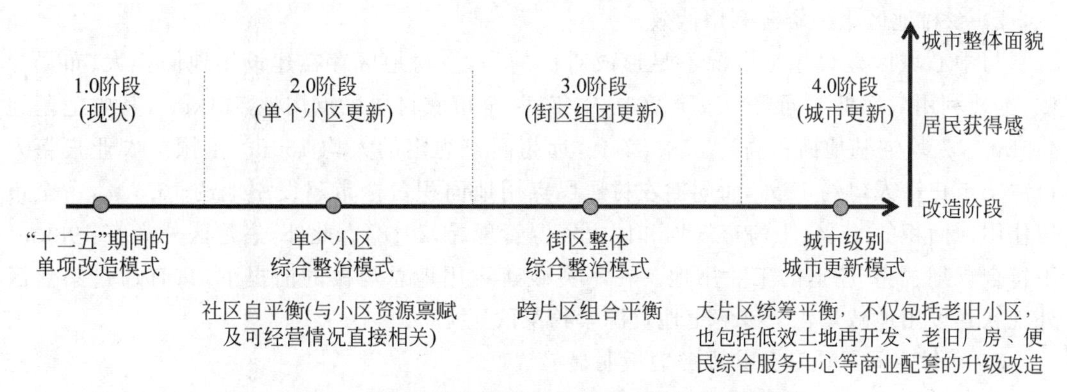

图 5-9 城市更新视角下老旧小区改造的阶段演变

来源：愿景集团

第二节 上海城市更新与减量化空间治理

(一) 城市更新的背景与政策体系

1. 上海城市更新的现实背景

1）增量建设用地指标紧约束倒逼城市更新

截至 2015 年底，上海城镇建设用地规模已达 3071km^2，已逼近上版总体规划提出的 2020 年城市建设总用地 3185km^2 的总规模。建设用地占全市陆域面积比例达 46%，逼近国土空间开发保护红线底线。现状耕地保有量仅 284.7 万亩，土地后备资源严重短缺。《上海市城市总体规划(2017—2035 年)》(以下简称"上海 2035")划定全市规划建设用地总规模控制在 3200km^2 以内，作为 2050 年远景控制目标(表 5-3)。上海已进入"规划建设用地规模负增长、内涵式创新发展"的阶段，亟待通过城市更新破解深度城镇化进程中的土地资源瓶颈。

表 5-3 上海 2035 核心指标表

序号	指　标	单位	指标值		
			2015 年	2020 年	2035 年
1	常住人口规模	万人	2415	≤2500	2500 左右
2	建设用地总规模	km^2	3071	3185	3200
3	耕地保有量	万亩	285	282	180
4	永久基本农田保护任务	万亩	328	249	150
5	单位地区生产总值(GDP)建设用地使用面积	hm^2/亿元	12.5	≤9.1	≤4.2

来源：上海 2035

2）乡村地区土地资源利用低效

与中心城区建设用地资源不足形成对比的是，乡村地区存在建设用地面积大、布局分散，土地利用效率低等问题。截至2016年年底，全市农村居民点用地514km^2，其中宅基地415km^2，人均宅基地面积高达353.82m^2，远超国家规定的人均150m^{2}上限。农业户籍人口占全市户籍人口约10%，而同期农村居民点用地面积占全市建设用地约16.7%，占全市居住用地面积的45%（上海市规划和国土资源管理局，2018）。此外，集建区外尚有198km^{2}不符合规划、需要腾退的工业用地。在不突破建设用地总规模的前提下，只有通过集建区外现状建设用地减量化来破解土地资源紧约束的压力。

3）存量空间品质和公共服务短板明显

由于外来人口的持续增加、常住人口的流动和社区人口老龄化，上海的公共服务设施存在配置失衡的问题，如不同人群的供给不均衡性，供给与居民需求分异等，公服配置难以满足社区异质化趋势和提升型需求（李萌，2017）。建成区现状文化、体育、养老、医护、社区广场等公共设施距离15min社区生活圈的设施配置与布局要求尚存在差距，特别是最贴近民生的社区公共服务设施数量较少。在土地供应极为紧张的条件下，必须通过城市更新为新增设施和存量设施改扩建腾挪空间。

2. 上海城市更新的历程与政策体系

随着城市建设目标的转移，上海城市更新历程可分为四个阶段。阶段一：20世纪80年代起，上海城市更新的主要目标是通过住房改造提高居民居住水平。随着浦东开发和郊区建设，政府主导出资，采取重建和原地回迁的模式，有计划地成片改造了闸北、南市、普陀、杨浦等地工人居住的棚户简屋和危房。阶段二：1990—2000年间，上海进入全面改善城市面貌的旧区改造阶段。通过土地批租和"搭桥政策"解决了资金来源和安置房源，以推倒重建和异地安置为主，为中心城发展三产和商品房腾挪空间。阶段三：2000—2015年间，上海进入完善城市功能形象的有序更新阶段，以旧区改造与"退二进三"为主，改造采用"拆改留"并举模式，由成片改造向零星改造转变，更新范围由中心城居住区向郊区城镇扩展。阶段四：随着上海2035的编制，在世博后资源紧约束背景下上海积极探索有机更新。2016年中心城区启动有机更新，用三年时间重点实施共享社区、创新园区、魅力风貌、休闲网络"四大行动计划"。

长期以来，上海工业区更新与旧区更新政策各自为线，原先的政策体系与内容对应未来更多元、更复杂的城市发展需求存在诸多短板（葛岩等，2017）。2015年，上海市整合了2014年颁布的关于城中村改造、存量工业用地盘活和土地节约集约利用的专项规定与办法，颁布了《上海市城市更新实施办法》（以下简称"实施办法"），作为上海城市更新工作的地方法规，推动城市内涵增长、创新发展。近年来，围绕实施办法，上海综合土地管理、风貌保护、产业导入、规划管控等政策，逐渐形成系统性的城市更新政策体系。之后颁布了一系列相关实施细则与办法，逐步形成了以"实施办法"及其"实施细则"为核心、"旧住房综合改造管理办法"和"盘活存量工业用地的实施办法"为主要配套的城市更新政策法规体系（表5-4）。

表 5-4　2014 年以来上海市城市更新政策法规一览表

年份	名　称
2014	《关于本市开展"城中村"地块改造的实施意见》(沪府〔2014〕24 号)
2014	《关于本市盘活存量工业用地的实施办法(试行)》(沪府办〔2014〕25 号)
2014	《关于进一步提高本市土地节约集约利用水平若干意见的通知》(沪府发〔2014〕14 号)
2015	《上海市城市更新实施办法》(沪府发〔2015〕20 号)
2015	《上海市城市更新规划管理操作规程》
2015	《上海市旧住房综合改造管理办法》(沪府发〔2015〕3 号)
2016	《关于本市盘活存量工业用地的实施办法》(沪府办〔2016〕22 号)
2017	《上海市城市更新规划土地实施细则》(沪规土资详〔2017〕693 号)
2017	《〈关于深化城市有机更新促进风貌保护工作的若干意见〉的通知》(沪府发〔2017〕50 号)
2017	《〈关于坚持留改拆并举深化城市有机更新进一步改善市民群众居住条件的若干意见〉的通知》(沪府发〔2017〕86 号)
2018	《关于本市促进资源高效率配置推动产业高质量发展的若干意见》(沪府发〔2018〕41 号)
2018	《关于本市推进产业用地高质量利用的实施细则》(沪规土资地〔2018〕687 号)
2020	《关于加强容积率管理全面推进土地资源高质量利用的实施细则》(2020 年版)

来源：作者根据政府网站资料绘制

(二) 上海中心城区的城市更新与治理

1. 城市更新的管理体制

上海城市更新管理机构随着政府机构调整，经历了从分散到集中的转变。2019 年政府机构改革，将上海市旧区改造工作领导小组、上海市大型居住社区土地储备工作领导小组、上海市"城中村"改造领导小组、上海市城市更新领导小组合并，成立了城市更新和旧区改造工作领导小组，负责领导全市城市更新工作，对全市城市更新工作涉及的重大事项进行决策。各区县政府是城市更新的组织实施主体，具体推进城市更新工作；更新组织实施机构会同相关街道、乡镇，统筹公众意愿，梳理更新需求，开展城市更新区域评估和实施方案编制等各项工作。2015 年以来，上海城市更新工作建立了"区域评估、实施计划和全生命周期管理相结合"的管理制度。

1）区域评估

区域评估主要包括"地区评估"和"划定城市更新单元"两项内容。它指结合区域发展现状和总体规划要求，明确各行政区范围内需要开展城市更新的地区，适用更新政策的范围和要求，评估"缺什么"，明确"补什么"，将公共要素的"补缺"作为适用更新政策的前提。公共要素是城市更新区域评估的重要内容，重点关注公共开放空间、公共服务设施、住房保障、产业功能、历史风貌保护、生态环境、慢行系统、城市基础设施和公共安全等主要方面。《上海市城市更新规划土地实施细则》明确了公共要素的认定标准、设置要求和范围界定，通过公共要素清单和建筑面积奖励等方式，鼓励在更新过程中提供公共开放空间与公共设施的增补。

2）实施计划

实施计划是各项建设内容的具体安排，具体落实“怎么补”。以现有物业权利人的改造意愿为基础，落实区域评估的要求，发挥街道办事处和镇乡政府的作用，统筹各方意见，合理应用政策，形成依法合规的城市更新实施计划，确定城市更新单元内的具体项目。要求统筹协调好各个地块的具体要求，平衡好各个更新项目权利人的诉求，形成建设方案；做好具体安排，确定投资主体、建设义务、更新权利、改造方式，制订相应的建设计划。实施计划纳入控规法定成果和土地出让合同。

3）全生命周期管理

全生命周期管理是以土地合同的方式，对项目在用地期限内的利用状况实施全过程动态评估和监管。约定各主体的更新权利义务、物业持有、权益变更、改造方式、建设计划、运营管理等要求。将项目建设、配套设施、持有年限、功能实现、运营管理、节能环保等经济、社会、环境各要素纳入土地出让合同管理，形成对城市更新实践的约束。全生命周期管理清单将纳入控规法定成果。

2. 城市更新中的土地管理

上海城市更新政策以提升土地节约集约利用水平为目标，以土地出让合同管理为抓手，以控制性详细规划为平台，建立了一套以既有物业用途改变和产权转移为核心的规划土地管理制度。城市更新中主要运用了以下几方面的土地政策。

1）存量补地价

对于集中成片的存量工业用地区域倡导整体转型，由原土地权利人或原土地权利人为主导的联合体，以存量补地价方式实施整体转型开发。未划入整体转型区域和旧区改造范围的零星工业用地，可按照规划和产业导向，提高容积率，调整土地用途，由原权利人实施转型盘活，通过存量补地价方式完善用地手续。

2）规范合同条款

为保证公益责任，防止出现房地产开发主导的局面，在签订的土地出让合同中严格约定物业持有比例和出资比例、股权结构等转让的要求。同时，区、县规划土地管理部门应当按土地全要素、全生命周期管理的要求，将已批准的投资主体、权利义务、改造方式、建设计划、运营管理等要求纳入土地出让的合同或补充合同。

3）规划用地有条件转型

《上海市城市更新规划土地实施细则》从用地性质、建筑容量、建筑高度、地块边界等方面提供了城市更新项目涉及控规调整的适用规划政策。在符合整体规划导向的前提下，发挥市场作用，允许用地性质兼容和转换，鼓励公共设施合理混合设置。以适当的建筑面积奖励，推动公共要素的增加，强化地区品质和服务水平。城市更新项目中，仅涉及经营性用地性质改变或建筑高度调整的，应提供一定比例的公共开放空间或公共服务设施。如上海闵莘大酒店，在提供 800m^2 对外开放的公共空间、200m^2 社区文化设施、20 个公共停车位的基础上，允许其用地性质由商业调整为办公，并增加一定建筑面积（图 5-10）。

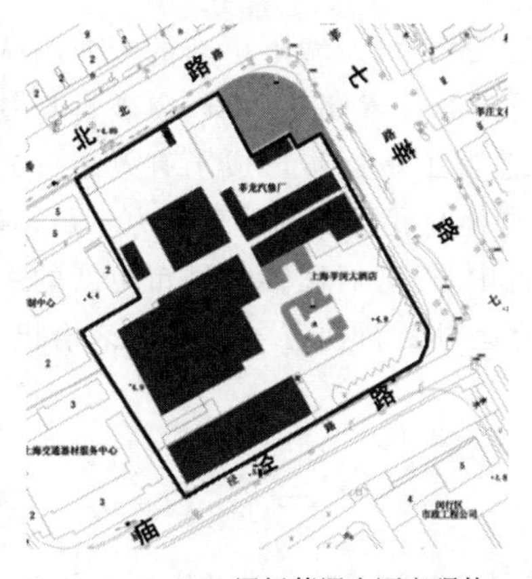
闵行莘闵大酒店现状

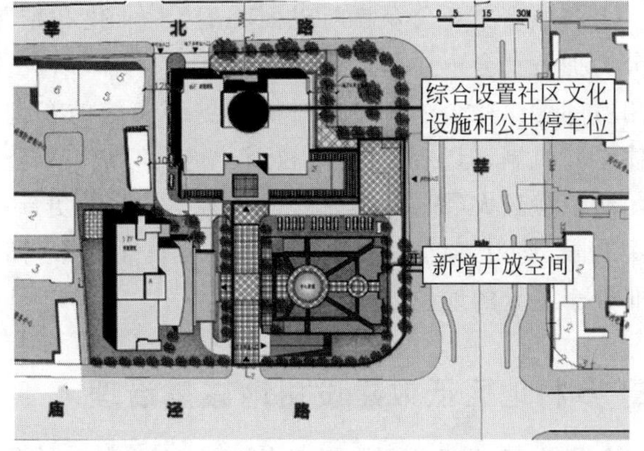

闵行莘闵大酒店改造方案

图 5-10　闵莘大酒店现状与改造方案

来源：原上海市规划与国土资源管理局

3. 城市更新中的公共参与

上海城市更新突出“公益优先、多方参与”的价值理念，在更新管理的区域评估、实施计划编制等环节实现全流程公众参与。以社区更新为例，上海从 2016 年起开展社区空间微更新三年计划，通过设计师/艺术家团队、社区居民、居委会/业委会的共同参与，形成年度试点方案的实施方案，并予以落地。在需求调查、方案制定、规划实施、跟踪评估四个环节，社区规划师、居委会、街道管理部门和居民全流程参与，形成了一套基于公众参与的工作机制，培养了公众参与社区建设的意识(图 5-11)。对于区域整体转型更新项目，在更新治理方面进行了探索。如静安区曹家渡地区建立了曹家渡企业联合会，搭建了政府和企业有效联系和协作的平台，激活各方积极性，构建了三区推动更新的协商平台[①]。

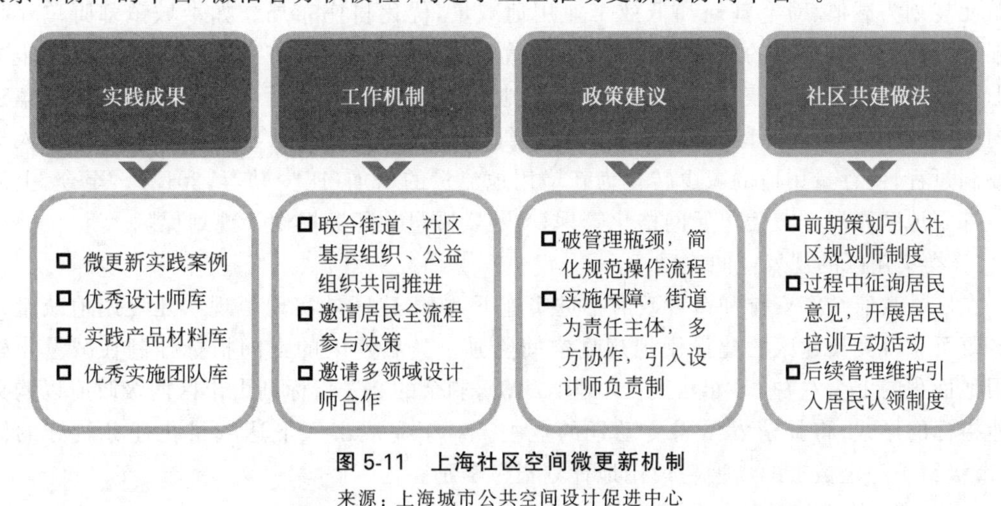

图 5-11　上海社区空间微更新机制

来源：上海城市公共空间设计促进中心

① 《上海市城市更新实施办法》相关情况新闻发布会. http://www.scio.gov.cn/xwfbh/gssxwfbh/xwfbh/shanghai/Document/1432929/1432929.htm，2015-04-30

上海城市更新公众参与也面临着“专业化和精英化”的危机。城市更新的专业团队主要分为拥有社会声望和行业认可的专家学者，以及受委托的技术团队，难以突破自身专业视角看问题。社会公众参与对城市更新实施的咨询与监督虽然逐步形成了有效运行的多主体参与机制，但主体间的事权划分仍不够清晰；公众群体自我组织和管理能力不足，对专业团队依赖较大（沈娉，张尚武，2019）。大多数更新项目中，社区居民参与城市更新的决策作用有限，均为“象征性参与”，并非“实质性的参与”，公众对更新拥有了一定的话语权，但并非处于主导的地位。

(三) 乡村地区低效建设用地减量治理

上海乡村地区的更新活动依托土地综合整治平台展开，推进低效建设用地减量化，促进建设用地布局和利用效益优化。2014 年上海印发了《关于进一步提高本市土地节约集约利用水平的若干意见》，明确了“总量锁定、增量递减、存量优化、流量增效、质量提高”的五量调控基本要求，对集建区外的低效建设用地实施“减量”：2035 年前，上海计划完成 $380km^2$ 的减量化目标。减量的对象是不符合土地利用总体规划要求且社会经济或环境效益较差的现状建设用地，包括规划建设区外低效工业用地（2012 年调查显示，该类工业用地约 $198km^2$，简称“198 区域”）和零散宅基地等。“198 区域”内的工业用地约占上海全市工业用地比重的 1/4，而工业总产值占比还不到 10%。为实现建设用地总量目标，需要通过“腾挪平移”、整理复垦和空间优化，实施宅基地和低效工业用地减量、农民集中居住。

1. 减量化机制与制度设计

1）减量化实施平台与核心政策

上海减量化以土地整治为实施平台，以城乡建设用地增减挂钩为核心政策工具，以郊野单元规划为载体，对宅基地和低效工业用地减量，优化村庄布局。如奉城镇郊野单元将受限制性因素影响严重的村落、30 户以下零散宅基地进行撤并，有序推进自然村落逐步减量退出（图 5-12）。通过集建区外低效建设用地“减量化”，将减量后节约出的指标用于集建区内的国有用地开发。郊野单元规划将土地综合整治的管理要求和政策保障前置植入规划编制过程，使存量用地的减少转化为新增用地流量的增加（庄少勤等，2013）。至今，上海已对郊野地区开展全覆盖单元网格化管理，为落实减量化任务提供了规划保障。

2）类集建区的规划空间奖励

在区县政府统筹安排和镇乡政府推进实施下，在集建区外实现了现状建设用地减量化的各镇可获得类集建区的建设用地规划空间奖励。类集建区的空间指标控制在减量化建设用地面积的 1/3 左右，即“拆三还一”（图 5-13），剩余的 2/3 指标则由市区两级政府以购买土地指标的形式，将补偿发给需要动迁的业主。对于完成市区下达减量化任务较好的区县，市级给予一定数量的新增建设用地计划指标奖励。

3）增减挂钩政策叠加类集建区规划空间

根据建设用地复垦减量化（拆旧地块）情况，等量新增建设用地计划指标和耕地占补平衡指标用于落实建新地块（含农民安置地块和节余出让地块）办理农转用手续，即“拆一还一”。

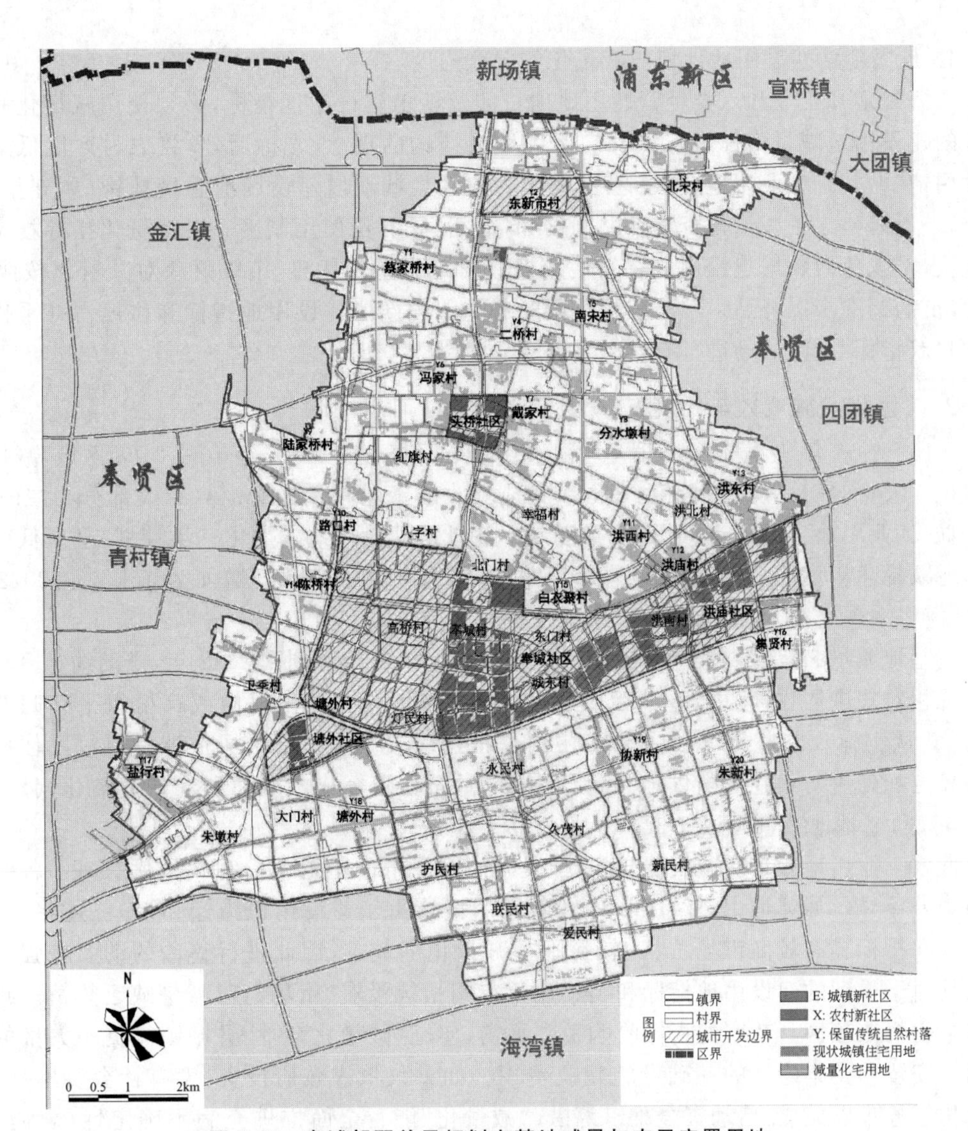

图 5-12　奉城郊野单元规划宅基地减量与农民安置用地

来源：上海奉贤区奉城郊野单元规划(2017—2035 年)初步方案公示

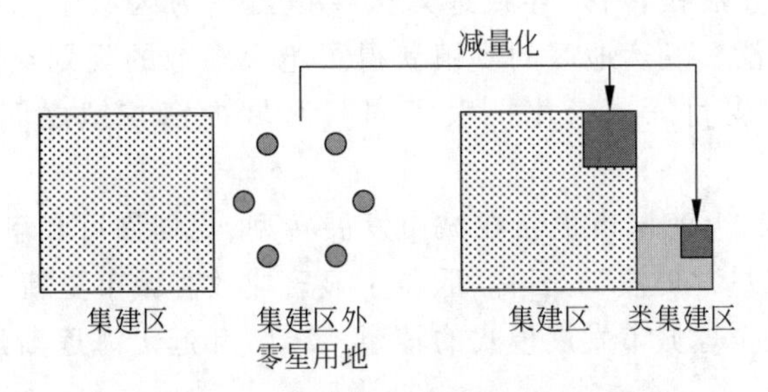

图 5-13　上海土地减量化运作机制

来源：田莉，郭旭，2017.“三旧”改造推动的广州城市更新：基于新自由主义的视角[J].南方建筑(04)：9-14

4）加大新增建设用地计划与减量化的关联力度

上海规定凡工业和六类经营性用地项目涉及新增建设用地指标，必须使用减量化腾挪出来的建设用地减量指标进行填补。运用增减挂钩的理念，先拆后建，将农村产能低效的建设用地（尤其是工业用地）的整理复垦数量与区县域新增建设用地总量挂钩（顾守柏等，2015）。上海建立了减量化资金补贴制度和“双指标”有偿使用制度。对减量化指标挂钩建新地块，予以免缴新增建设用地有偿使用费和耕地开垦费优惠，市级财政对减量化按照20万元/亩的标准予以补贴。若是减量化同时产生了净新增建设用地指标和耕地占补平衡指标（即“双指标”），则鼓励进行有偿交易流转。

2. 减量化实施成效与困境

2015—2017年，上海开展了第一轮减量化3年行动，截至2017年年底，“198区域”减量立项面积54km^2，实际完成减量化28km^2（完成验收的工业减量26km^2），绝大部分为“198区域”内的工业用地。2018年，上海市启动新一轮低效建设用地减量化三年计划，全市低效建设用地减量化年度目标由第一轮的每年“198”减量不低于7km^{2}增加为15km^2。2022年前，上海将实现9区86镇的郊野单元村庄规划全覆盖。

宅基地减量必定需要推进农民相对集中居住。上海市计划到2022年，推动约5万户农民实现相对集中居住，其中，进城镇上楼的户数占50%，宅基地村内或跨村组平移归并占16%[①]。从实施效果来看，农民相对集中居住推进缓慢。农户集中居住涉及原村民住房权益的界定和处置与集建区内供地指标约束，同时面临资金成本压力和农村老龄化问题，至2017年底，宅基地减量面积仅5.3km^2。

低效工业用地减量实施虽然较快，但是政府主导下的土地整治和减量化忽略了各镇的土地级差差异。如邻近中心城区和郊区新城的城镇由于建设用地指标和“拆三还一”后获得的空间指标具有较高市场价格，较易平衡减量化的成本，因此进行整治的动力较强。远郊区县由于得到的建设用地指标和类集建区空间指标没有“市场”，对减量缺乏热情。减量的成本主要依赖区县政府的指标收购费来平衡，实施“减量化”的区县城镇需负担大量的农民拆迁安置和类集建区的基础设施建设费用。如果仅依靠政府投资，没有社会资本参与，减量化任务难以完成，启动资金难以筹措，“减量化”能否全面推进充满不确定性（郭旭，田莉，2016）。此外，由于各区发展战略的“不平衡”（特别是在用地指标方面），减量化制度设计没有相应的土地发展权转移，导致远郊区乡镇虽然为区域生态环境做出了贡献，但却没有获得相应的补偿。发达地区的乡镇获得了绝大多数的规划空间，但却没有对应地为区域生态进行转移支付。减量化扩大了同一区域内镇与镇之间的发展差距（郭旭，2020）。

总体来看，近年来，上海城市更新在城市发展转型、规划许可和审批制度改革的“双契机”下，以建设用地“减量”“提效”为目标，取得了显著成效。城市更新与土地减量化相得益彰，共同推动上海建设全球城市发展模式的转型。2015年起上海逐渐建立起城市更新地方

---

① 来源：《关于切实改善我市农民生活居住条件和乡村风貌进一步推进农民相对集中居住的若干意见》（沪府规〔2019〕21号）

法规和配套政策体系，同时以机制创新构建规划资源全周期管理平台，推动了城市更新实施管理的制度建设。从实施成效看，由于大部分更新项目由政府（国企）主导，社会自主更新缺乏政策支撑；民营资本介入城市更新面临诸多约束与挑战。上海城市更新的治理体制仍需在实践中不断完善。

第三节　广州城市更新的变迁与治理模式转型

(一) 广州城市更新的政策变迁与实施历程

20世纪90年代初随着土地有偿使用制度的完善，房地产市场的发育，地铁1号线、内环路等基础设施和公共建设启动了广州的旧城改造。2000年以后，在亚运会举办和城市空间战略实施的背景下，在腾笼换鸟、2008年广东省“三旧”改造和城市更新政策的推动下，城市更新成为广州城市发展的常态性工作。根据2018年6月数据，广州市纳入“三旧”改造标图建库的存量用地共计21 092宗，总面积598.32km^2，超过全市存量建设用地总量（1758km^2）的1/3。存量用地是广州城市发展的战略性空间资源，按照广州年均约20km^2的新增用地需求，存量用地可满足广州未来30年左右的发展需要。近20年来，广州城市更新从老城区向外围全面展开，从零星的改造活动扩展为系统性城市更新。政府、业主和市场的互动关系发生多次转变，治理模式也发生了深刻的变化。总体而言，广州的城市更新可分为三个阶段。

1. 消除破败导向的城市更新(2008年以前)

就城中村整治改造试点而言，2000年9月，广州市召开“城镇建设管理工作会议”，在城市规划发展区范围内划定了138个城中村纳入改造名录，加快城乡一体化进程。同年明确先投资50亿元改造三元里村等7个“城中村”。2002年5月，广州市提出城中村改造政府不直接投资，不进行商品开发，改造资金筹措按照“谁受益、谁投资”的原则，以村集体和村民个人出资为主，市、区两级政府给予适当支持；从2002年10月开始，广州市在条件成熟的城中村进行城中村土地、房产转制的试点工作（李俊夫，孟昊，2004）。由于20世纪90年代末政府与开发商合作融资推进危破房改造带来了城市传统风貌破坏、烂尾楼、拖欠临迁费等问题，2003年之后，广州禁止开发商参与改造项目，完全由政府出资完成在册的危房改造（袁利平，谢涤湘，2010）。

2003年开始，广州在建设“适宜居住、适宜创业”的现代化大都市目标下，以亚运会“再造一个新广州”为契机加快推动危旧破房的改造。采取“政府主导、统筹计划、抽疏人口、拆危建绿”模式，至亚运会前，政府出资主导了累计109.07万m^2的在册危旧房和严重破损房改造（苏泽群，2007）。2007年启动新社区建设，解决拆迁户和危房改造家庭的就近安置。政府将危旧破房改造作为一种公益性质的“德政工程”，避免市场化的房地产开发模式带来老城区越来越密、房价越改越高的问题（左令，2002）。

2. 产业置换导向的城市更新(2008—2014年)

1）污染性企业的“退二进三”

2006年广州确定了城市“中调”战略，以提升老城区的发展质量。2008年3月出台了《关于推进市区产业“退二进三”工作的意见》(穗府〔2008〕8号)，将环城高速以内影响环保类企业和危险化学品类企业分批次向外围郊区空间腾挪，为老城环境品质提升、现代服务业发展提供土地承载空间。《广州市区产业“退二进三”企业工业用地处置办法》规定，纳入改造范围的“退二”企业用地可申请纳入政府储备用地并获得补偿；未列入政府储备计划的工业用地在不改变原址土地的用地性质、权属的前提下，也可用于除房地产开发以外的第三产业。鼓励长期利用旧厂房进行临时性功能改造，用于出租或自营创意产业(图5-14)。国有旧厂房临时性改造大大降低了创意产业园区的用地成本，提高了市场主体或业主自行投资改造的积极性，至2014年共有62家“退二”企业改造为文化创意产业园(岑迪，2015)。

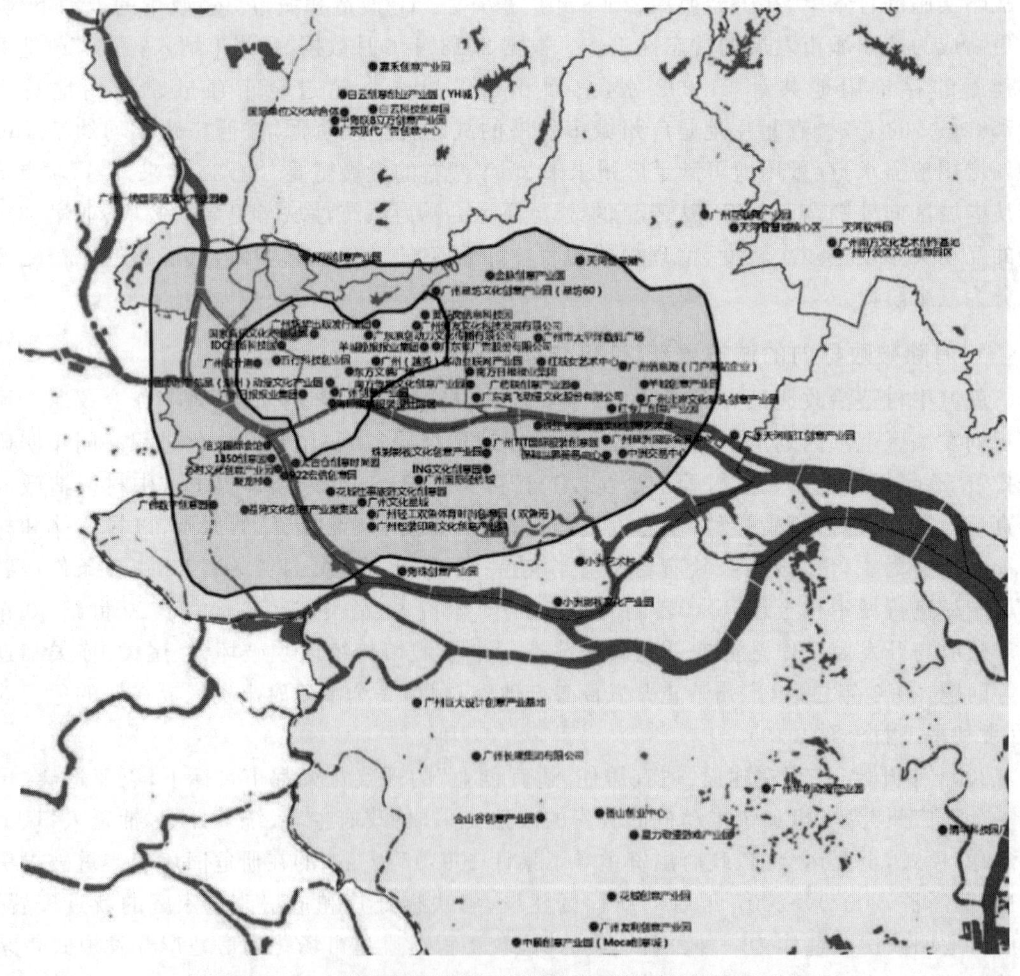

图5-14　广州市内通过旧厂用地“退二进三”的创意园分布

来源：广州市更新局，2016.广州市城市更新综合报告[R]

2）低端产业用地的“腾笼换鸟”

广州市积极落实省政府出台的《关于推进产业转移和劳动力转移的决定》(粤发〔2008〕4号)，即“腾笼换鸟”政策。番禺区、白云区等中心城区外围区域的部分村庄以“腾笼换鸟”的名义对衰败的集体旧厂房、旧商铺进行物质性更新，以吸引有实力的企业入驻，提高物业出租收入。在没有经过政府审批程序下，由村集体或承租人根据生产需要自行实施改造、扩建。从本质上看，自发的集体建设用地/物业的改造具有临时性的特征。改造不涉及产权合法化，集体土地从工业转为商业用途未补交土地出让金，没有规划部门的用地功能改变许可，村集体无法获得土地转性后的使用权证和房产证，改造后的集体物业无法办理正规的工商营业执照和进行消防验收，只能办理有效期为3年的《临时经营场使用证明》。根据广州市更新局的摸查，约有超过80%的集体旧厂房临时性改造项目与控规不符，用地手续不完善的情况普遍，因此其定位只能作为中小微企业的过渡性经营场所，难以吸引规模企业落户(岑迪等，2017)。如番禺区的友利玩具厂原为20世纪80年代发展起来的“三来一补”的外向型企业，2012年通过产业结构调整，升级改造为集电子商务、创业孵化、教育培训、茶博美食“四位一体”的产业园。

3. 集约用地导向的城市更新(2009年至今)

1）“三旧”改造试行期

2009年广东省实施“三旧”改造(旧城镇、旧厂房、旧村庄改造，简称“三旧”改造)，在自主改造土地协议出让、补办征收手续、集体建设用地转国有等方面实现了政策性突破。广州出台“三旧”改造的第一个政策文件——《关于加快推进“三旧”改造工作的意见》(穗府〔2009〕56号)，国有土地旧厂房允许业主自行改造，通过补交地价转变土地使用性质，也可由政府组织公开出让，原企业可分享60%的土地出让金成交价款；通过完善历史用地手续和简化土地确权，扫除后续改造的产权障碍；“协议出让、自行改造”保留了农民集体土地的开发权，赋予集体土地转变用途和强度的土地开发权。在意识到单方面依靠政府出资在财务上的不切实际后，2006年猎德村改造后政府重新放开了开发商投资旧改，确立了市场运作的实施机制。旧村改造的主体从政府转向村集体经济组织，改造模式分为政府主导、村集体主导、开发商主导和半市场化模式(杨廉，2012)，各村根据自身经济实力和经营能力灵活决定改造模式。

2009年至2012年，“三旧”改造的实施特征可以总结为“市场主动，效率优先”。市场主体和业主积极响应，“三旧”改造面积达到19.48km^2(赖寿华，吴军，2013)，相当于近4个珠江新城面积；25个旧村改造项目3年内获得改造批复，更新效率大大提升。由于缺乏对片区空间利益的整体统筹，改造项目以单个国有土地的旧厂为主，缺乏连片改造项目(图5-15)。改造项目以空间改造和土地效益为主要目标，注重改造的短期经济效益和投融资平衡，公共服务设施落地困难。改造方式以拆除重建为主，缺乏对城市特色与品质的关注。

2）“三旧”改造调整期

“三旧”改造前三年推动了业主收益较大、改造难度较小的国有土地旧厂项目快速申报，至2012年底，约有220多宗国有用地的私营旧厂改造获得批复。然而，改造项目大多由工业用途调整为经营性用途，房地产开发导向的更新压缩了宝贵的实体产业空间，加剧了

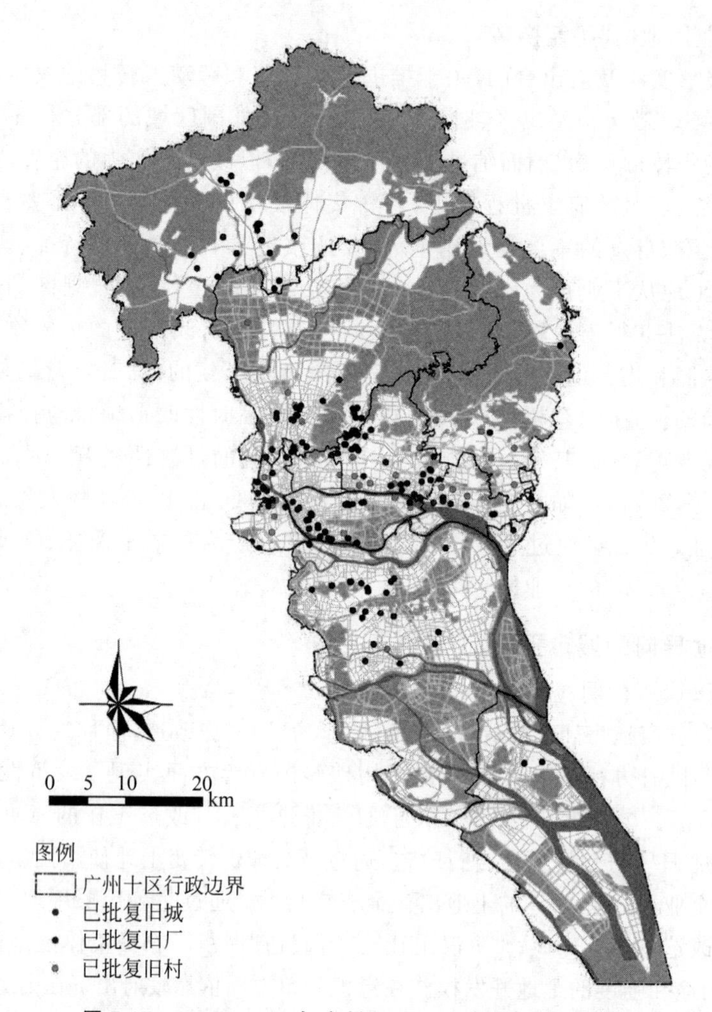

图 5-15 2010—2012 年广州“三旧”改造批复项目分布

来源：广州市城市规划勘测设计研究院，2016. 广州市城市更新总体规划(2015—2020)[Z]

房地产过剩的危机。2012 年后，“三旧”改造进行方向性调整，广州出台了《关于加快推进“三旧”改造工作的补充意见》，确立了政府主导、市场运作、成片更新、规划先行的原则。收缩了旧村自行改造的通道，提高了旧村改造集体成员的同意率(80%～90%)；调整了国有土地旧厂改造的收益分配比例；加强了重点功能区块土地优先储备和整体开发，“三旧”改造的重点转向了市属国企及周边地区的成片改造，鼓励由零星改造向成片更新转变。考虑到集体旧厂单独改造短期内将对国有土地一级市场和经营性物业市场形成冲击，集体物业、集体旧厂必须与旧村居同步捆绑改造。

2013—2015 年，“三旧”政策处于优化调整阶段，暂停了完善历史用地手续报批工作，停止审批“三旧”改造项目。除纳入“退二”名单的市属国资旧厂仍由市土地开发中心实施收储外，“三旧”改造处于停滞状态。这一时期，广州城市更新规划工作仍然在推进，相继启动了广州国际金融城、大坦沙成片连片改造等 11 个城市更新片区策划。

3）常态化城市更新

随着北上广深一线城市对资源要素的竞争日趋激烈，广州提出建设枢纽型网络城市的目标。然而，广州的低效用地约占全市建设用地总面积的30%，大规模的低效建设用地给产业转型提升和城乡环境品质带来挑战，直接影响了广州的城市竞争力与投资环境。在此背景下，广州市2015年成立了城市更新局，城市更新作为城市空间治理和产业提升的综合性政策工具，强调对产业和经济转型的作用。

2016年，广州颁布了《城市更新办法》及旧村庄、旧厂房、旧城镇更新三个配套文件，整合三旧改造、棚户区改造、危破旧房改造、土地整备等政策，建立了包含更新规划、改造策划、用地处理、资金筹措、利益调节、监督管理等在内的全流程政策框架。城市更新目标转向推进差异化、网络化、系统化的城市修补和有机更新，促进城市空间优化、人居环境改善、历史文化传承、社会经济发展的系统提升。

《城市更新办法》将拆除重建为主的全面改造项目和功能活化为主的微改造项目予以分类（图5-16）。全面改造涉及土地产权重构，投融资和交易成本高，周期长；微改造是指在维持现状建设格局基本不变的前提下，通过建筑局部拆建、建筑物功能置换、保留修缮，以及整治改善、保护、活化，完善基础设施等办法实施的更新方式，微改造项目不涉及业权人的变更，实施难度低。两者分类管理，兼顾了城市更新维育、活化建成环境的基本职责（urban revitalization）和协调土地再开发的拓展职责（urban redevelopment）（王世福，沈爽婷，2015）。2020年，广州出台了《关于深化城市更新工作推进高质量发展的实施意见》《广州市深化城市更新工作推进高质量发展的工作方案》及相关配套指引[①]，广州城市更新政策逐渐演化为"1＋1＋N"的政策体系，突出更新工作"规划引领、产城融合、配套提升、异地平衡"。

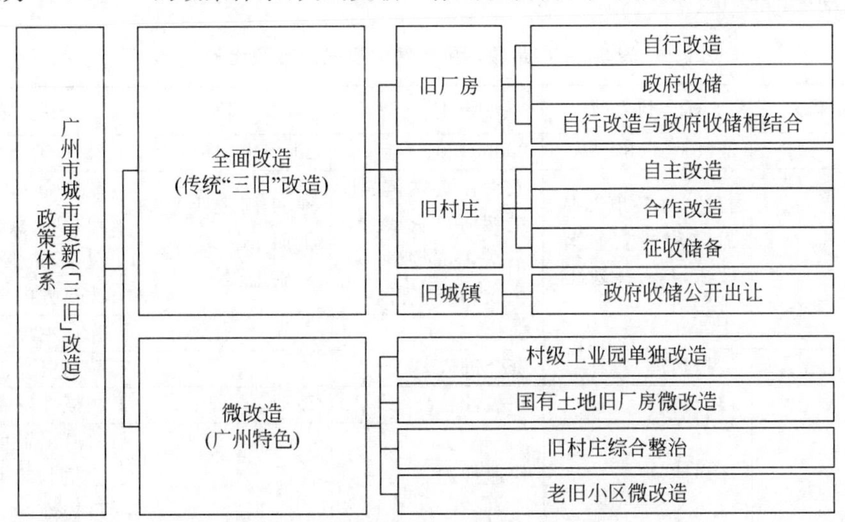

图5-16　广州城市更新的实施方式分类

来源：广州城市更新局，2016.广州市城市更新综合报告[R]

① 如《广州市城市更新实现产城融合职住平衡的操作指引》《广州市城市更新单元设施配建指引》《广州市城市更新单元详细规划报批指引》《广州市城市更新单元详细规划编制指引》《广州市关于深入推进城市更新促进历史文化名城保护利用的工作指引》。

(二) 城市更新政策变迁下的治理转型与实施成效

政治学家皮埃尔(Pierre,1999)根据参与者、方针、手段和结果等要素将城市管治模式分为管理模式 (managerial)、福利模式(welfare)、社团模式(corporatist)和支持增长模式(progrowth)四个类型。2000 年以来的广州市城市更新,政府、业主、市场的互动关系发生多次转变,城市更新的融资渠道从政府和业主投资转向依靠市场资本,进而推动了城市更新管治模式的演化。广州城市更新管治转型也经历了上述不同的管治模式(表 5-5)。2008 年以前公益性的旧居环境整治、消除破败和作为公共事务的城市功能转移,采取了福利型的治理模式,主要依赖政府出资,改造进程与财政投入和实施计划密切相关。2002 年试点的 7 个城中村改造中,事实证明,村集体、村民、政府三方筹资的融资模式难以实现经济平衡,最后仍然回到了地块出让融资的渠道。"三旧"改造初期政策上重点关注对业主和市场投资的激励,采取了社团型管治,改造效率较快,忽视了对改造效果的管治,大部分土地增值收益流向了旧厂业主。之后调整"三旧"政策,重新回到管理型管治,政府停止审批改造项目,控制改造进程。2015 年后城市更新从"一刀切"的管理型手段转变为"引导性"的管治模式。意识到政府缺位或弱化责任带来公共利益流失、环境容量突破、倒逼规划等问题,新政策强调政府对改造项目的选择及对改造各环节利益的调节,为自行改造提供了宽松的政策环境,鼓励社会资金进入旧改,微改造的引入大大提升了改造效率。管治模式转型对实施产生了显著的作用,对市场参与和业主自行改造的管治约束和地方财政的扶持程度,直接影响更新实施效率。

表 5-5 广州城市更新管治模式的转型比较

更新管治模式	福利型	社团型	管理型	引导型
时间	2000—2008 年	2009—2012 年	2012—2015 年	2016 年至今
特征	打造"好政府",依靠政府投资推动改造,具有计划性	鼓励社会主体、业主参与投资改造,不关心能否带来税收和公共利益	通过行政手段自上而下管理,控制实施进程	政府介入城市更新,建立公私合作伙伴关系,依靠政策引导改造方向
政府角色	主导	弱化	主导	强化主导
市场主体的介入	被拒绝进入	资金进入		鼓励资金进入
业主意愿	被动	积极性较高	被动	积极性较高
实施效率	计划性	快速推进	停滞	政府出资项目较快,业主与市场出资项目较慢

根据"三旧"改造的统计口径,截至 2019 年 4 月底,全市已批全面改造项目 361 个(旧村庄 45 个,旧厂房 316 个),正在推进老旧小区微改造项目 687 个;国有土地的旧厂房改造由于产权主体单一,谈判成本和难度最低,进展最快。从更新实施来看,由于城市更新涉及产权人过多,土地整合、利益协调、拆迁安置的难度极大,项目实施落地仍然步履维艰。至

2019 年 4 月,全市旧村庄改造已完工 9 个,旧厂房改造已完工 99 个,老旧小区微改造已完工 128 个,真正实施落地的项目仅占图斑总面积的 16.3%[①]。旧城镇涉及土地权利人最多,且缺乏集体组织作为代表统一意见,推进速度最慢,至 2015 年底,全市仅批复 22 个旧城改造项目,约 1.48km^2,完工 4 项(广州市城市更新局,2016)。从改造项目的土地功能转换来看,由于工业用地的租金和房地产开发的租金差异巨大,因此开发的利润空间非常可观。老旧小区微改造除外,全市 78%的改造项目采取拆除重建,约 80%的改造项目都是房地产导向的经营性用途开发。房地产开发导向的城市更新带来开发强度的大幅提升,对城市基础设施容量和交通服务能力构成较大压力。

(三) 城市更新治理的困境

1. 政府主导城市更新难以协调多元化利益诉求

纵观 2009 年以来基于"三旧"改造政策背景下的城市更新实践,广州始终坚持政府主导的原则。政府主导城市更新反映在政府对政策实施灵活的调整空间、对改造项目的自由裁量权和对改造项目各环节的全面参与。例如,城中村改造的"一村一策"原则,使政府可以主导改造项目的土地增值利益调节(Chung,Zhou,2011)。与深圳城市更新"政府引导、市场运作"不同,广州的"市场运作"在"政府主导"下进行。地方政府与市场建立了"委托-代理"型的契约式合作关系,将市场力融入城市发展日程中以解决旧改的融资问题。政府主导的"三旧"改造,在补偿没有达到原土地权利人要求的情况下,原土地权利人对旧改没有积极性。政府与村集体、企业主的利益博弈也会大大拉长改造的时间(田莉等,2015)。开发商虽然在程序上只在旧改方案确定后参与招投标进入到旧改,但实际操作中,开发商会早期介入参与到现状摸查、改造策划中,但由于政府政策的多变性和审批的不确定性,开发商面临利益巨大的"三旧"改造也难免如履薄冰。

此外,地方政府单向主导的利益分配方案难以获得参与者的集体认同。政府希望通过村级工业园改造同步解决留用地欠账历史遗留问题,以及完善周边市政基础设施和公共服务配套工作。村级工业园改造需占用部分土地和权益建筑面积进行公益性项目建设无偿移交政府,有留用地指标的还需抵扣,零星小规模的村级工业园在满足政府移交面积后更为细碎,村集体对抵扣留用地持抵触心态。政府制定的基于社会公平稳定导向的改造利益分配方案,村社是否认同存在很大疑问。对土地原业主而言,他们希望通过自主改造获得土地增值的大部分收益,对政府加强管治和成片改造的做法并不认同,也缺少整合多个土地业主的能力,导致改造陷入僵局。以政府统筹的番禺区南大干线沿线成片改造的 11 个村为例,经过 2 年多的改造方案利益协商,只有 3 个村同意按照当前的政策进行集体旧厂升级改造。城市更新陷入"政府不放权,改造无动力"的怪圈。

2. 房地产导向更新带来的市场与公共利益挑战

随着市场开发主体和拥有可改造资源的业主参与"三旧"改造的意愿高涨,大量拟改造

---

① http://www.gz.gov.cn/ztwzq/szl/gzszfjytablgz/szxtabljggk/content/post_3013196.html

区域被列入“三旧”图斑。为追求利润最大化，开发商往往追求高容积率和高强度开发，以平衡拆迁成本。从2009—2014年广州旧村庄和旧厂房改造项目批复方案的容积率分布来看，出于对改造成本、经济利润、实施可行性的考虑，改造项目普遍容积率偏高，尤其是旧村庄改造后超过80%的项目容积率超过3.0(表5-6)。高强度的开发给城市交通、公共服务设施及基础设施容量带来巨大挑战。在改造过程中，容积率突破上层次法定规划，以“打补丁”的方式修改上层次规划的现象屡见不鲜。房地产导向的城乡更新存在很大的市场风险，目前城乡更新的假设前提基本是房地产市场处于上升期，但集体非理性的后果可能是未来区域房地产市场一旦饱和下行后，会导致更新的停滞乃至失败(田莉，郭旭，2017)。

表5-6 2009—2014年广州旧村庄和旧厂房改造项目改造强度分布

净容积率	旧村庄/个	比例/%	旧厂房/座	比例/%
4.0以上	11	40.74	25	14.97
3.0～4.0	12	44.44	50	29.94
2.0～3.0	3	11.11	68	40.72
2.0以下	1	3.7	24	14.37
合计	27	100	167	100

来源：广州市城市规划勘测设计研究院，2010.广州市“三旧”改造规划(2010—2020)评估报告[Z]

政府实施工业用地更新的目的是实现工业产业的优化升级，亦即所谓的“工改工”，然而，实施改造进程中成功的案例并不多见。“工改工”项目土地租金回报远不及商服类产业提升项目，调整容积率的空间不大，回报周期长，市场缺乏投资动力。从工业企业发展来讲，“工改工”还面临产业和员工在停产改造空档期流失的可能，需要扩大产能的企业在农村工业点集中政策的鼓励下都迁入了基础设施配套完备的市属或区属工业集聚区。获取“工改商”的土地租金差仍是各方参与村级工业园改造的根本动力。对土地经济租金寻租导致市场更热衷于优势区位地区的更新项目开发，而处于生态敏感区、远郊区的改造项目，以及需要由大量公共基础设施投入的开发项目难以吸引资本的关注，导致更新活动在空间上冷热不均(田莉，2018)。房地产开发导向的更新忽视了改造活动的社会环境效益。如果政府不能在其中承担自身的角色，就会引发一系列社会问题，如租户空间的丧失、社区网络的破坏、混合功能空间的消失、城市文化的割裂、合理居住密度的丧失等(刘昕，2011)。

第四节 深圳的城市更新和土地整备

(一) 深圳城市更新的现实背景

1. 高速城市化后进入深度城市化的存量更新时代

深圳自1979年设市，1980年设置经济特区以来，伴随着改革开放的制度红利经历了高速发展的40年，常住人口从1979年的31万人增长到2019年的1344万人(深圳市统计局，2020)。2015年，深圳全市建设用地面积已经达到975.5km^2，占市域面积的48.8%，超过了开发强度警戒线30%的国际惯例。建设用地面积距离2020年土地利用规划上限控制指标仅剩余50hm^2，其中，福田、罗湖、南山、龙岗、龙华新区5个区建设用地已超过2020年规划指标。深圳设市40年，面临土地资源难以为继的发展瓶颈，盘活存量用地资源成为破解城市发展空间瓶颈的重要手段。为破解土地资源困境，深圳采取城市更新与土地整备两种模式相结合进行土地二次开发。

从2012年起，深圳存量用地供应规模超过新增建设用地，2012—2016年，存量建设用地指标占实际供应的比例从56%上升到85%，土地二次开发已成为保障土地供给的重要力量。虽然2017年以后存量土地供地占比在逐渐下降，但供应绝对量水平仍处于高位(表5-7)。城市更新作为存量建设用地供地的主要方式之一，在总供应土地的占比呈现增加的趋势，2012—2017年城市更新供地占建设用地总供地比重已从10%上升至19%。到2020年城市更新供应的商品房总规模占全市商品房总供应规模的约76%。

表5-7　2012—2020年深圳市建设用地供应结构　%

年　份	城市更新与土地整备供地指标	新增建设用地供应指标
2012	56	44
2013	59	41
2014	69	31
2015	73	27
2016	85	15
2017	70	30
2018	65	35
2019	47	53
2020	37	63

来源：深圳市规划与国土资源委员会，深圳市城市建设与土地利用实施计划(2012—2020)

2. 不完全的城市化带来复杂的存量土地权利关系

深圳市经过1992年和2004年两次城市化土地统征(转)[①]，实现全市域土地的国有化，成为名义上无农村的城市。但是在土地征转过程中经济关系没有理顺、补偿不到位，存在许多历史遗留问题。原特区外的宝安、龙岗等地区大量集体土地仍然由原农村集体经济组织继受单位及其成员掌控和使用。根据2009年深圳市原农村用地调查数据，原农村社区实际掌握土地约393km^2，占全市建设用地的40%。由于土地产权的认知冲突和大规模法外土地开发权归属的不确定(76%的土地不合法)，土地陷入"政府拿不走，社区用不好，市场难作为"的困境。根据2017年的普查，截至2016年年底，深圳全市共有城中村用地321km^2。城中村建筑总规模约4.5亿m^2，约46万栋，占全市建筑总量的43%，居住建筑面积2.9亿m^2，居住在城中村的总人口约1231万人，占实有人口的64%(《深圳市城中村(旧村)总体规划(2018—2025)》)。深圳建立了土地整备制度解决原农村社区集体土地历史遗

① 1992年特区内全部土地实施"统征"(统一征为国有)，2004年深圳决定再在原关外地区实施"统转"(即把关外全体农村集体居民转为城镇户籍人口，从而把集体土地也转为国有土地)。

留问题,推动原农村社区的转型。实施土地整备的区域主要集中在宝安区、光明区、龙岗区等行政区。

截至2018年12月,深圳已纳入省“三旧”改造“标图建库”地块共3360宗,总面积达193.07km²,占建成区的46.3%;各区差异显著,原关外几个区(龙华、宝安、龙岗等)由于大量土地尚未实现征转,形成了大规模低效的旧工业区和城中村(表5-8)。

表5-8 深圳市各区“三旧”改造“标图建库”汇总(2018年12月)

区	图斑数量/宗	用地面积/km²
宝安区	733	47.40
大鹏新区	127	6.06
福田区	125	8.62
光明新区	244	14.29
龙岗区	652	54.49
龙华区	621	26.40
罗湖区	177	5.71
南山区	217	13.92
坪山区	388	13.60
盐田区	76	2.58
合计	3360	138.58

来源:深圳市规划和自然资源局,2019.关于深入推进城市更新工作促进城市高质量发展的若干措施解读文件[EB/OL].http://www.sz.gov.cn/zfgb/zcjd/content/post_4977205.html

(二)深圳城市更新的历程与制度设计

1.城市更新的历程和法规政策体系

早在20世纪80年代初,深圳罗湖区就开始启动了东门商业老街区等旧城区的更新,1991年,深圳成立了旧村改造领导小组,至2003年,深圳的城市更新聚焦于旧村拆除重建。由于政策制定尚处于探索阶段,旧村改造真正推动的项目有限,泥岗村、赤尾村、蔡屋围村是其中较为成功的案例(缪春胜,2014)。2004年10月,深圳召开了全市违法建筑查处暨城中村改造工作动员大会,成立城中村改造工作办公室,出台了《深圳市城中村(旧村)改造暂行规定》。2007年,按照市政府的部署启动了旧工业区升级改造(工改工),开启旧工业区升级改造探索。根据《深圳市城市更新与旧区改造策略研究》,涉及更新的旧工业用地达226km²。

2009年8月,省政府出台“三旧”改造政策。同年10月,深圳颁布了《深圳市城市更新办法》(以下简称《更新办法》),实现了由城中村和旧工业区改造为主向全面城市更新的跨越。深圳城市更新围绕“城市更新单元”这个核心理念进行了多项创新。列入改造计划多年的罗湖蔡屋围村、福田岗厦村、南山大冲村等城中村进入实质操作阶段并完成拆除重建。同时,布吉大芬村、大鹏较场尾等成规模的城中村(旧村)综合整治也大量展开。赛格日立、天安数码水贝珠宝等旧工业区也提上改造日程(司马晓等,2019)。2012年,深圳出台了城市更新实施细则，从保障公共利益、简化提速行政审批、强化公众参与、强化政府引导、实现管理下沉等方面，进一步完善城市更新政策框架体系。

2015 年以后，深圳城市更新进入增质提效阶段，从拆除重建转向有机更新，更加关注民生健康，补公共服务短板，保护产业用地空间。2016 年深圳市政府出台《加强和改进城市更新实施工作暂行措施》，市规划国土部门组织编制了《深圳市城市更新"十三五"规划》作为全市城市更新工作的纲领性文件。深圳市"十三五"期间，提倡有机更新，避免大拆大建，争取拆除重建与综合整治用地比例达到 4∶6，加大城市更新配套及保障性住房供应。

从法规政策来看，2004 年以来，深圳先后出台了《深圳市城市更新办法》和《深圳市城市更新办法实施细则》，形成了城市更新政策的两大核心，并以此为基础构建了城市更新政策体系。同时配套多项操作性文件，涵盖更新计划、规划审批、用地出让、房地产证注销等多方面，逐步实现深圳城市更新工作的制度化、规范化管理（图 5-17，表 5-9）。

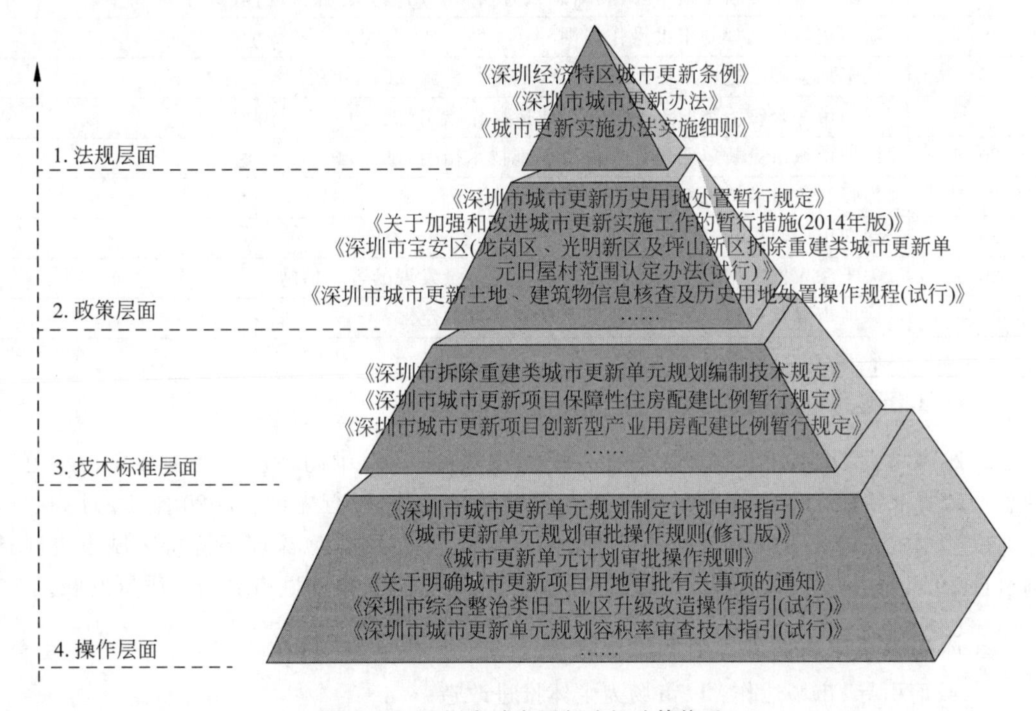

图 5-17　深圳市城市更新法规政策体系

来源：深圳市规划和国土资源委员会，2018. 深圳市规划和国土资源委员会关于印发《深圳市土地整备利益统筹项目管理办法》的通知[EB/OL]. http://www.sz.gov.cn/zfgb/content/post_4980205.html

表 5-9　2004—2020 年深圳市城市更新法规政策一览表

年份	名　称
2004	《深圳市城中村（旧村）改造暂行办法》
2009	《深圳市城市更新办法》（深圳市人民政府令第 211 号）
2010	《关于试行拆除重建类城市更新项目操作基本程序的通知》
2010	《深圳市城市更新单元规划制定计划申报指引（试行）》

续表

年份	名　称
2010	《城市更新单元规划审批操作规则(试行)》
2010	《深圳市城市更新项目保障性住房配建比例暂行规定》
2010	《拆除重建类城市更新项目房地产证注销操作规则》
2010	《深圳市宝安区、龙岗区、光明新区及坪山新区拆除重建类城市更新单元旧屋村范围认定办法(试行)》
2011	《深圳市城市更新单元规划编制技术规定(试行)》
2012	《深圳市城市更新办法实施细则》(深府〔2012〕1号)
2012	《关于加强和改进城市更新实施工作的暂行措施(2012年版)》
2013	《深圳市城市更新历史用地处置暂行规定》
2013	《深圳市城市更新土地、建筑物信息核查及历史用地处置操作规程(试行)》
2013	《城市更新单元规划审批操作规则》
2014	《关于加强和改进城市更新实施工作的暂行措施(2014年版)》
2015	《深圳市综合整治类旧工业区升级改造操作指引(试行)》
2015	《深圳市城市更新单元规划容积率审查技术指引(试行)》
2016	《加强和改进城市更新实施工作暂行措施》
2016	《深圳市城市更新办法(修订)》
2019	《关于深入推进城市更新工作促进城市高质量发展的若干措施》
2020	《深圳市拆除重建类城市更新单元规划审批规定》
2020	《深圳经济特区城市更新条例》

来源：根据深圳市人民政府网站整理

2019年8月，中共中央国务院发布《关于支持深圳建设中国特色社会主义先行示范区的意见》，要求在城市空间统筹利用等重点领域深化改革、先行先试。2020年12月30日，深圳市第六届人民代表大会常务委员会第四十六次会议通过了《深圳经济特区城市更新条例》，自2021年3月1日起施行，以破解城市更新深层障碍，推动城市更新高质量发展。

2. 深圳城市更新的理念与制度设计

1）政府引导、市场运作：以市场为主体推进改造

深圳城市更新的首要原则是政府引导、市场运作。市区两级政府合理分工，市层面主要负责政策制定、计划和规划的整体统筹；区层面主要负责项目实施的统筹和监管。政府力量介入城市更新着重在引导政策、规划、计划服务，而非财政投入。政府主要通过地价减免和容积率奖励等政策促进土地再开发，通过地价补偿和公共设施用地的获取分享土地增值收益(刘昕，2011)。项目实施以市场力量为主，充分利用市场资源(图5-18)。一方面，鼓励权利主体自行实施、市场主体单独实施或者二者联合实施城市更新；另一方面，通过政策引导吸引社会资金参与城市更新。对于单纯依靠市场力量难以有效推进的项目，适度加大政府组织实施力度。

《深圳经济特区城市更新条件》将城市更新活动分为综合整治和拆除重建两大类。强

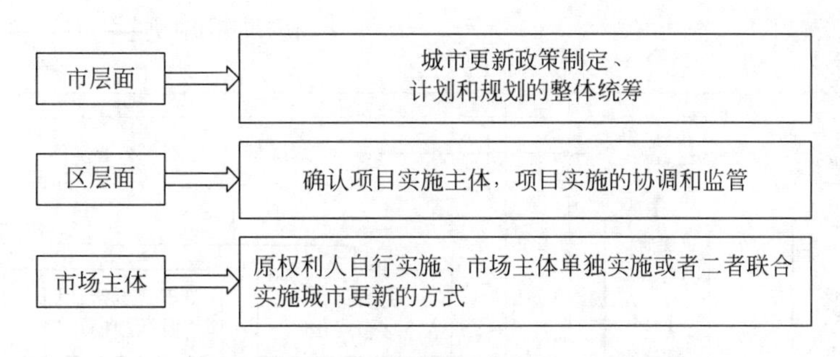

图 5-18 深圳城市更新中政府与市场的分工

来源：作者自绘

调拆除重建和综合整治并重，并做好与土地整备、公共住房建设、农村城市化历史遗留违法建筑处理等工作有机衔接，相互协调，促进存量低效用地再开发。综合整治类城市更新是指在维持现状建设格局基本不变的前提下，采取修缮、加建、改建、扩建、局部拆建或者改变功能等一种或者多种措施，对建成区进行重新完善的活动。拆除重建类城市更新是指通过综合整治方式难以改善，或者环境恶劣或存在重大安全隐患的情形，需要拆除全部或大部分原有建筑物，并按照规划进行重新建设。

2）以城市更新单元为平台的规划管理和利益平衡机制

深圳城市更新最重要的创新是“城市更新单元”制度。城市更新单元打破了宗地为单位的管理模式，将产权分散的用地整合，是城市更新实施的基本单位。一个城市更新单元可以包括一个或者多个城市更新项目。城市更新单元实行计划管理，城市更新单元计划依照城市更新专项规划和法定图则等法定规划制定，包括更新范围、申报主体、物业权利人更新意愿、更新方向和公共用地等内容。城市更新单元制度为城市更新走向市场化建立了基本框架，作为政府、市场和原业主利益协商的平台，成为解决土地历史遗留问题的突破口和重要抓手，具备深刻的土地产权意义（赖亚妮等，2018）。城市更新单元制度赋予原权利主体通过民主协商的方式自主选择计划申报主体和实施主体的权利，“城市更新单元”的划定充分考虑土地产权人意愿；申报城市更新单元计划时，城市更新单元内物业权利人更新意愿、合法用地比例、建筑物建成年限等应当符合规定要求。以“更新单元规划”为纽带，深圳构建了更新单元规划与计划编制的实施机制（图 5-19）。截至 2019 年年底，深圳市城市更新单元计划备案共有 214 宗（深圳市城市更新和土地整备局，2020）。

3）协议出让土地，完善地价，降低更新门槛和成本

城中村、旧工业区、旧商业区和旧住宅区更新均可采取协议出让土地的方式，从而规避了自行改造的风险，降低了原业主实施更新的经济成本。2014 年出台的《关于加强和改进城市更新实施工作的暂行措施》以“地价计收基准容积率”为标准计收地价。2016 年，深圳进一步简化了城市更新项目地价测算规则，根据改造用地类型、改造方式、用地性质和开发强度的不同确定地价，建立以公告基准地价标准为基础的地价测算体系，从而降低了实施主体的改造资金成本。对于拆除重建类项目的历史用地，处置后的土地可以通过协议方式出让给项目实施主体进行开发建设，其分摊的建筑面积以公告基准地价标准的 110%计收

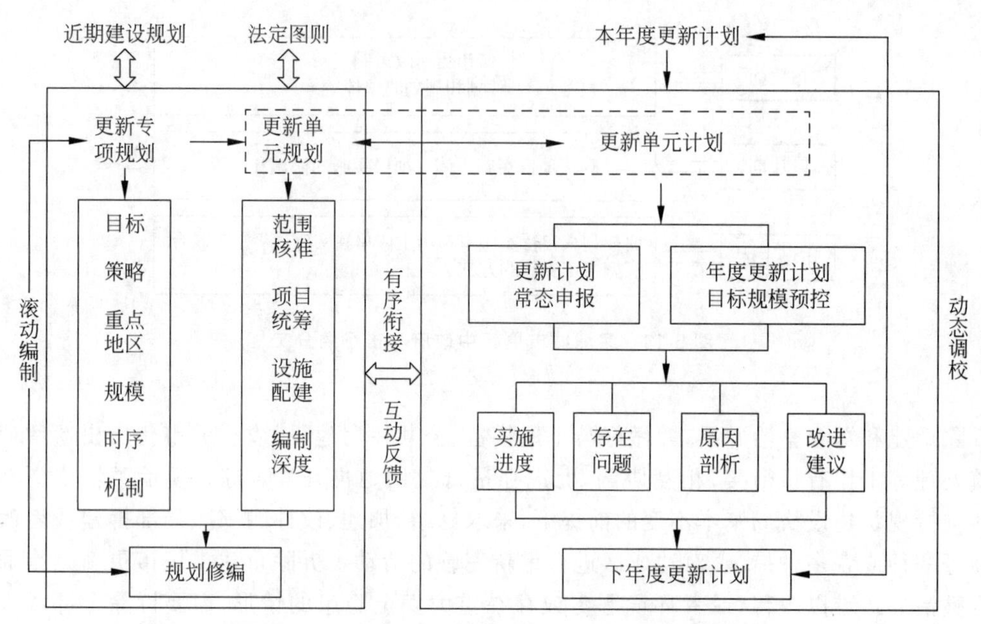

图 5-19 城市更新单元规划与计划编制的实施机制

来源：深圳市规划国土发展研究中心

地价(其中的 10%为对历史用地行为的处理)。2019 年起,深圳率先在全国建立以标定地价[①]为核心的土地市场价格体系,将地价评估工作前置,形成可预期可查询、真实反映市场水平的土地市场价格,对于稳定城市更新土地市场,打压城市更新中的投机行为具有重要作用。

此外,深圳通过降低更新的土地合法率使低效用地尽可能地纳入城市更新计划,降低土地二次开发的产权门槛。深圳提出了"20-15"准则,对更新项目"合法外"用地实行二八分成,当项目申请方同意把 20%的"合法外"土地无偿交给政府后,这部分土地就获得了参与城市更新的资格。然后,从余下可开发的土地中,再拿出 15%作为公共设施的配套用地。政府在城市更新中不再以全部土地确权为基础,以缴纳"确权税"(针对一个各方可接受的比例的土地)为前提,更新"合法外用地"和"违法建筑"的法律产权关系,并以此促进城市再开发。"20-15"准则突破了城市更新土地产权清晰的基础,形成了"唯有国有化、才能市场化"的模式(北京大学国家改革研究院,深圳土改课题组,2014)。

(三) 深圳城市土地整备制度

1. 深圳土地整备的机制

土地整备是由政府主导,为保障公共基础设施的规划落实、拓展土地储备来源和盘活城市存量土地,综合运用收回土地使用权,房屋征收,土地归并、收购、置换,征转地历史遗留问题处理,填海(填江)造地等多种方式,对零散用地进行整合,对调整后土地进行清理及

---

① 标定地价,是指政府为管理需要确定的,标准宗地在现状开发利用、正常市场调节、法定最高使用年期或政策规定年期下,某一估价期日的土地权利价格。

前期开发以完成土地储备的全过程。深圳土地整备的特殊使命是以利益共享和责任共担为原则，寻求政府、原农村集体社区和原村民之间的利益平衡点，解决原农村集体经济组织继受单位的土地历史遗留问题(邹兵，2018)。

深圳的土地整备主要由征地拆迁工作演变而来，实施土地整备管理之前，征地拆迁、储备、土地管理机构相对独立，部门协调成本较高，效率低下(张宇，欧名豪，2011)。2011年《国有土地上的房屋征收与补偿条例》出台后，“征地拆迁”的提法已相应调整为与国家统一的“房屋征收”，征地拆迁的工作重心转变为采取多种手段，包括土地使用权收回、房屋征收、土地收购、处理征转地遗留问题(陈美玲，2019)。2011年深圳出台了《关于推进土地整备工作的若干意见》，初步建立了深圳土地整备制度。

2011年深圳市启动实施土地整备，土地整备包含土地储备、房屋征收及利益统筹3种方式。其中土地储备和房屋征收为传统项目式土地整备，利益统筹是以解决原农村历史遗留问题为重点的一种新型利益分配型土地整备方式(刘荷蕾等，2020)。土地整备的主要程序包括计划和立项、方案报批、签订任务书、项目实施(包括土地确权、土地整理、征地拆迁、历史遗留问题捆绑处理等工作)、整备土地验收、移交储备、前期开发等环节(张宇，欧名豪，2011)。土地整备涉及市、区、街道三级行政主体分工，根据“市级统筹、区级实施，街道清场”的总体思路，结合重点发展地区优先、重大产业项目用地优先、重大基础设施项目用地优先和民生工程用地优先的原则实施(图5-20)。深圳市城市建设与土地利用“十三五”规划划定了50个重点整备片区，试图以土地整备利益统筹为突破口，稳步推进整村(片区)统筹整备工作，加强零散用地整合和土地历史遗留问题处理，推动土地集约节约利用以及土地资源的释放。

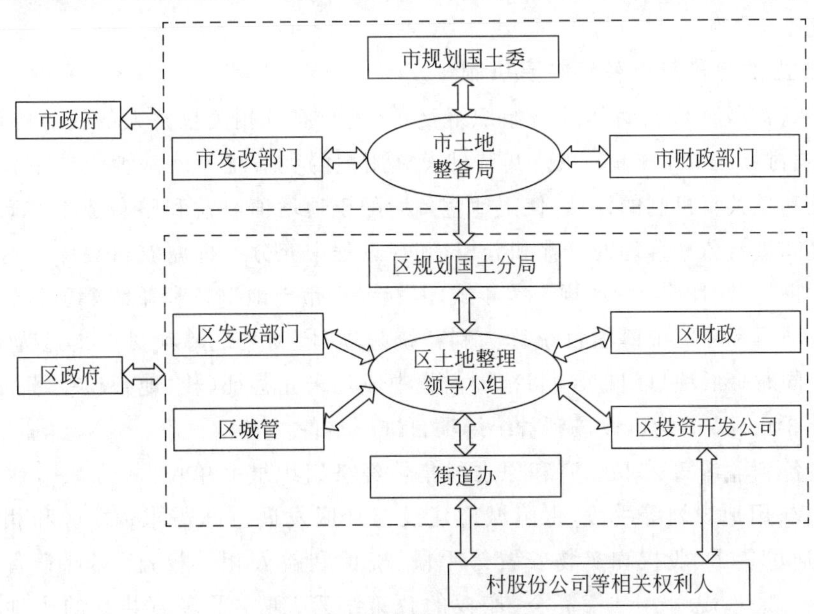

图5-20　深圳市土地整备职能架构

来源：张宇，欧名豪，2011.高度城市化区域土地整备运作机制研究——以深圳市为例[J].广东土地科学，2011(04)：34-38

2011年以来,深圳土地整备实施成效显著,各年份实际完成均超过了预定计划(表5-10)。至2018年底,累计完成土地整备158.26km²,纳入全市土地整备计划的利益统筹土地整备项目已有112个,总面积达44km²,土地整备已成为深圳建设用地供给的一个重要途径。由于早期土地整备各区在保障入库指标的前提下都在尽量选择拆迁量较小、问题较为简单的地块(如生态用地),随着补偿标准、实施效率等方面受到市场主导的城市更新的强力冲击,出现大多数房屋所有者和利益主体补偿谈判时倾向于选择补偿标准更高的城市更新,土地整备难度不断增大(欧国良,张宇,2017;冯小红,2019)。

表5-10 2011—2018年深圳城市更新整备计划及完成情况 km²

年 份	计划完成	实际完成
2011	45.28	46.85
2012	18.7	20.1
2013	18	20.74
2014	18	18.47
2015	15	15.3
2016	11	11.6
2017	12	12.2
2018	11	13
合计	148.98	158.26

来源:根据深圳市规划和自然资源局官方网站资料整理

2. 土地整备的利益统筹与共享机制

土地整备涉及原农村集体经济组织继受单位、政府及相关权益人的权益协调,政府发展用地、原农村社区留用土地[①]和公共基础设施用地的利益统筹。深圳土地整备制度的内在逻辑就是利益共享机制的设计,使土地整备后的土地增值收益和整备成本在政府、社区、村民三者之间进行公平合理的分配和分担,并在过程中充分发挥原农村集体社区组织的作用(邹兵,2018)。2018年,深圳规土委正式印发《深圳市土地整备利益统筹项目管理办法》,将整村统筹项目和片区统筹项目统称为利益统筹项目,利益统筹项目以街道为界限,突破社区界限。同时降低项目门槛,项目范围内集中成片未完善征(转)地补偿手续的规划建设用地不少于3000m²的均可以按利益统筹项目进行整备。

土地整备利益统筹采取政府和原农村集体经济组织继受单位"算大账",通过资金安排、土地确权、用地规划等手段,保障城市建设与社区发展空间需求;社区和相关权益人"算细账",通过货币、股权和实物安置等手段,确保利益人相关权益,实现整备范围内全面征转清拆。通过规划、土地、资金、产权的政策统筹,建立了多方共享的土地增值收益

① 留用土地包括项目范围内已批的合法用地、项目范围外调入的合法指标以及本项目核定的利益共享用地三大类。

分配机制。根据项目范围的现状容积率分段核算利益共享用地，避免一刀切的利益分配（表 5-11）。

表 5-11　利益共享用地核算比例

现状容积率	核 算 比 例
0	≤20％
0＜现状容积率≤1.5	≤20％＋20％×现状容积率
现状容积率＞1.5	≤50％

来源：深圳市规划和国土资源委员会，2018. 深圳市规划和国土资源委员会关于印发《深圳市土地整备利益统筹项目管理办法》的通知[EB/OL]. http://www.sz.gov.cn/zfgb/zcjd/content/post_4980502.html

土地整备规划以法定图则为协商平台，通过地籍重划安排留用地，明确农村集体的土地发展权；通过建立土地收益分配规则，明确农村集体留用地的位置、功能、开发强度及地价，控制公共基础设施用地；综合运用用地、规划、地价等政策手段调节农村集体利益和社会公共利益（林强，2017）。深圳市沙湖社区土地整备项目是深圳市首批两个探索“整村统筹”土地整备实践的项目之一，也是最大的“整村统筹”土地整备项目，项目总用地 362.95hm^2，通过整备政府获得 305.84hm^2 集中连片土地，占总面积的 84.27％，带动坪盐通道、医院等重大基础设施建设。社区集体获得 57.11hm^2 的经营性用地、220 万 m^2 的建筑总规模及 14.13 亿元的整备资金，增强了集体经济实力；社区居民除获得可进入市场流通的安置房之外，还可获得持续增长的集体经济分红（图 5-21）。通过土地整备利益统筹，增值收益分配的利益主体为政府与原村民/社区。原村民/社区可获得留用土地（留用土地比例最高不超过 55％）、安置补偿资金或安置房，市场（农村集体）获得的可开发建设用地比例小于城市更新，导致土地整备项目市场和原业主的积极性低于城市更新（冯小红，2019）。

(四) 深圳城市更新和土地整备的治理转型

1. 强化“城市更新”与“土地整备”的统筹

城市更新和土地整备两种二次开发模式之间并没有明确的界限，两者在土地二次开发的适用范围上存在交叉（表 5-12）。同一种情形在不同的政策环境下适用不同的利益分配模式，导致政策之间出现恶性竞争。例如原农村集体实际掌控用地无论是否合法，都可适用于两种模式。且两种模式年度计划均采用“自下而上”的申报机制，由市场主体或原农村集体经济组织自行申报，存在有选择申报，政府对两类计划均缺乏时间和空间的统筹（冯小红，2019）。深圳市场主导城市更新，对原业主的补偿标准会影响土地整备中农村集体对小业主的补偿定价，使得农村集体向政府索求更大的利益“蛋糕”，土地整备项目成本不断增大，土地增值向农村集体让利过多，政府获益不断减少（许亚萍，吴丹，2020）。深圳需通过更精细化的计划管理和利益统筹，协调市场取向的城市更新和政府主导的土地整备在项目申报、利益分配等方面的关系，控制小业主开发商的联盟推高土地二次开发的整体成本。

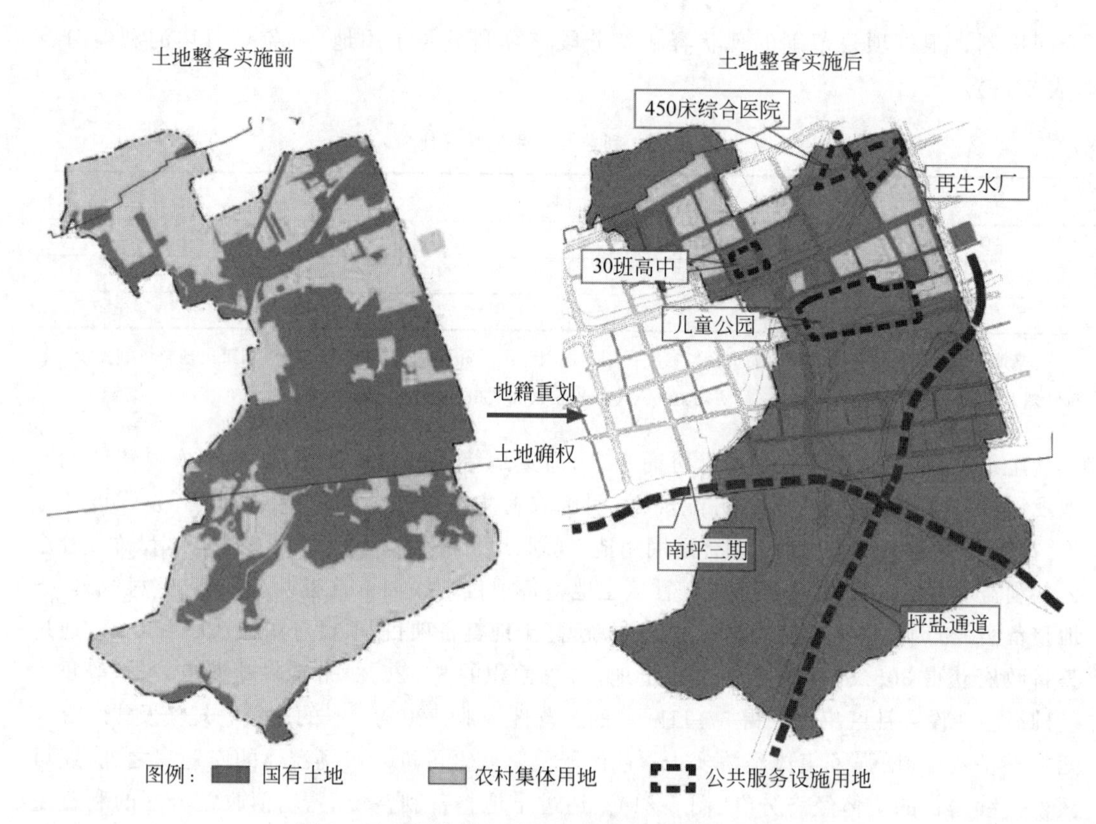

图 5-21 深圳市沙湖社区土地整备实施前后对比图

来源：林强，2017. 半城市化地区规划实施的困境与路径——基于深圳土地整备制度的政策分析[J]. 规划师. 033(009)：35-39

表 5-12 深圳城市更新与土地整备适用范围

可选路径 / 权属性质	国有合法用地		国有合法外用地	原农村集体所有合法用地		原农村集体所有合法外用地	
	已出让已建用地	已批未建用地	包含已建及未建	已建	未建(含非农、征返指标)	已建	未建
城市更新	√	√	√	√	√	√	√
土地整备				√	√	√	√

来源：冯小红，2019. 机构改革背景下存量用地开发趋势分析——以深圳市为例[J]. 中国国土资源经济(10)：46-52

2019 年深圳政府机构改革，归并了城市更新局和土地整备局，设立了深圳市城市更新与土地整备局，代表市政府作为土地整备的执行机构和项目主体，并每年颁布《城市更新与土地整备计划》，通过搭建由中长期规划及年度计划组成的城市更新目标传导机制，完善城市更新规划计划体系。通过年度计划统筹两种存量开发模式的顶层框架，统筹改造项目的年度任务、土地供应、空间分布与开发时序，探索实施城市更新、土地整备等多元手段结合的集中连片土地清理模式，运用规划手段调节和平衡利益格局，优先保障公共利益。通过规划统筹合理确定不同类型用地的实施模式和政策分区，引导实现连片存量用地的整体开发。

2. 推动城市更新从地产开发向有机更新转型

市场主导的城市更新涉及利益主体多元，为实现更新必须做大蛋糕，土地原业主与开发商形成利益联盟，倒逼政府要求更高容积率、过分强调市场导向的以打补丁的方式修改上层次规划、突破法定规划的现象屡见不鲜，加剧了房地产和经营性物业的过剩状况，公共服务配置不足，导致城市公共利益受损。市场经济理性和寻租倾向导致改造项目的多重发展目标虚化，改造项目功能以高强度的经营性用途为主，背离产业发展初衷；大量获批的"工改工"项目，实际异化为以新型产业用地（M0）发展第三产业。深圳的城市更新中，甚至出现过单个地块容积率高达26的情况，高强度开发带来的公共服务设施缺失的代价直接转移至政府和公众，据统计，"三旧"改造配套的小学缺口在100所左右（田莉，2018）。被视为城中村改造成功案例的深圳蔡屋围，改造后90%为高收入人群，10%为原村民，此前居住在城中村、为商务区服务的配套服务人口不得不因为高房租而搬离至较远的地带居住（邓志旺，2015）。

深圳政府显然已经注意到单向经济维度的城市更新带来的社会和公共利益负效应。《深圳市城市更新"十三五"规划》的思路发生转变，政府角色从"积极不干预"转向"积极调控"，提出了有机更新的思路，促进城市有质量、有秩序、可持续发展。2019年《关于深入推进城市更新工作促进城市高质量发展的若干措施》的出台，旨在强化政府统筹力度，提出优化调整策略，推动城市更新工作实现从"全面铺开"向"有促有控"、从"改差补缺"向"品质打造"、从"追求速度"向"保质提效"、从"拆建为主"向"多措并举"转变。加强对各区更新改造方向为新型产业用地（M0）和普通工业用地（M1）类更新用地结构比例和规模指标的引导，鼓励"工改M1"项目，严控"工改M0"项目。《深圳市城中村综合整治总体规划（2019—2025）》通过全面摸查全市城中村用地边界、用地规模、建设情况和改造实施情况等具体信息，合理确定55km^{2}城中村居住用地划入综合整治分区，确定了保留的城中村规模和空间分布。既在空间规划上有序管控城中村的城市更新节奏和步调，也通过给予市场明确预期，规范城中村的城市更新市场行为。该规划有序引导了各区开展以综合整治为主，融合辅助性设施加建、功能改变、局部拆建等方式的城中村更新。城中村更新也纳入到了城市住房政策与规划框架中。

3. 破解城市更新利益平衡机制和反公地困局

从2010年至2020年6月，深圳已列入城市更新计划项目880个，已通过城市更新专规批复项目506个；实施主体确认公示项目406个，计划实施率为46.14%。总体来看，城市更新项目推进困难、耗费时间较长，更新类项目从介入到实施主体确认平均需要6～8年时间[①]。从实施项目空间分布来看，列入更新计划的项目中，原特区外占76%（至2015年年底

① 深圳城市更新投资拓展-规划研判-土地整备1.0，https://zhuanlan.zhihu.com/p/161185568，2020/07/17.

数据)。特区内的旧改因其高昂的土地经济租金和显著的区位稀缺性，原业主牢牢把持土地以要求更高的补偿。典型案例如罗湖区木头龙小区改造，2007 年，深圳益田集团就进驻木头龙小区的旧改项目，经过 12 年开发商与业主谈判签约的拉锯战，至 2019 年底仍有 4 户业主不肯签约，导致整体改造搁浅，改造成本激增。已经实施成功的城中村拆除重建项目，原村民通过补偿款"一夜暴富"，亿万富翁并不鲜见。即使政府统筹的土地整备项目，其增值收益也是在政府和农村集体之间闭合分配，大量留用土地返还村集体和村民，土地整备区内原业主与农村集体有合约关系的相关方算小账，改造得益难以惠及租住其中的外来者(许亚萍，吴丹，2020)。

2020 年 7 月，深圳出台《深圳经济特区城市更新条例(征求意见稿)》，旨在解决市场化条件下城市更新利益平衡机制问题，探索通过法律手段破解"拆迁难"困局。对于城市更新搬迁难题，更新条例提出了"个别征收＋行政诉讼"的处置方案，由市、区政府对个别未签约业主的物业实施征收和补偿。通过城市更新立法进一步明确了城市更新应当遵循利益共享的原则，城市更新活动应当增进社会公共利益，建立了政府、市场、物业权利人三方利益平衡机制，在实施过程中，政府立足于公共利益和城市整体利益，要求市场主体无偿移交用地、配建公共设施，用以改善民生。

小　结

本章重点介绍了北上广深 2000 年以来城市更新的治理模式，透过政策变迁和实施成效的分析，反思城市更新治理的得失。北上广深城市更新的实践反映了不同利益取向和不同治理模式对城市更新实施成效的影响。总体来看，城市更新治理模式分为政府主导、市场主导、自治更新三大类型，由于再开发活动中利益主体间协商的复杂性和角色关系的不同，没有绝对的单一主导模式。在北京和上海，政府在城市更新中占据强劲的主导力，政府与市场、社区在城市更新中权利关系分配的不同，导致城市更新呈现差异化的实施效果。而在广州、深圳为代表的珠三角城市，村集体在城市更新中起着关键作用，村集体与市场主体和政府形成了各种合作更新模式；深圳市场取向的更新相比广州的市场运作来说，市场机制和资本对更新实施的推动作用更大。从 2015 年以后各地城市更新的政策趋向和实践可以看出，保护历史文化，不急功近利、不大拆大建，鼓励微改造等形式的有机更新已成为社会共识，在有限资本介入和精细化规划管控过程中，城市更新对产权制度设计的需求显得更为迫切。此外还需理清不同层级政府间的城市更新管理事权，将宏观决策与规划实施分离，强化市级统筹，调动基层积极性。无论是政府主导还是多元合作的更新，都需协调好政府与市场、原业主的权责关系，给予各方参与更新的正向激励，完善更新补偿和开发利益的博弈机制，构建公平合理的权责利格局。

思　考　题

1. 北京的城市更新模式与广州、深圳相比有哪些差异？
2. 上海存量用地更新在政策上如何促进城市转型发展？
3. 广州从“三旧改造”到“城市更新”转变过程中的治理思路有哪些转变？
4. 市场主导的深圳城市更新如何通过政策设计保障社会公共利益？

第六章　城市更新中的参与式规划

城市更新涉及的利益主体和产权关系复杂，往往需要多轮和反复的利益博弈过程，因此需要相关主体的广泛参与。在传统规划模式下，公众参与通常采取入户访问、问卷调查、规划公示、听证会等形式，需要耗费大量人力、物力进行宣传和调查，存在样本数量少、覆盖面窄、人力、物力和时间成本高企、效果不彰等问题(聂婷等，2015)。此外，传统的更新改造规划对要求精细化数据的个体行为研究不足，导致规划成果与复杂的发展现实不相符而难以实施(龙彬，汪子茗，2015)。

大数据时代的到来极大地拓展了规划数据的类型和获取渠道，并为参与式规划提供了技术工具。尤其是随着移动终端、新媒体、云计算等技术的发展，大数据已经渗入社会经济生活的方方面面。如何通过新技术的运用，设计城市更新多元主体协商平台，使城市更新中复杂的博弈流程可以实现"线上＋线下"的结合，对提升信息公开与交换效率、促进各方利益诉求的充分传达、优化更新协商流程，辅助城市更新协商过程的顺利推进具有重要意义。

第一节　城市更新中的公众参与

(一) 国内外公众参与规划体系的建立与发展

公众参与是公民行使权利、参与政治的重要渠道。Davidoff 和 Reiner(1962)在《规划选择理论》一文中提出运用多元主义体系应对规划过程中的价值观矛盾，确立了"倡导性规划"的概念，为公众参与城市规划提供了理论基础。Arnstein(1969)认为公众参与是对经济社会治理权的再分配过程，并提出了具有指导意义的"市民参与的梯子"理论，将公众参与按照参与程度划分出八个阶梯、三大层次(图 6-1)：从低到高分别为"无公众参与"层次，对应政府单向的"操纵""引导"；"象征性参与"层次，对应公众被动接受"告知""咨询""劝解"；"实质性权力"层次，对应公众与政府形成有效"合作"、获得"授权"、主导"控制"。自 19 世纪 60 年代以来，城市规划中的公众参与一直受到规划学界的关注，诸多学者围绕公众参与的机制与程序(Davidoff，1973；Sager，1994；etc.)、公众参与效用评估(King et al.，1998；Ebdon，Franklin，2010)等议题展开探索，提出公众参与程序法制化、构建公众团体组织、引入专业技术顾问等提升公众参与程度、优化公众参与路径的对策。

在实践方面，城市规划中的公众参与机制自 20 世纪 60 年代中期起成为西方社会城市规划和治理的重要内容，至今已有了较为完备的发展，并被公认为城市公民的一项基本权

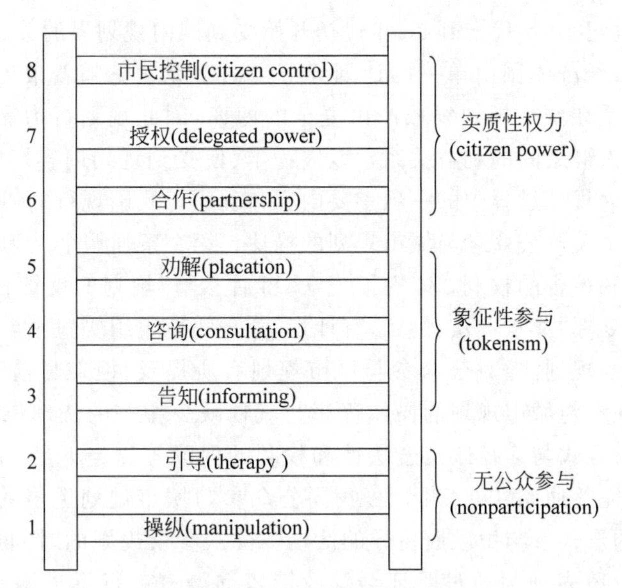

图 6-1　“市民参与的梯子”图解

来源：Arnstein S R，1969. A ladder of citizen participation[J]. Journal of the American Institute of Planners，35(4)：216-224

利(熊晶，2005)。英国 1968 年《城市规划法案》中将公众参与作为一项法定制度，有关公众听证、质询等程序的规定贯穿规划编制的整体流程，经过法定的公众参与程序的规划才具备法律效力。美国的规划公众参与始于 20 世纪 60 年代自发的社区组织运动，公众自主意识的觉醒和对切身利益的关注带动了规划参与社区组织的形成，进一步推动职业规划师从“长官意志”代表向公共利益代表转变(王华春等，2008)。

顺应自下而上的公众参与规划趋势，美国地方政府通过为社区组织提供援助、为公众提供规划参与能力培训、将公众参与作为援助款项审批条件、设定法定程序等多种形式推进公众规划参与体系的完善。日本的公众参与体系同样是在自发的社区建设活动下发展完善的：20 世纪 80 年代起，日本实施了以区市町村基层政府为决策主体的地区规划制度，虽然体现了公众参与的原则，但实际上规划编制仍由基层政府主导，公众参与程度有限；20 世纪 90 年代起，日本社区建设活动兴起，一些市民团体开始突破“政府主导”的局限性，自发地组织起“社区建设协议会”、制定自主自治的“社区建设条例”等，逐渐在社区规划的编制、实施、管理中占据主导地位，并自下而上地推动了政府政策的完善。1980 年日本城市规划法修订中强调了公众参与程序在城乡规划中的重要地位(李世勋，王雨村，2019)。德国公众参与体系的建立始于 20 世纪 60 年代后大规模的城市更新所造成的社会问题，1985 年《联邦建设法典》正式将公众参与写入城市更新法规中，规定了公众对于规划的知情、参与和反馈的权力(李斌等，2012)；20 世纪 90 年代起德国启动了“社会城市”计划，一些区域在城市更新项目中引入第三方机构(如城市更新开发公司)作为公众与政府的“连接者”，以扁平化组织形式提升公众参与的效率，甚至作为公众参与的常设平台(王晓君，2016)。

在我国，公众参与制度是建设社会主义法治国家的一项重要内容。城市规划领域的公众参与概念在20世纪80年代末到90年代初开始受到国内规划界的关注,当时的中国正处于改革开放的节点,经济体制由单一的计划经济走向多元化。随着市场经济的开放,各种利益集团和社会关系在城市规划领域产生复杂的博弈,因此规划行为需要更强的系统性、综合性以协调不同人群之间的利益关系。以人为本、使受到规划内容影响的公民参与规划的编制和讨论亦成为规划过程中的一项重要内容和程序。我国现行的《城乡规划法》的第9条、第28条均做出了关于公众参与城市规划的描述。第9条强调个人和单位对于违反城市规划行为进行检举和控告的权利,体现了公众"事后参与"规划的反馈权利;第28条则更明确地指出城市规划要"尊重群众意愿",有计划、分步骤地组织实施城乡规划。

然而,虽然《城乡规划法》对公众参与城市规划有所提及,但在目前我国城市规划编制的具体实践中,公众参与城市规划的操作程序与流程缺少相关的法理依据,对于公众参与的主体和范围、参与方式与途径以及合法性和权利的保障等界定不足,缺少一条有据可循并受到法律认可的完整通路。在实际中,我国公众参与城市规划更多的是行政主导式、被动的,公众以个人的形式参与由政府主导的活动。公众参议规划的时间局限在规划编制的初期和末期,初期阶段表现为通过听证会等政策咨询渠道进行意见调查,公众有"意见表达"的空间,但缺乏"意见听取"的回路和对意见的回应机制;末期表现为政策制定后的"事后参与",通过规划展示会等使公众了解已有规划、城市发展目标等。在规划流程中段的具体决策、实施过程公众的参与度较低。

(二) 城市更新中公众参与的意义与特点

城市更新是重塑老化物质空间、提升城市功能的过程,是对城市既成空间环境与既有社会关系的一次整体调整,与公共利益密切相关,且涉及众多的利益相关主体。在国内外城市更新项目的推进中都曾因产权纠纷、利益冲突等矛盾引发公众抗议、暴力拆迁、"钉子户"等社会性问题。基于城市更新中利益协调的复杂性,城市更新中的参与式规划受到广泛关注,公众参与相关研究已成为城市更新领域的高度关联的重要议题(刘鹏,2019)。

已有观点普遍认为,在城市更新项目中引入公众参与机制对于推进更新项目实施、有效改善城市社会环境具有积极影响(Turner,1968;张更立,2004;张肖珊,2011)。观察已有的城市更新实践案例,可以发现提升公众参与的程度对于更新项目的推进具有双重影响。在我国,城市更新涉及复杂的土地与物业权属等历史遗留问题,甚至有大量同时涉及国有建设用地和集体土地的混合改造项目,实际推进过程中涉及的利益相关主体众多,各利益主体的视角与诉求各异。引入公众参与机制,有助于通过多元主体共同协商避免冲突的产生,同时优化城市更新的规划决策,使城市更新更好地满足公共利益。但与此同时,由于目前我国城市更新相关主体在信息获取、政策认知等方面能力各异,交易协商成本较高,导致耗时较长,公众参与流程不顺,从而提升了城市更新项目的推进难度。换言之,在城市更新中引入参与式规划机制,需要在公众参与的"度"上进行权衡,兼顾更新项目的合理决策和推进效率。

与一般的公众参与规划相比,城市更新规划中的公众参与具有鲜明的特点。首先,城市更新规划项目中公众参与的主动性更强。基于规划主体意识的局限性，对于与自己没有直接利益关系的城市规划项目，公众参与规划的积极性往往不高；而城市更新项目往往涉及产权拆迁补偿、居民安置、生活环境与设施条件变化等直接影响公众物质利益和生活权益的问题，公众有更强的主动性参与到城市更新项目中（秦波等，2015；刘鹏，2019）。

其次，城市更新规划项目中公众参与的主动权更强。一方面，城市更新项目的相关利益主体较为明确，以更新范围内的产权主体为直接利益相关方。相对明确的主体范围使得自下而上的自发性公众参与组织更容易形成，或依托于原有社区、集体自治组织等，从而在与政府、开发商等主体的博弈中享有更高的话语权。另一方面，除听证、公示反馈等一般化的公众参与规划编制的法定程序之外，城市更新的规划编制与实施中往往还会涉及直接利益主体的表决、拆补合约签订等程序，而公众主体在这些程序中享有较大的主动权，可以通过投反对票、拒绝签约等直接影响城市更新规划编制与更新项目实施的进程。

最后，城市更新规划项目中公众参与主体有明显的利益团体特征。城市更新一定意义上是在特定空间范围内进行资源的重组织与再分配的过程，各个利益主体都希望在土地、物业、设施等资源的再分配过程中使自身利益最大化。在城市更新资源分配规则的制定过程中，具有相似利益诉求的主体会自发形成联盟，以寻求在利益博弈中获得更大的话语权，从而形成若干利益团体。利益团体的形成对于提升公众参与程度具有积极意义，为自发性公众参与组织的构建提供了基础，但也在一定程度上强化了不同利益主体之间的对立关系，可能导致协商流程中出现盲从、对抗等现象。

第二节　城市更新中的参与式规划流程与保障

(一) 城市更新中的公众参与流程

由于城市更新项目的特殊性，加之我国土地利用与城市建设政策的地方性，制定具有普适性的城市更新公众参与程序难度较大。此外，在旧城镇、旧村庄等不同类型的城市更新项目中，涉及的公众参与主体和相应的公众参与流程组织也有较大的区别。目前，我国城市更新通常以省、市为单位制定更新规划的原则要求，在区级行政单位内制定具体的更新规划导则。总体来说，城市更新中的公众参与流程可以分为正式公众参与和非正式公众参与两种类型：正式公众参与流程通常建立在法律、法规保护的基础上，是保障公众基本知情权、参与权、监督权的法定程序，对于形式、内容有相对明确的要求，但往往存在程序刻板复杂、流于“象征性参与”的问题；非正式公众参与流程不受法律保护，不是规划具有效力的必备条件，往往建立在地方更新导则的要求或更新工作策略的实际需求上，其参与形式更为灵活，各利益主体之间的交互更为紧密，是对法定公众参与流程的有效补充（李斌等，2012；刘鹏，2019）。

城市更新中的正式公众参与流程可以分为两类。一类是《城乡规划法》所规定的公众参与政务公开的通用流程，主要以听证、公示的形式进行，包括规划决策编制阶段的材料公示、审批结果公示、城市居民或村代表听证会等。听证、公示流程保障了公众基本的知情权，主要对应“市民参与的梯子”理论中“象征性参与”层次的“告知”“咨询”阶段，是公众参与城市规划最基础的路径之一。然而，公众在听证与公示中只能通过后置反馈来被动地参与规划编制与决策，并不能对规划结果产生实质性影响。

另一类是由地方性政策文件所规定的公众参与流程，主要以表决的形式进行，根据地方情况和更新项目类型对表决环节、表决主体范围、表决通过比例等做出差异化规定。以广州市的旧村庄改造为例，广州《城市更新办法》《旧村更新办法》等文件规定了三个表决流程：①改造意愿表决，须获得80%以上的村集体经济组织成员同意；②更新实施方案表决，须获得80%以上的村民代表同意；③更新实施方案批复后表决，须在批复后3年内获得80%以上村集体经济组织成员同意。佛山的旧村改造则将改造意愿表决、更新实施方案表决的通过比例规定为2/3，且规定了更新实施主体表决环节，即选定更新项目合作企业时需要获得2/3以上村民表决同意。在表决流程中，村民/居民对于城市更新决策结果和流程推进可以产生相对直接的影响，掌握更大的主动权和具有更大的影响力，对应“市民参与的梯子”理论中的“实质性权力”层次。但值得注意的是，表决流程通常是针对城市更新过程中直接利益相关主体（即既有产权主体）的公众参与做出的政策规定，公众参与的范围仅局限于既有的产权主体，间接利益相关主体不能参与表决流程。此外，参与城市更新表决流程的既有产权主体并不一定是更新区域未来的使用者，参与协商的目标往往优先考虑自身利益最大化，表决结果对于规划决策中公共利益的体现有限。

城市更新中的非正式公众参与流程目前主要包括规划编制前期的公众需求调研、规划编制阶段的互动活动、规划实施阶段的上诉等流程。目前，我国城市更新中的非正式公众参与流程大多数由政府、开发商或第三方专业主体发起，公众以被动参与为主。例如，更新规划编制前期对规划范围内的人群画像、空间及设施使用频率、出行方式、空间记忆等展开调研（黄斌全，2018），可以一定程度上反映公众对于规划的需求，但公众往往对调研目的和规划决策的影响缺少了解，配合积极性较低。近年来，伴随着第三方专业主体的参与以及自发性公众参与组织的建立，非正式公众参与的形式越来越多样化，例如基于社区居民委员会组织“手绘社区”活动、专业主体深入公众进行更新方案讲解等。虽然非正式的公众参与流程不能对城市更新的规划决策和规划实施进程产生直接影响，但却能通过灵活的、互动性更强的形式增进公众对于更新项目的了解及对规划决策的理解，从而有效提升公众的配合度、参与度，是对正式公众参与流程的有效补充。此外，非正式公众参与流程的组织有利于增强公众参与城市规划的主体意识，提升公众主体的规划知识储备，并对自发性公众参与组织的能力提升有积极作用。

(二) 城市更新中参与式规划面临的问题

总体而言，目前我国城市更新中的公众参与流程已经具有了相对丰富的形式，公众参与的主动性和影响力略高于其他类型的城市规划，且在更新意愿、方案编制、方案实施各个环节均引入了公众参与的环节。然而，在城市更新项目的实际推进过程中还是出现了“钉子户”、公众抗议等利益冲突对抗现象（刘鹏，2019），这反映出了我国城市更新参与式规划中存在的问题，如下所述。

1. 规划决策封闭性与“象征性”公众参与

在城市更新项目的实际推进中，公众对于更新决策和规划进程的影响是有限甚至微弱的(王浪，李保峰，2004；李斌等，2012；刘鹏，2019)，呈现出“象征性”参与的特点。一方面，在更新项目的实际推动中，尽管在更新意愿采集、企业主体选择、拆迁补偿方案、更新规划方案的各个主要阶段均设置了表决环节，但规划决策与编制过程中的公众参与是缺乏互动的，仅通过组织公众活动等非正式参与形式很难产生有效的公众反馈，核心规划决策流程对于公众而言是封闭的。由于决策流程的封闭性，难以建立有效的规划协商机制，公众主体和政府、开发商主体之间具有一定的信息不对称性，政府部门难以获得公众意愿与利益诉求，公众仅能通过表决来影响决策结果，表现为后置参与或被动接受(明钰童，2018；刘鹏，2019)。另一方面，公众在社会资源、知识储备方面的局限性限制了个体对于更新决策的影响力，尤其是弱势群体在公众参与流程中影响力较低(李斌等，2012)。在规划编制阶段，公众参与集中于前期与后期，在实际论证、决策环节缺少参与渠道(李世勋，王雨村，2019)，呈现“中空”现象。由于缺少城市规划的专业知识，公众往往只能基于政府及其他主体的决策结果做出“是”或“否”的选择，或受到思维定势的引导难以形成独立意见，导致公众意见的采集流于形式(刘鹏，2019)。“象征性”参与意味着公众并未对城市更新规划项目产生实质性的影响，其利益诉求无法在规划决策中得到充分的考虑和体现，这往往会在规划实施等后续阶段留下利益冲突等隐患。

2. 间接利益相关主体缺少公众参与渠道

在城市更新参与式规划流程中，除了公示、听证等通用形式，公众可以根据地方性政策、通过表决等形式对规划决策和规划实施进程产生直接影响，从而在公众参与中掌握更大的主动权。但值得注意的是，地方性政策所规定的正式公众参与流程往往只赋予了城市更新直接利益相关主体更高的参与权利，间接利益相关主体仍然缺少公众参与的渠道。以珠三角等地的旧城镇、旧村庄改造为例，更新流程中的表决主体通常仅限于更新范围内既有产权的村民、城镇居民，而租户、更新区域周边的居民等间接利益相关主体往往仅能通过公示反馈、上诉等形式进行正式公众参与。

由于城市更新项目中直接利益相关主体具有更突出的利益诉求和更高的话语权，非正式的公众参与环节往往也仅覆盖直接利益相关主体，因此间接利益相关主体的权益和诉求往往受到忽视。然而，尽管间接利益相关主体不涉及产权拆除与补偿等城市更新流程，但其与更新规划的编制与实施仍然具有很强的相关性，对于更新方案的定位、功能、设施等也有相应的诉求，且间接利益相关主体的参与可以在一定程度上提升规划决策对于公共利益的考量。目前我国城市更新参与式规划流程中，前置参与环节的设定、公众参与主动权的提升仅局限于直接利益相关主体，核心目标在于提升城市更新的推进效率而非决策合理性。间接利益相关主体在正式与非正式公众参与流程中均未能得到重视，其在更新规划中的利益诉求和规划主张缺少表达的渠道。

3. 自发性公众参与组织权责模糊

在参与式规划流程中，公众基于个体资源与力量的局限性，具有一定的“从众”和“搭便车心理”，往往依托于他人或利益团体联盟进行参与，期望以最小化的公众参与投入成本来满足利益诉求（刘鹏，2019）。随着公众参与公共事务意识的增强，自下而上成立的自发性公众参与组织开始在城市更新中扮演重要角色。从国内外社区更新实践的案例上看，自发性公众参与组织有助于调动公众参与的积极性和主动性：日本“社区建设协议会”通过定期组织会议自主形成发展建设意愿，从而突破置后表决的被动地位，与政府共同制定规划方案，在规划决策中获得了更大的主动权（王郁，2005）；成都旧城更新中通过居民自发组建的“自改委”来推动规划协商和实施，基于居民之间既有的信任和理解促进了沟通效率的提升和利益诉求的充分表达。然而，就我国目前城市更新实践来看，自发性公众参与组织普遍存在架构不成熟、组织能力弱等问题。此外，自发性组织的法律地位和行为标准较为模糊，依赖公众内部“以少带多”的自治容易引起盲从、道德捆绑等现象（明钰童，2018）。自发性公众参与组织作为公众参与规划的平台，其组织结构和权责边界有待进一步规范化。

4. 缺少专业引导的低效公众参与

受到教育水平、信息不对称性等因素的局限，城市更新规划流程中部分公众参与主体对于拆迁安置补偿等与自身利益密切相关的政策过度关切，却难以达到高度理解，同时对市场的价格与成本等因素也未有全面了解、抱持过高的利益诉求，从而导致公众在片面信息的误导下产生对政府、开发商等主体的不信任心理（明钰童，2018），甚至以对抗行动来保护自身利益，导致公众参与流程推进低效，甚至成为城市更新规划实施推进的阻碍。

已有文献指出，非利益相关的第三方专业资源（如高校组织、规划顾问等）的引入，一方面可以对公众参与主体的规划意识和能力进行引导，并进行培训，加深公众对于规划目的、政策及决策的理解，使他们更有效地参与到城市更新规划中（明钰童，2018）；另一方面，第三方专业资源因其非利益相关的中立特性，可以作为各利益相关方之间的“中介”，并提供专业性的知识与资源支持，对城市更新项目的顺利决策和实施产生积极推动作用。目前，在我国的城市更新规划项目中，第三方专业资源的参与程度明显低于国外案例。尽管在部分项目实践中通过地方政府引入高校合作、开发商聘请规划院等专业规划团队、集体股份公司等自发组织聘请顾问等方式引入专业资源，但均为各利益相关主体的自发行为，第三方专业资源并未被纳入一般化的城市更新流程中，在城市更新公众参与中发挥的引导和推动作用未能产生广泛影响。

（三）城市更新中参与式规划的保障

分析城市更新中参与式规划的现状问题，可以发现公众参与城市更新规划需要建立在信息对称、有效引导、兼顾效率与公平的基础上。保障城市更新中参与式规划的有效推进，有以下三个要点。

1. 提升规划信息传达的有效性

有效的公众参与应当建立在信息对称的基础上。目前，我国城市更新规划流程已经建立了较为完备的信息公开制度，确保了公众对相关规划信息的知情权。然而，由于城市规划具有一定的专业性，公众受到规划知识储备的局限，对于已获取的规划信息往往难以充分理解，依靠个体力量很难通过图纸及专业文件等解读规划方案所表达的发展定位、利益分配、规划实施流程等(胥明明，2016)。公众对于规划信息理解的不充分性是阻碍公众参与规划的重要因素之一，而在城市更新过程中，由于涉及复杂的利益关系及相关利益主体对于更新规划的密切关注，公众在未能充分理解规划信息的基础上往往很难进行有效的沟通、协商，甚至可能由于对规划信息的误读而产生不符合实际的收益期望或对抗情绪，从而对城市更新的推进产生阻碍。因此，提升规划信息传达的有效性是保障城市更新中参与式规划顺利推进的重要前提。

目前，我国规划信息的公开主要通过政府部门发布相关文件、公众自行获取的形式进行，公众需要主动查阅相关规划信息、主动积累理解专业文件的基本规划知识，这对于公众参与的主动性要求较高，造成了较高的信息传递壁垒。确保规划信息的有效传达，一方面需要优化规划信息发布的渠道，降低公众获取规划信息的成本，确保信息公开的及时性、广泛性，在政府政务公开平台以外拓展线上、线下多种渠道信息传达，例如依托已有的即时资讯平台进行信息公开，对更新项目设立临时的线下规划展厅等；另一方面还需要对信息发布的内容与形式进行优化，确保信息传递的可读性，在原有的专业性图文文件的基础上结合三维可视化技术、线上线下互动展示形式等，以更加直观、易懂的方式建立公众对于更新项目、规划方案的理解。此外，基于线上信息发布等形式对信息传递效率的提升，还应适当扩大规划信息公开的范围，提升各主体之间的信息互通性，在广度上促进信息公开贯穿项目确立、规划决策、方案拟定、利益分配、审核审批、施工及验收全过程，在深度方面可以通过线上、线下结合的方式建立更加及时、高效的信息传达和动态协商机制，促进公众对于建设难度、成本构成、收益流向等的理解，从而尽量减少信息不对称带来的冲突。

2. 兼顾规划参与度与更新效率

观察我国城市更新的实践案例，可以发现阻碍城市更新实施进度的往往有两种情况：一是在更新实施方案阶段的协商过程中产生分歧，二是在更新项目拆迁与建设阶段产生对抗。在第一种情况中，公众以表决权为筹码与开发商对峙，处于相对主动的地位。由于项目进度停滞不前会抬升项目成本，甚至导致项目超时，因此开发商在协商阶段需要兼顾自身收益目标与项目效率。由于在目前城市更新实践表决环节设定中表决频次高、通过比例要求高(往往需要达到80％～90％)，每一个直接利益相关的公众个体都可以影响更新项目的进度，开发商往往需要做出让步或以额外利益补偿“逐个突破”。然而，协商环节的公众高度参与并无法从实质上保障公众合理利益诉求得到满足，反而导致不公平现象的产生及不合理的诉求，对更新实施造成阻碍。在第二种情况中，由于公众在项目拆迁建设启动后缺少正式参与渠道，处于被动地位，只能通过上诉等方式表达自己的利益诉求。更新实施过程中公众参与渠道的缺失导致对抗、游行等激烈冲突事件的出现，从而阻碍更新进程。

综上可见，过高和过低的公众参与度都会阻碍城市更新的推进，影响城市更新效率：过高的公众参与度会细化并暴露出更多的利益分歧，增加协商成本与难度；过低的公众参与度则使公众利益诉求无门，激化利益冲突与对抗情绪。因此，保障城市更新中的参与式规划，应当兼顾规划参与度与更新效率之间的平衡。一方面，应当改变方案确定阶段集中参与、方案实施阶段“投诉无门”的现状，通过公众参与环节和路径的合理设计，使得公众在城市更新的全程中均有参与规划、表达利益的渠道；另一方面，应合理定义各利益相关主体的权利边界，给予公众适度的决策参与权，在保证公众充分表达自身利益诉求的同时规范他们的参与行为。

3. 丰富与强化“第三方主体”角色

在我国城市更新的实践中，尽管有部分项目引入了专业规划机构、高校研究团队等中立的“第三方主体”，但它们在城市更新流程的实际推进中并未发挥充分的作用，往往只提供专业技术支持，或加入非正式的公众参与流程之中，未能在利益分配和方案协调方面扮演重要角色。事实上，“第三方主体”的中立角色和专业能力是城市更新项目的重要资源(李世勋，王雨村，2019)。

在目前的城市更新流程中，关于更新实施方案、拆迁补偿方案等的协商均由更新实施主体与其他利益相关方直接对接；由于大部分城市更新项目的实施主体为外部引入开发商，一方面开发商与公众主体之间存在利益博弈，协商难度较大；另一方面政府在具体方案制定流程中的缺位可能导致公共利益未能充分体现。“第三方主体”的引入，可以凭借中立的角色立场，为公共利益和各相关利益团体之间协商提供桥梁：在更新规划编制前，以中立的角色收集、对接各方利益诉求，为政府划定更新范围、评估更新难度、确定更新规划发展方向等提供咨询服务(明钰童，2018)。在更新规划编制阶段，“第三方主体”可以作为价值体系的构建者，为各利益主体的沟通与协商创造环境，并对协商方式提供合理高效的引导和监督，推动弱势公众主体平等、充分地表达利益诉求。另外，“第三方主体”具有专业知识储备、技术支持和更新实践项目案例的经验积累，可以有针对性地协助各个利益主体提高规划参与能力。

在更新规划编制阶段，“第三方主体”可以在具体的更新方案设计中扮演主导角色，利用其专业能力及对各相关主体利益诉求的充分了解，推动形成综合各方需求的更新、拆补方案，保障公共利益的体现。在更新规划实施阶段，“第三方主体”可以为公众主体理解方案、跟进项目等提供帮助，既提升公众参与的能力与效率，又避免缺乏专业规划知识的公众主体“过度参与”对更新规划进程的阻碍(李斌等，2012)。丰富、强化“第三方主体”的角色，引导“第三方主体”从技术专家转变为价值体系构建者，不仅可以为更新规划决策提供高效、高质量的专业技术支持，还可以通过第三方对公众参与流程的介入，搭建城市更新中各利益主体之间协商、协作的桥梁。在城市更新中更广泛地引入“第三方主体”、丰富并强化其角色作用，可以为城市更新中参与式规划的有效推进提供保障。

4. 借助博弈平台实现多方利益博弈优化

1）城市更新中传统规划方法的不足

城市更新过程牵涉复杂的利益主体，多方利益协商成本高、效率低，达成一致的时间过长，成本也偏高。通过对现状城市更新流程进行梳理，可以发现城市更新中的传统规划方法存在如下问题：

(1) 协商过程涉及大量的入户调查与村民/居民的改造意愿收集，一旦方案发生变更，需要反复进行，耗费大量人力、物力与时间；

(2) 利益主体信息不对称，村民/居民对拆迁补偿或对所在小区的规划建设改造情况了解不够，导致要么要价过高，要么由于不了解相关政策和自身权益而对更新改造产生不信任乃至抵触情绪；

(3) 政府难以及时和全面了解更新过程中的村民/居民利益诉求及其变化状况，现实中常被开发商与村民/村集体形成的“联盟”所绑架，而不得不做出各种让步。

2) 城市更新中的多主体协商平台解决方案

城市更新多元主体利益协商平台以“实质利益谈判法”为理论基础，形成流程式的协商框架，运用线上平台辅助线下更新的协商流程，形成分析、策划、讨论多轮循环的利益谈判机制。平台围绕城市更新流程中改造意愿、现状认定、更新主体认定、拆迁补偿方案、更新规划方案、更新实施六大阶段展开设计，连接六类主体——政府、开发商、村集体/居委会、村民/居民、第三方专业机构、其他利益相关方，以线上电子化形式实现信息和利益诉求的高效、透明、标准化传递。其适用情景包括两类：一是拆除重建类的城中村更新；二是老旧小区改造。

在拆除重建情景下，APP系统整体架构将形成由改造意愿、现状认定、拆补/改造方案、更新/改造规划、引入企业、拆迁/改造实施六大阶段组成的流程式协商框架(图6-2)。针对每个阶段不同的协商主体、利益核心、协商标准和协商方案进行差异化协商模式设计，同时内嵌入安置补偿面积测算、开发/改造情景模拟、更新/改造成本测算等技术模块，辅助利益协商的可视化。APP的使用主体包括更新核心利益群体(村民、村集体、租户、居民、开发商、政府)和第三方工作小组。其中，第三方工作小组扮演利益协商的组织者和协调者角色。由第三方工作小组启动利益协商流程，核心利益群体在APP中表达自身利益，遵循一定的协商原则，通过互动协商方式达成共识，完成整个更新协商流程(图6-3)。

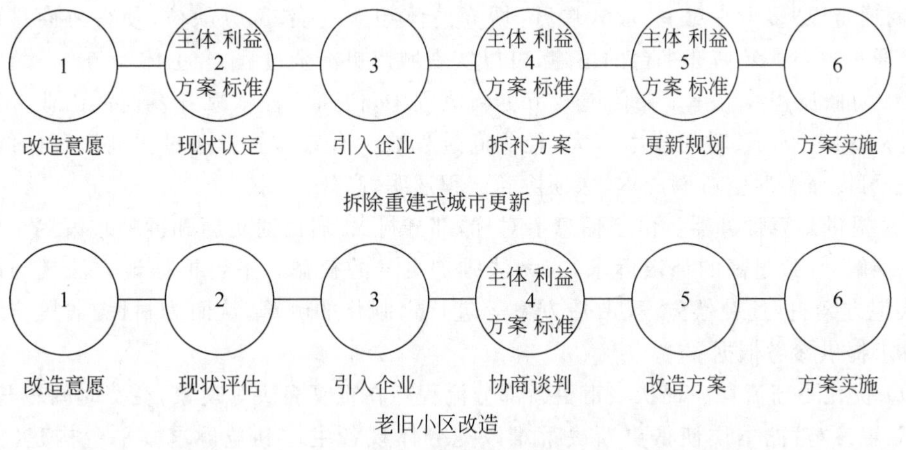

图6-2　拆除重建(上)和老旧小区改造(下)中的六阶段的流程式协商框架

来源：作者自绘

图 6-3 城市更新多元利益协商的 APP 系统界面

来源：作者自绘

城市更新多元主体协商平台主要从五个方面提升城市更新流程的协商效率。

(1) 构建“多对多”协商平台。在传统城市更新流程中，由于各阶段博弈、协商焦点的转换，协商通常以“多个一对一”形式展开，博弈主体频繁更换、部分缺位，使得协商难以达成一致。通过“多对多”博弈平台的搭建，可以实现城市更新全过程、全主体参与。

(2) 协商流程线上化。在传统城市更新流程中，协商往往依靠开发商派出业务员逐户谈判，协商效率低下、时间成本巨大，且协商过程缺少有效监管。通过协商流程的线上化、电子化，可以减少时空协调成本，保证协商流程透明、高效。

(3) 提供测算计算器。由于信息不对称，部分村民/居民对更新和拆补政策等了解不足或存在误解，导致过高的补偿诉求，或无法维护自身的权益。平台根据地方法规与政策对面积认定方案、拆迁补偿方案、改造方案等进行定制化的测算，从而为村民/居民合理维护利益诉求提供参考依据。

(4) 优化更新流程。现状城市更新部分流程存在重复表决等现象，耗费时间较长，且表决的“后置参与”的本质使得更新决策难以充分体现各主体利益诉求。平台构建“意愿摸底—协商—表决”流程，利用线上方式的便捷性收集意愿，从而提升决策对各方利益诉求的体现，减少重复表决。

（5）引入第三方专业机构。现行的做法往往由开发商主导更新实施方案的制定，推动协商流程。由于开发商与居民/村民之间存在利益博弈关系，部分不当执行方式容易激起对立情绪、引发对抗行为。平台以第三方专业机构主导推进城市更新进程，制定具体协商流程和方案，有利于对多方利益的协调。

小　结

大数据时代来源丰富、形式多样的海量、动态、可持续信息资源，为涉及复杂博弈场景的城市更新提供了路径和工具。借助参与式规划的理论与方法构建城市更新多元主体利益协商平台，通过线上平台工具辅助线下流程，高效可视地推进更新改造的利益协商进程，为建构城市更新中的参与式规划提供了机遇。当然，不可否认的是，复杂的多主体利益协调仅仅依靠线上沟通是不够的，同时需要配合线下的宣讲、培训和协商，通过“线上＋线下”的充分博弈，实现城市更新中各利益主体的充分参与，为解决城市更新中复杂的利益冲突提供了更具前景的解决方案。

思　考　题

1. 城市更新中的参与式规划与一般的公众参与规划有何不同？
2. 参与式规划中第三方的重要性体现在哪些方面？

第七章　城市更新规划的编制方法

城市更新规划是存量规划的一种类型，实质是指存量建设用地再开发规划。相比存量规划主要关注土地利用方式的转变，城市更新规划不仅关注土地再开发的经济维度，还关注规划方案对社会公正、文化传承、生态维育等方面的影响。总体来看，城市更新规划可分为城市更新中长期规划和实施性规划。

城市更新中长期规划侧重政策性、纲领性和战略性，目的是明确城市更新的总体战略，为下一层级的城乡更新项目实施提供指引。城市更新中长期规划的年限因城市而异，或与国土空间总体规划编制年限衔接，或与国民经济与社会发展五年规划衔接。城市更新实施性规划主要分为两类：一类是片区型更新规划，如广州面向实施的城市更新片区策划方案，这类规划重在统筹划定更新片区，成片连片推进更新改造，对多个城市更新项目的关联关系进行综合分析，提升成片更新协调统筹的水平；另一类是单元型更新规划（如深圳的城市更新单元），例如城市更新单元规划和城市更新项目实施方案，这类规划重在落实城市更新片区规划或策划方案，推动更新项目落地。

本章以城市更新规划编制体系成熟的广州市为例，总结城市更新规划编制的内容与方法。接着以广州市南部的番禺区为例，具体分析高密度半城市化地区城乡更新的规划要点，进一步以番禺区已实施的成片更新典型项目——东郊村成片改造为例，探讨实施性更新规划编制技术方法。

第一节　广州城市更新的规划编制体系

(一)"1+3+N"的更新规划编制体系(2009—2015年)

为加强计划管理和城乡规划的引导作用，广州确定了"1＋3＋N"的"三旧"规划编制体系（图7-1）。"1"指广州市"三旧"改造规划，确定改造总体原则，落实城市总体规划和土地利用总体规划的相关要求。"3"指旧城镇、旧村庄和旧厂房专项规划，偏重中观层面的规划控制，对接控规大纲或控规单元法定图则。"N"指"三旧"改造地块的改造方案或控制导则，对接控规地块管理图则。城乡更新改造单元规划的深度和控制性详细规划一致，成果可替换现有控规（赖寿华等，2013）。其中，"1＋3"是广州首个城市更新中长期规划，第一次系统梳理了广州各类存量用地的底数。

与深圳"自下而上"的更新单元编制不同，广州市编制体系更多地呈现"自上而下"的特

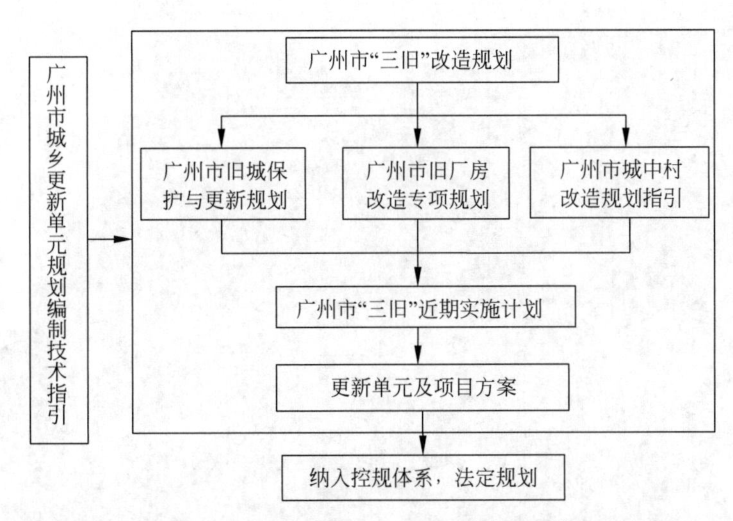

图 7-1　广州"1+3+N""三旧"改造规划体系

来源：广州市城市规划勘测设计研究院，2012.广州市"三旧"更新改造近期实施计划[Z]

征，试图通过加强规划引导来调控"三旧"改造进程和出现的种种问题。广州进一步编制了"三旧"近期实施计划作为承接纲领性的总体规划与下位更新项目实施方案。近期实施计划划定了广州五大重点片区（白云新城、白鹅潭地区、新城中轴线南延地区、黄埔中心区和琶洲—员村地区）"三旧"用地的更新改造单元、改造规模和改造计划（图 7-2）。但事实上，近期实施计划缺乏对更新片区的传导机制，政府单向划定的更新单元并未考虑土地整合开发的实际需求，基于规划边界划定的更新单元边界与实际土地产权边界并不一致。

近期实施计划对改造规模的测算和实施时序的计划主观色彩较浓，而重点片区的更新实施推进受到土地储备和供地计划、土地开发主体对片区开发分期管理、重点项目引入、控规调整审批流程等多种因素影响，更新实施计划与重点片区开发缺乏统筹协同。更新项目实施在资本推动下以土地开发利润和投融资平衡为前提，一般都需调整控规，更新方案无法代替控规调整，实施计划与控规等法定规划并无传导关系。至 2013 年，广州的"三旧"改造总体呈现改造项目零星无序、以市场意愿为主、成片连片改造效果不佳的特征，难以实现政府对改造项目的空间统筹考虑。

（二）规划与计划相结合的分层编制体系（2015 年至今）

2016 年出台的《广州市城市更新办法》建立了规划与计划相结合的更新规划编制体系，包括"城市更新中长期规划→城市更新片区策划方案→城市更新年度计划→城市更新项目实施方案"四个层次。其中城市更新中长期规划主要明确中长期城市更新的指导思想、目标、策略和措施，提出城市更新规模和更新重点，各区政府依据城市更新中长期规划进一步划定城市更新片区。城市更新片区策划方案的目的在于整合片区空间资源，统筹土地开发

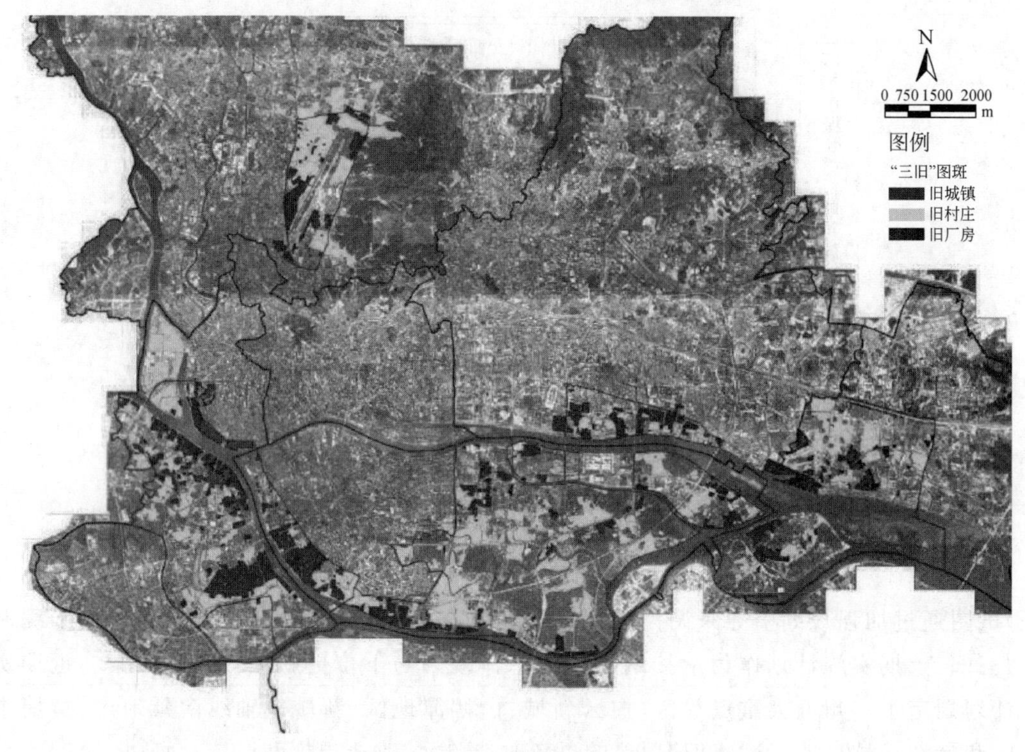

图 7-2 五大重点地区"三旧"用地分布图(有彩图)

来源：广州市城市规划勘测设计研究院，2012.广州市"三旧"更新改造近期实施计划[Z]

的整体性，并进行经济性分析。更新部门结合城市更新片区策划方案，组织编制城市更新年度计划，年度计划包括片区计划、项目实施计划和资金使用计划。城市更新年度计划加强了政府对规划计划的统筹力度。只有纳入城市更新年度计划的项目，才能开始编制城市更新项目实施方案。城市更新项目实施方案在区政府主导下组织编制、征询意见，并进行公众参与、部门协调，在区内统筹做好实施方案编制的前期工作后，再由区政府上报市政府协调、审核。

2020年出台的《中共广州市委广州市人民政府关于深化城市更新工作推进高质量发展的实施意见》提出了"更新单元"的概念，建立了包含城市更新"单元详细规划＋地块详细规划"的分层编制、刚弹结合的分级审批管控体系，明确片区策划和详细规划可同步编制、同步审议。市级政府管单元总控，区级政府管到具体地块。新政策将全市划分为三个圈层，并规定了各圈层的产业建设量占比下限(图7-3)。要求第一圈层城市更新单元产业建设量占总建设量最低占比为60％，第二圈层最低占比40％，第三圈层最低占比可由所在区自行制定，希望通过产业建设量最低占比刚性管控，扭转城市更新因追逐土地租金导致对产业空间的排斥，促进区域职住平衡。

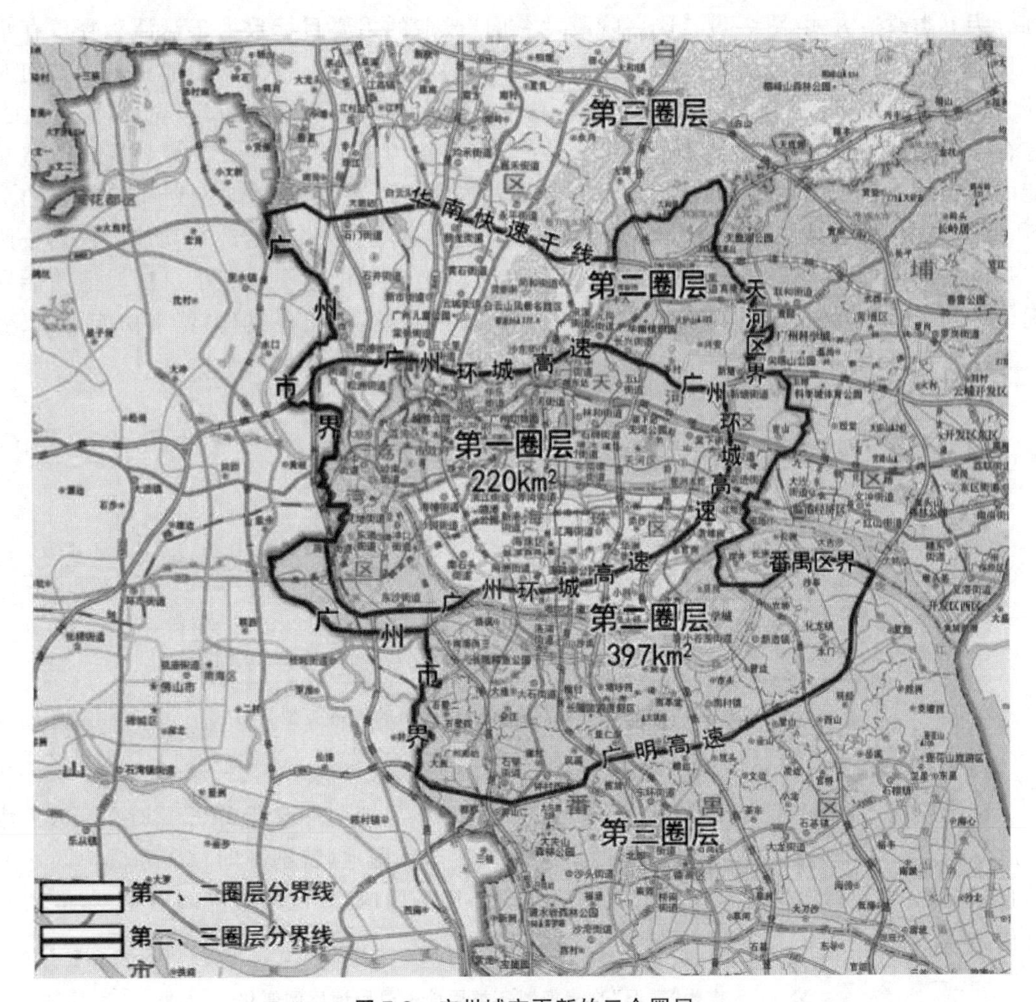

图 7-3　广州城市更新的三个圈层

来源：中共广州市委，2020. 中共广州市委广州市人民政府关于深化城市更新工作推进高质量发展的实施意见[Z]

第二节　中长期城市更新规划编制方法

广州市自 2009 年启动“三旧”改造以来，经历了两轮城市更新总体规划，规划期限均为 5 年，因地方实施新的城市更新政策而编制。

(一) 全市层面的城市更新总体规划

1. 广州市“三旧”改造总体规划编制与实施(2010—2015 年)

2009 年，广州市启动第一版“三旧”改造总体规划，作为全市“三旧”改造工作的纲领性规划。本轮总体规划将改造类型分为全面改造(开发型)和综合整治(非开发型)两大类，又细分为五类改造方式(图 7-4)。这一阶段,“三旧”改造的主要目标致力于盘活和释放存量土地,推动产业转型和经济发展方式转变,“1＋3”的规划焦点为各类型用地更新中如何对接“三旧”改造政策。旧城镇改造采取综合整治和全面改造并重,旧厂房以全面改造为主、综合整治为辅,旧村庄改造以综合整治为主、全面改造为辅的改造模式。规划提出改造功能的确定原则和总体功能导向,提出分区改造功能指引。控制性详细规划尚未覆盖的地区,综合城市总体规划、土地利用总体规划以及周边发展条件,来确定改造功能。规划按照广州旧城区、旧城区与环城高速之间、环城高速之外地区三个圈层划定了总体改造功能导向。不同于增量规划,本轮“三旧”改造规划在改造成本核算、土地整理、城市功能更新、公共利益保障、更新实施策略等方面进行了探索(赖寿华,庞晓媚,2013)。

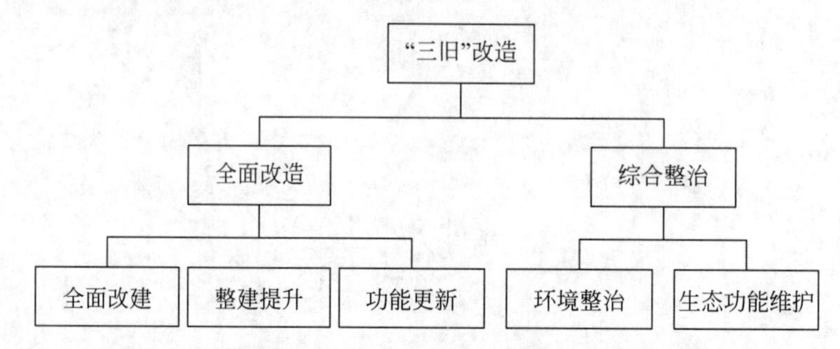

图 7-4　2010 年版“三旧”改造总体规划提出的改造类型与方式

来源:作者自绘

这轮规划计划 10 年内实施“三旧”改造 220.1km²,规划期外改造 179.42km²。从土地用途变化可以看出(表 7-1),规划希望通过改造减少居住用地(特别是旧村居和棚户区)、工矿仓储用地(主要指旧厂房),显著增加绿地和道路广场用地,降低城市空间的密度,推动城市化进程。

表 7-1　广州“三旧”改造规划各类用地占总用地比例变化　　%

用地分类		现　状	规　划
经营性用地	居住用地	37.97	26.30
	商业金融用地	4.84	9.34
	商住混合用地	0.44	0.56
	工矿仓储用地	34.74	11.23
	小计	77.99	47.43
非经营性用地	公共设施用地	4.77	6.44
	市政设施用地	1.06	2.37
	道路广场用地	6.18	13.56
	绿地	2.90	13.81
	特殊用地	0.56	0.56
	小计	15.47	36.74
生态功能用地		6.54	15.83

来源:根据广州“三旧”改造规划用地汇总表修改

本轮更新规划更多地考虑和上位规划的衔接，由于“三旧”改造涉及的产权主体较多，蓝图式的更新规划未充分考虑土地产权人的意愿和利益，导致实施进度与规划目标严重脱节。广州原计划每年推进“三旧”全面改造用地 12km^2 的目标，但是 2010—2014 年，广州共批复“三旧”改造方案 202 个，面积 24km^2（不含增城、从化），仅占规划目标的 10.9%（表 7-2）。

表 7-2　2010—2014 年广州“三旧”改造项目情况

类　别	项 目 数 量	改造面积/hm^2	占规划预期目标的比例/%
旧城镇	1	7.41	0.3
旧厂房	171	8.61	9.6
旧村庄	30	15.31	14.6

来源：广州市城市更新局，2015. 广州市“三旧”改造修编[Z]

2.《广州市城市更新总体规划(2015—2020)》的修编与实施状况

自 2015 年起，全市 2020 年前可新增建设用地仅为 66.63km^2，城市更新已成为广州城市建设的战略抓手（广州市城市规划设计研究院，2016）。2015 年，广州市成立城市更新局，出台了城市更新“1＋3”政策（“1”为《广州市城市更新办法》，“3”分别为《广州市旧村庄更新实施办法》《广州市旧厂房更新实施办法》和《广州市旧城镇更新实施办法》），新一版《广州市城市更新总体规划（2015—2020）》顺势而出。新版规划对编制思路进行了调整。第一，规划提出以提升广州城市核心竞争力与可持续发展能力为主线，从单一的经济目标导向向社会、经济、文化多元目标转变；城市更新的目标由促进“城市增长”转变为促进“城市成长”（图 7-5）。第二，将各类型存量资源更新方式分为全面改造与微改造两类。其中微改造由政府引导，社会主体主导，业主自愿申报，强调社会多元参与，不涉及产权人和土地产权的改变，以保留为主，允许必要新建等方式。第三，更新治理从政府主导向“市场与政府的互补互动”转变。政府主要扮演更新规则的制定者角色，统筹城市重点发展片区更新的利益协调，主导全面改造类更新。市场的角色在于投资、实施与运营改造项目，微更新项目以市场为主体推动。第四，规划管控方面，促进从单个项目到“系统引导＋片区统筹＋项目推进”的管控方式转变，以城市更新片区为抓手推动连片多类综合更新。

从规划内容来看，本轮规划从土地供给及房屋需求的情景分析入手，确定改造规模、实施规模和分期改造目标；预测年均推进改造规模为 17km^2，年均实施规模为 8.4km^2。规划构建了“城市更新片区—更新项目”的空间更新规划体系，作为成片连片城市更新的空间管控单位。更新片区主要位于城市重点功能区、一江两岸三带地区、轨道枢纽站点周边地区和“三规合一”规划划定的产业区块，这四类城市发展重点地区内。规划同时制定了城市产业升级、历史文化保护与利用、自然生态保护、环境风险控制、配套服务设施与保障性住房建设、综合交通优化、城市风貌特色营造 7 个专项指引。

和 2010 年版“三旧”改造总体规划相比，2015 年版城市更新总体规划更为注重城市更新总体战略构想和目标设定，提出了广州未来城市更新的主线，制定五项具体的更新目标

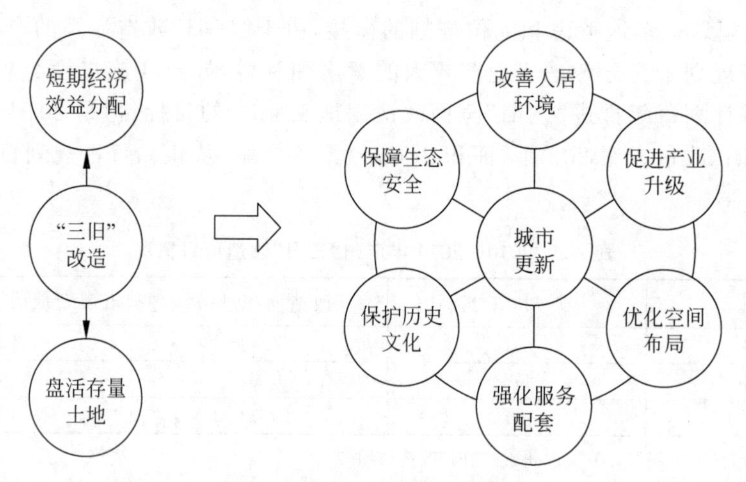

图 7-5 城市更新目标的转变

来源：广州市城市规划勘测设计研究院，2016.广州市更新总体规划(2015—2020)[Z]

(改善城乡人居环境、促进产业转型升级、传承历史文化脉络、统筹城乡协调发展和提高土地利用效率)，设计了"法规体系＋行政体系＋运作体系"的城市更新制度。但是两版规划都采用了自上而下的编制方法，偏重政府意图，缺乏对市场主体和原业主意愿的深入摸查与分析。两版更新总体规划在更新功能、更新强度、更新专项管控等方面虽然提出了原则性的指引，但是缺乏规划指引与政策工具的对应关系，导致对下位实施性更新规划的管控和指引缺乏刚性。控制性详细规划仍然作为更新项目规划变更的依据，更新规划实施进展更多取决于市场动力和政策让利程度，更新规划对实施推动缺乏抓手。此外，更新总体规划目前仍处于"空间性规划"而非"政策性规划"，原因在于广州的城市更新制度尚未纳入法制化轨道，更新政策尚未稳定，导致更新规划与政策工具的对位缺失。

(二) 分区层面的城市更新总体规划：以番禺区为例

番禺区位于广州都会区的南部，辖区面积 529.94km^2，下辖 10 个街道 6 个镇，共 177 个行政村。作为广州"南拓"战略的重要支撑点，番禺在广州大都市区化、本地城镇化和农村工业化的三轮驱动下，建设用地快速扩张。2012 年建设用地面积已超出 2020 年规划指标 684hm^2。建设用地指标殆尽倒逼城乡更新为城市产业和空间重构腾挪空间。2013 年番禺被列为广州市唯一的建设用地"减量规划"区，城乡更新必须统筹土地减量。2014 年，番禺区启动城乡更新总体规划。

根据 2015 年 12 月广州市纳入省国土资源厅审核确认的"三旧"改造标图建库，番禺列入标图建库的图斑总面积达 87.39km^2(图 7-6)。整体以旧厂房和旧村庄为主，其中旧城镇图斑面积为 7.46km^2，旧厂房图斑面积为 37.96km^2(含村级工业园共 200 余个，占地约 21.8km^2，其余为国有土地旧厂)，旧村庄图斑面积为 41.97km^2。集体土地更新面积占比 76.6%，是典型的城乡综合更新区。

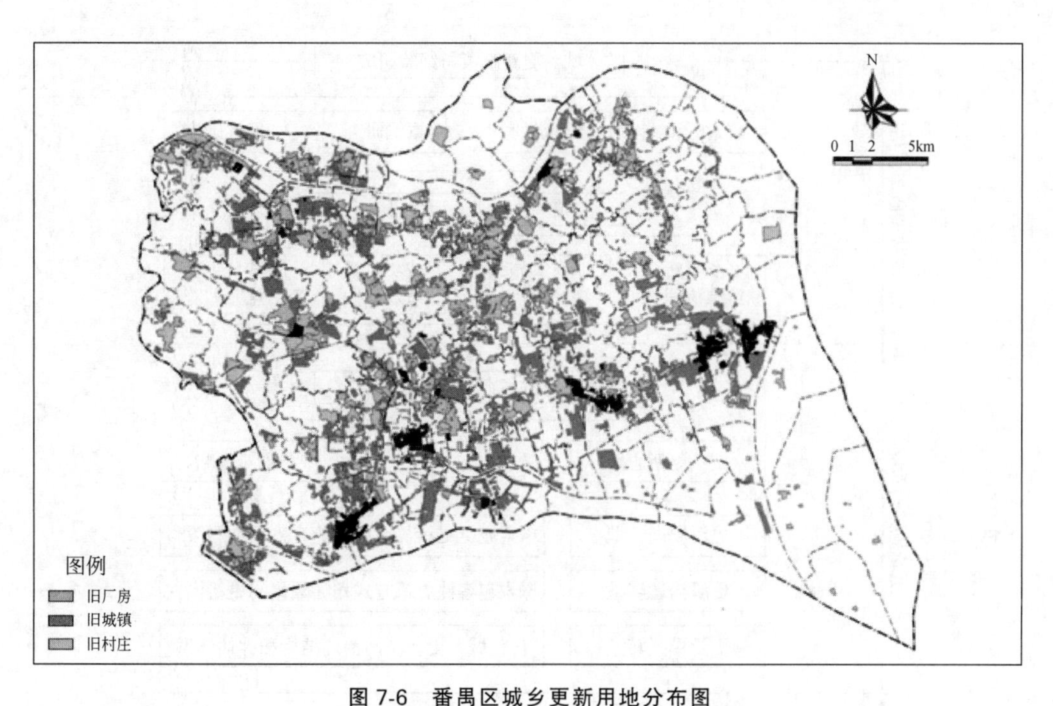

图 7-6　番禺区城乡更新用地分布图

来源：根据省国土资源厅审定的图斑(2017 年)绘制

1. 规划编制技术路线

半城市化地区的城市更新涉及多个利益主体，利益博弈复杂，规划必须在充分了解利益主体的意愿前提下进行，自下而上了解各利益主体对于更新的现实利益诉求和更新意愿，兼顾集体、个体与公共利益，为城乡更新总体规划方案提供依据。规划根据“政策剖析→实施评估→经验借鉴→思路策略→总体规划→实施指引”的路径，建立的技术路线如图 7-7 所示。

2. 城乡更新规划的主要内容

1）城乡更新规划实施评估与困境剖析

规划首先对 2009 年至 2013 年间番禺在“三旧”改造试点期的更新项目进行评估(2014—2015 年“三旧”政策调整，没有批复项目)，以剖析城乡更新面临的困境。这一时期，番禺区已获批复的“三旧”项目共 23 项。从改造类型看，由于国有土地旧厂改造产权人单一，业主收益较大，改造积极性最大，集体土地上的旧村庄和旧厂房改造则难以推动。从改造项目空间分布看，城乡更新还没有成片改造的实施项目。改造功能以房地产导向的经营性用途和商品住房为主，政府缺乏对改造功能业态、总量和结构的调控，存在城市功能结构失调的危机。番禺这一时期的城乡更新存在三方面困境：①政府、业主与市场之间的利益博弈困境；②城乡更新功能结构性失调和零星改造碎片化带来的规划管控困境；③土地储备与城市更新缺乏协调、缺乏差异化更新政策带来的政策管控困境。总体来看，这一时期城乡更新以房地产开发的导向较强，对社会、环境等整体效益的关注不够。

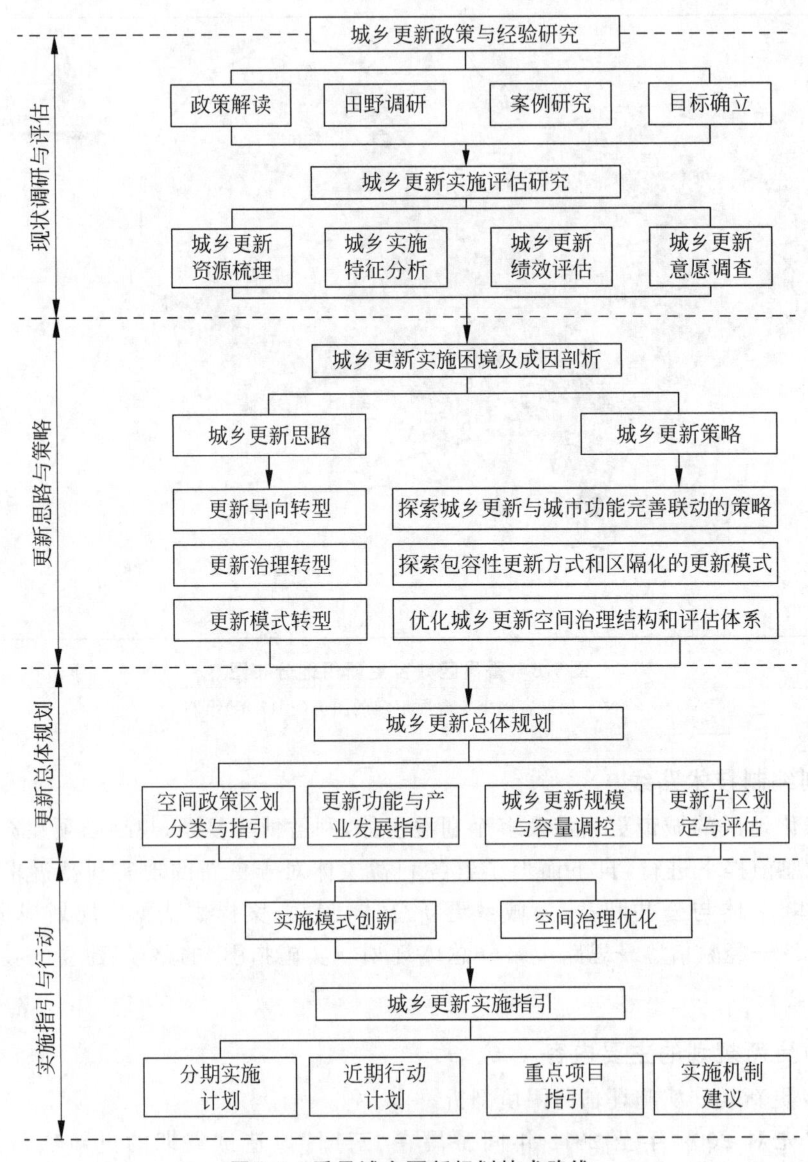

图 7-7　番禺城乡更新规划技术路线

来源：作者自绘

2）城乡更新与城市功能完善联动的策略

基于番禺 2015 年前城乡更新项目出现更新功能失调、与政府期待的产业升级目标相背离等问题，规划提出将城乡更新与城乡整体发展战略相结合。城乡更新主导功能应与主导产业体系与业态相对接，推动先进制造业和现代服务业发展，促进传统低端产业向低能耗、低污染、高附加值的方向转型。根据改造项目的类型和所处区位，将全区城乡更新用地资源纳入非生态控制区和生态控制区两类控制范围。其中非生态控制区内的城乡更新用地功能根据所在重点功能平台或一般地区的控规确定，生态控制区内的城乡更新用地通过土地整治恢复生态功能。

依托广州大学城、国际创新城、桥南幸福岛等重点发展区域，通过城乡更新推动科技企业孵化器和众创空间的建设发展。加快国有旧工业及村级工业园的升级转型，整合创新链，发展孵化器，引导番禺传统产业升级转型。城乡更新重点改造区域的划定、土地整合边界在空间上与番禺区城市功能布局相协调，实现与城市发展战略的对接。

3）空间政策区划和土地开发权空间转移

半城市化地区内部各村镇之间的社会经济发展条件存在明显差异，城乡更新政策亦应体现差异性。规划提出了城乡更新空间政策区划方法和空间发展权转移技术，以期推动城乡更新规划从蓝图式规划向市场化调控规划转型。首先，基于道路交通要素、镇街社会经济要素和公共服务要素，通过AHP层次分析法，得出镇街村区位价值综合评价；基于不同镇街经济发展水平、土地区位价值差异、图斑改造难度和战略发展目标，在ArcGIS中对各因子的评价结果进行空间加权叠加，同时考虑全区重点功能区块和产业区块的落位，将番禺全区划分为五类空间政策分区，包括三类政策区和两类跨界增长区（图7-8）。从改造项目的土地用途、产业导向、公建配套、更新方式等方面，制定分区差异化的城乡更新空间调控导则。

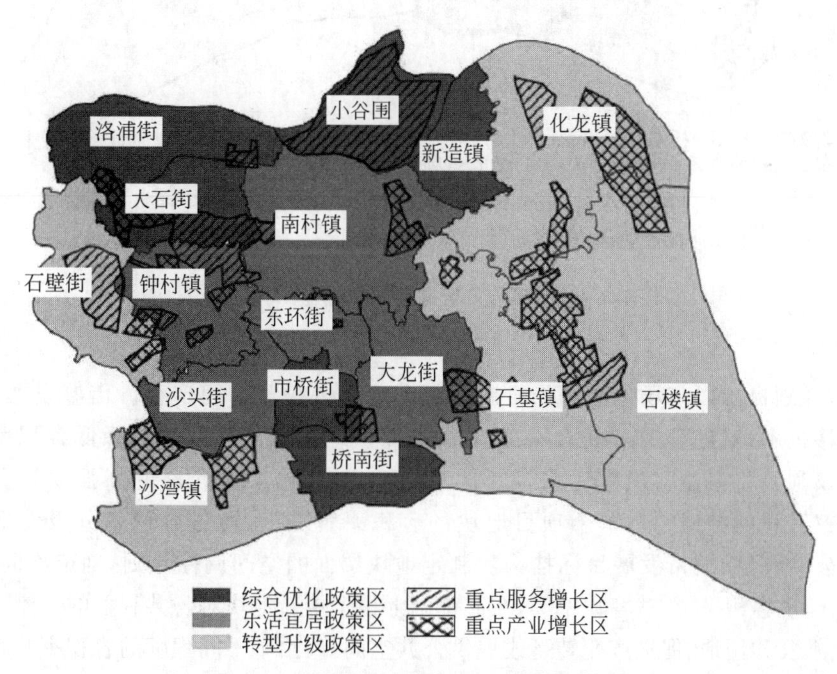

图7-8　番禺区城乡更新空间政策区划分

来源：作者自绘

其次，为了解决不同区位价值地区城乡更新市场参与度的“冷暖不均”，将全域图斑分为优先更新区和扶持更新区，作为城乡更新政策制定的依据。将城市重要产业平台、重点功能区块、城市发展经济走廊和公共服务设施需要落实的地区划定为优先更新区，这类区域内的城乡更新项目列入近期更新计划。基于空间利益均衡原则划定扶持更新区，包括对开发强度控制的区域(生态控制区、历史保护区等)和区位价值较低、市场动力不足的区域(图 7-9,图 7-10)。扶持更新区的图斑由政府主导更新,在地价、公配配建、土地指标调出、资金等方面需给予扶持,并建立权益建设量转移机制。

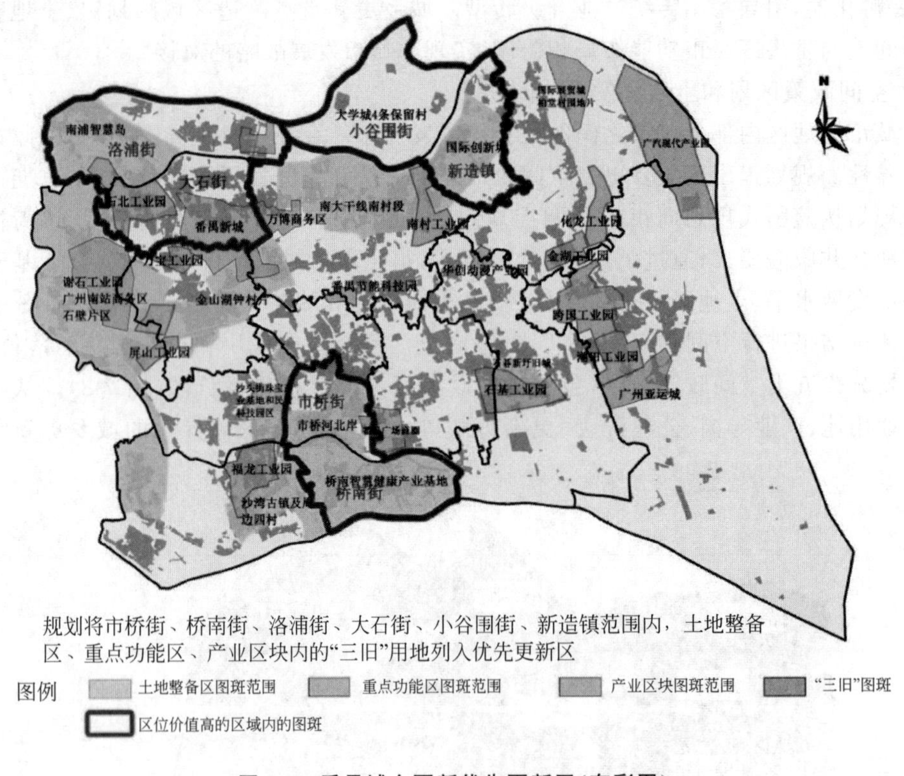

图 7-9　番禺城乡更新优先更新区(有彩图)

来源：作者自绘

最后,规划提出以市场化的调控机制促进土地发展权益空间转移。借鉴发达国家容积率空间转移技术,对处于生态敏感区、历史文化保护地段等需要搬迁或降低容积率的区域,允许土地权利人将权益容积率转移至其他区位、基础设施容量允许的高强度开发区,同时获得开发权转移的补偿。在单个项目地块的容积率管理上,通过容积率分级管理,将容积率调整和公共利益、城市发展目标挂钩。制定地块层面的空间调控导则,确定不同镇街的基准容积率、经济容积率、负载容积率等,在此基础上根据更新地块对公共利益的贡献,如配建公共设施、贡献公共用地、促进产业转型或提供公共空间等,给予不同程度的容积率奖励。

4) 探索包容性更新方式和区隔化更新模式

以房地产投资主导的全面改造在原业主和政府、开发商之间形成经济利益分配的闭环,社会公平和包容缺失,空间绅士化、分异化等问题逐渐凸显。规划推动了城乡更新向兼顾社会和公共利益的包容性方向转型。主要体现在:①关注市场价值较低但亟须改造的衰败地区。这类地区因土地价格较低,既得不到市场关注,也纳不进政府近期更新计划,其更新仅仅停留在规划蓝图之上。规划将这类地区列入扶持更新区,由政府主导实施,给予全

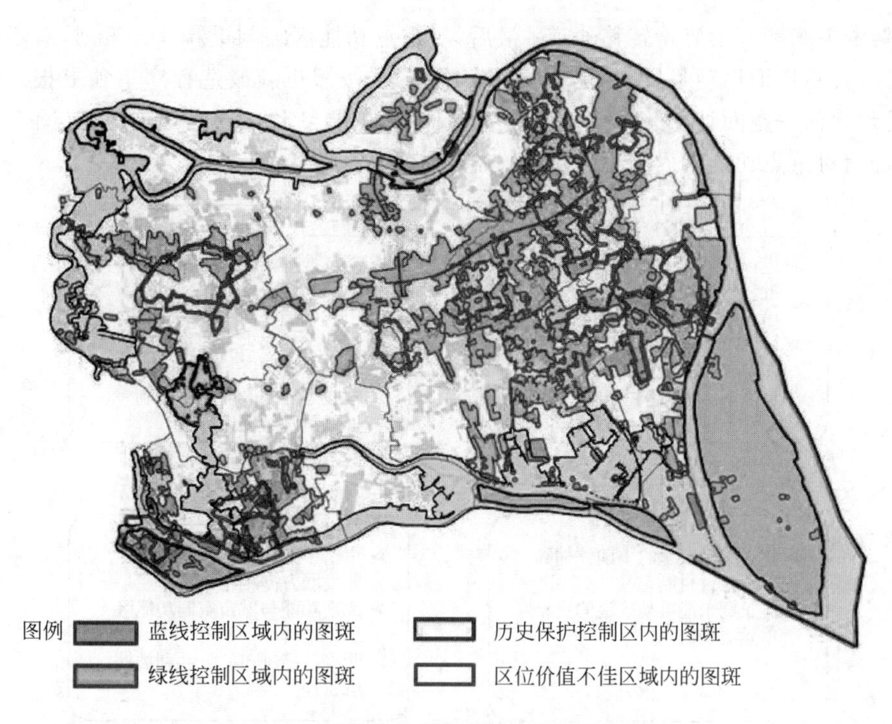

图 7-10　番禺城乡更新扶持更新区(有彩图)

来源：作者自绘

流程的政策扶持。②规划提出既要避免过高强度开发和密度增加带来的局部环境质量恶化问题，又要避免零星点状开发对全域生态格局的影响。在更新强度控制上，规划提出必须综合考虑生态、交通、公共服务设施和市政公用设施的承载力。

以往更新规划实践往往通过土地收储、出让入市的模式，实现土地功能的正式更新，而非正式更新是调整用地业态、提高低效用地绩效的低成本、低冲击方案。规划关注了番禺 2000 年以来集体建设用地更新从正式更新到非正式更新的转变过程、更新实施效果和困境。对于村级工业园为载体的集体产业用地更新，规划提出建立非正式更新与正式更新的城乡更新分类实施通道。基于产业升级对空间转型的近远期需求，优化政府对两类更新模式的规划管控、利益统筹、权责机制和协调统筹。产业保护区块外的正式更新项目应加强土地用途管控控制、容积率异地调控、公共用房贡献等规划调控指标，实现工业用途转型；产业保护区块内的用地应根据土地开发强度和用地效益评价，结合土地、建筑、企业数据综合确定土地低效程度，进而提出分类更新策略。

5）建立更新规划编制体系和更新项目评估体系

2015 年前，番禺城乡更新以自下而上的零星申报实施为主，尚未建立从宏观到微观的多层次规划体系，导致更新项目在功能上难以“承上启下”对接城市发展战略的实施。规划建立“更新总体布局→更新片区→更新项目”三个层次的城乡更新规划编制体系。即在空间政策区划的指引下，首先对全区进行更新总体布局(包括更新结构、功能业态、产业发展、更新模式等)；其次，在规划划定的 45 个更新片区基础上，进一步划定更新单元，各单元之间打通融资平衡和开发容量转移通道；最后，对重点功能区编制更新片区策划，对不纳入重点功能区的旧村、旧厂项目，编制更新项目实施方案，按照更新改造程序单独上报。规划建立了“总量评估→空间评估→功能评估→实施评估”的更新片区项目评估体系(图 7-11)，便于管理部门对重点功能区内的更新项目实施管控。

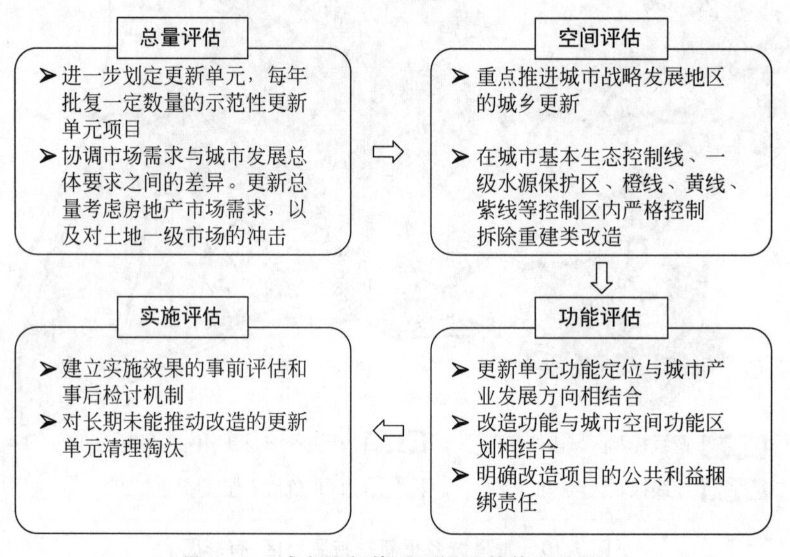

图 7-11 城乡更新片区项目评估体系流程

来源：作者自绘

3. 城乡更新规划的实施效果

截至 2018 年底，番禺区累计批复城市更新 30 个，其中旧村项目 1 个，村级工业园项目 1 个，旧厂项目 28 个，总占地 147.33hm^2。其中，已完工项目 8 个，在建项目 9 个，开展前期工作项目 13 个。固定资产累计总投资达 111.09 亿元(番禺区城市更新局，2019)。番禺区城乡更新总体规划对更新项目的推进起到显著的推动作用，体现在以下三个方面。

1) 推动城乡更新从大拆大建到“全面改造＋微改造”的转型

规划通过实施项目案例剖析，论证了大拆大建的旧村全面改造对政府带来巨大的财政压力，高昂的赔付成本推高了楼面地价和开发强度，大量土地增值收益被原住民捕获，而外来人口失去了低廉的租赁住房。迄今为止，番禺在区财政大力支持下仅推动了一个城中村的整村改造。除国有土地旧厂房以外，大部分集体土地再开发难以通过全面改造进行。规划倡导目前不具备全面改造的项目实施微改造，以低成本的方式实现人居环境、经济、产业、文化等综合协调。

根据《广州市城市更新三年行动计划(2019—2021 年)》，2021 年前番禺区计划通过微改造方式实现更新的项目共计 76 个，总面积达 47.88km^2(不含村级工业园)；其中旧城镇 1 个(沙湾古镇)，旧村庄共 41 个，老旧小区共 34 个(表 7-3)。微改造项目中，老旧小区进展最快，番禺区共有不同年代的老旧小区 50 个，总面积 255.36hm^2。至 2019 年底市桥街瑞和园小区等 20 个微改造项目已竣工验收(图 7-12)。

图 7-12　市桥街石街社区道路和绿化改造前后

来源：作者自摄

表 7-3　至 2021 年番禺区各类型微改造项目汇总

类　别	项目数量/个	更新用地面积/hm^2
旧城镇微改造	1	139.8
旧村庄微改造	41	4546.4
老旧小区微改造	34	101.7
总计	76	4787.9

来源：根据《广州市城市更新三年行动计划(2019—2021 年)》汇总

2）促进从“零星更新”到“成片更新”的实施转型

番禺较早意识到零星改造项目难以实现土地整合开发，成片更新是实现城乡更新与城市主导功能完善联动的有效策略。在成片更新理念推动下，番禺区结合重点功能平台和重点市政工程建设推进了多个成片连片更新改造项目。至 2021 年，共计 15 个成片更新项目启动，涉及用地面积 32.85km^2。

番禺区成片更新的规划依据是片区策划方案。片区策划方案确定发展定位、更新策略和产业导向，片区内更新项目的具体范围、更新目标、更新模式和方式、拆迁补偿总量和规划控制指标。由于片区策划项目涉及改造图斑功能、产权复杂、权利人众多，实施推动目前主要依靠政府收储(如万博城片区)，自下而上的积极性仍然较低。

3）推动村级工业园整体改造与产业升级结合

对番禺而言，村级工业园是其存量建设用地的主要组成部分，也是产业发展的重要载体。2015 年村级工业园先行改造的政策放开后，番禺积极向市城市更新局上报先行改造项目，选取南浦村、草河村、谢村、左边村、蔡一村、大岭村以及洛溪村作为首批试点村。规划对番禺加速推动村级工业园改造试点项目发挥了重要作用。至2019年底，番禺区村级工业园改造共有28个项目启动，涉及土地面积349.15hm^2。

第三节　实施性城市更新规划编制案例

东郊村位于番禺区政府驻地市桥街东部，是番禺最早形成的城中村之一。2009年"三旧"改造政策实施后，东郊村与区政府开始谈判改造事宜。2013年，东郊村整村改造获得批复，改造正式拉开帷幕。市土地管理委员会议审议，将东郊村及周边部分旧厂房、集体物业、旧城镇用地等纳入成片改造范围，总面积15.37hm^2（图7-13）。

图7-13　东郊村成片改造范围和各类地块权属整理（有彩图）

来源：根据番禺区更新局提供资料绘制

（一）规划编制的主要内容

基于《番禺区市桥街东郊村及周边成片更新改造方案》和相关改造批文（2013年），旧村庄成片全面改造实施性规划有以下几方面规划内容。

1. 基于产权关系的存量更新资源梳理

旧村庄改造需先摸清改造范围内的基础数据[①]；《广州市城市更新办法》建立了常态的基础数据调查制度，由政府主导摸清区域现状情况。旧村庄改造由区政府委托专业技术团队实施基础数据调查，作为村庄改造规划编制与权益测算的基础底板。基础数据包括土地、房屋、人口、经济、公配与人口及其他等信息，以矢量图件和表格的形式呈现(表 7-4)。

表 7-4　村庄改造基础数据调查分类

大　类	小　类
土地	土地利用现状、土地利用规划、土地权属信息、更新图斑分布
房屋	房屋现状分布，现状建筑量，物业明细(国有、集体或私人)，宅基地明细
经济	村财务收入与支出，历年经济收入与分红，村庄产业分类
人口	人口结构、村股份合作经济社股民人口、户籍情况
公配与市政	村庄公建配套、市政基础设施、村庄文化遗存和历史保护要素
其他	行政许可信息、外单位征用用地信息，相关规划的用地方案

来源：作者自绘

规划编制单位基于政府认定的基础数据，对改造范围内的土地根据现状产权结构进行整理，划分为村民住宅、集体物业、国有土地上的旧厂和物业及其他用地。需摸清各地块的权属(国有、集体或储备地)、现状用地性质、使用单位、土地证载信息(发证时间、证号)，特别是要准确掌握土地和房屋的合法性，非法用地行为发生的时间(判断是否适用现有的更新政策)，以及留用地兑现情况(留用地是否已有指标落地空间)和历史用地情况(明确是否需办理农用地转用手续)。

2. 基于权益法确定拆迁补偿安置方案

东郊村成片改造采取全面改造的改造模式，区政府作为实施主体，采取土地公开出让融资方式实施改造，融资地块由区土地储备机构收储后以公开招标方式予以出让。改造范围内的国有物业由区土地储备机构进行收储，区政府给予货币补偿；仓储用地和 1987 年前使用的历史用地由东郊村自筹资金建设并交纳土地出让金；公共配套设施用地无偿移交区政府。村民住宅、城镇居民住宅和商铺由区政府统筹拆迁补偿安置。

根据广州市和番禺区对旧村庄改造补偿的相关规定，村民住宅复建安置补偿分为三种方式：①按 $280m^2$/户核定；②按 $280m^2\times$合法栋数核定；③以合法住宅建筑基底总面积的 3.5 倍，并以不超过 10%的比例上浮后核定总量。对于集体物业的补偿，番禺区探索按照现有用地面积和毛容积率 1.8 计算权益建筑面积，由区土地开发中心储备后对村集体进行货币补偿或用地置换。拆迁安置需求的测算为确定更新改造成本核算做准备。

3. 基于融资平衡的改造成本测算方案

1) 改造成本核算

东郊村成片改造涉及城乡居住、集体物业、国有旧厂与学校的拆迁、重建等，总体费用

---

① 广州市将基础数据界定为：市更新范围的土地、房屋、人口、经济、产业、文化遗存、古树名木、公建配套及市政设施等现状基础数据。

包括拆迁费用、复建费用、补偿费用三大类。经测算，整个改造项目总投入约 14.38 亿元，其中财政投入 11.97 亿元。

2）区域融资平衡

2014 年 7 月，东郊村的融资地块以总价 8.0451 亿元公开出让，计划开发为商品住房小区，融资地块出让楼面地价达 1 万元/m^2。区土地开发中心设定的出让条件为开发商必须在小区内同步配套 1 万 m^2 安置房建筑面积，并配建肉菜市场、派出所、物业管理、公厕等用房。

区政府为控制总体开发强度，实现改造投资收益平衡，通过区财政补贴、无偿提供储备用地等方式降低改造容积率压力。财政直接投资 6000 万元用于村庄南侧的长堤东路建设拓宽，复建现状私人住宅和商铺合法建筑的成本由区财政投入，区政府另提供 3 宗区土地开发中心储备用地参与更新，降低地块改造的容积率压力。

4. 基于权益实施的更新规划空间方案

根据拆迁安置方案确定的各权益主体所获物业类型和建筑总量，将改造范围内 15.37hm^2 土地使用分为复建安置区、复建商业区、融资地块、配套设施用地、公共绿地和市政道路用地等类别(图 7-14)。各地块土地使用性质、产权人、容积率、地块公共服务设施配套的划定即确定了土地再开发后的权益关系。

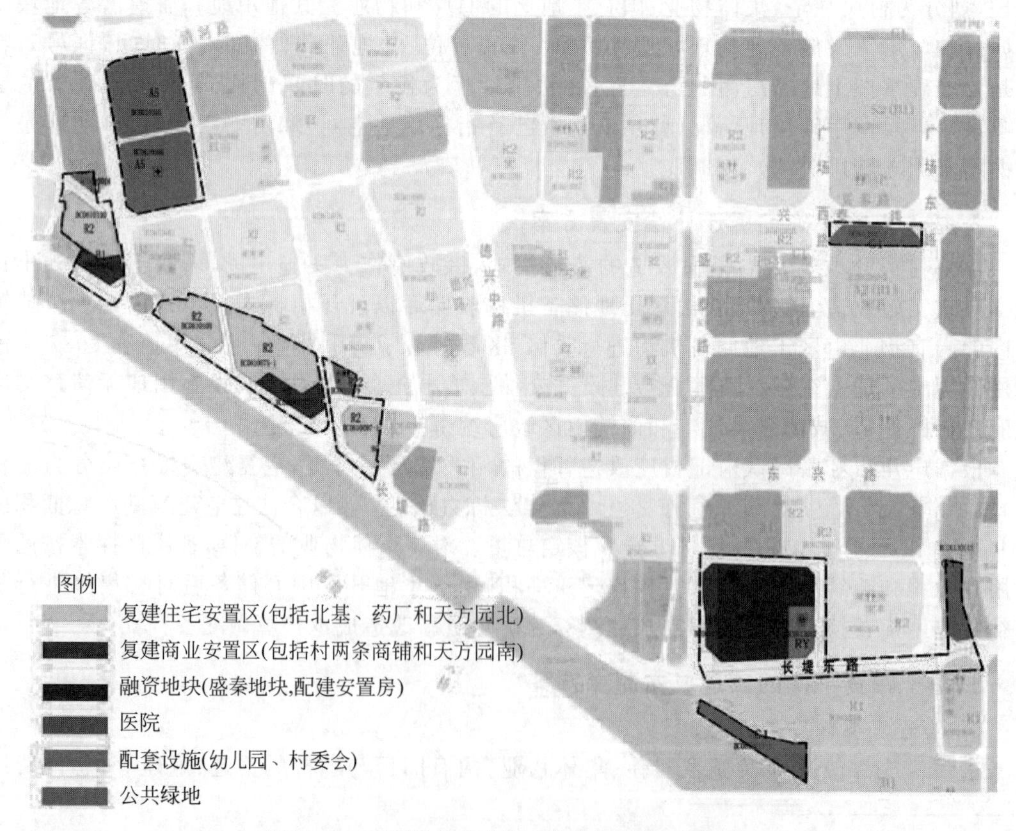

图 7-14 东郊村成片改造土地处置方案(有彩图)

来源：广州市番禺区市桥街东郊村及周边成片更新改造方案，2013

东郊村成片改造后经营性用地(商业办公和住宅)面积比例从62.75%下降至38.91%,而公共服务设施用地比例从8.18%上升到22.58%;道路和公共绿地等公共空间面积比例达到36.05%(表7-5)。从实现融资收益平衡角度来看,旧村庄改造的建筑量将显著增加,势必对地区周边区域的交通、市政基础设施、环境产生影响。此外,旧村改造涉及业主利益多元化,对拆迁安置补偿诉求不一,极易引发社会群体性事件,出现“钉子户”阻碍改造进程。在实施方案基础上,有必要对改造方案进行交通影响评价、环境影响评价、基础设施运行评估和社会稳定风险评估。

表7-5 东郊村成片改造前后土地使用比较

<table>
<tr><th colspan="3">改 造 前</th><th colspan="4">改 造 后</th></tr>
<tr><th>用 地 类 型</th><th>面积/hm^2</th><th>比例/%</th><th colspan="2">用 地 类 型</th><th>面积/hm^2</th><th>比例/%</th></tr>
<tr><td>商业办公用地(集体物业)</td><td>2.97</td><td>19.27</td><td>商业办公用地</td><td>复建</td><td>0.97</td><td>6.31</td></tr>
<tr><td>工业用地</td><td>1.48</td><td>9.60</td><td rowspan="2">居住用地</td><td>复建</td><td>2.94</td><td>19.13</td></tr>
<tr><td>居住用地(旧村)</td><td>6.70</td><td>43.48</td><td>融资</td><td>2.07</td><td>13.47</td></tr>
<tr><td>政府储备用地</td><td>1.30</td><td>8.44</td><td rowspan="2">公共设施用地</td><td>医院</td><td>2.96</td><td>19.26</td></tr>
<tr><td>公共设施用地(医院+学校)</td><td>1.26</td><td>8.18</td><td>公共配套(社区公服中心、幼儿园+菜市场)</td><td>0.51</td><td>3.32</td></tr>
<tr><td>道路用地</td><td>1.70</td><td>11.03</td><td colspan="2">道路用地</td><td>4.06</td><td>26.42</td></tr>
<tr><td colspan="3"></td><td colspan="2">公共绿地</td><td>1.48</td><td>9.63</td></tr>
<tr><td colspan="3"></td><td colspan="2">不可建设边角地</td><td>0.38</td><td>2.47</td></tr>
</table>

来源:根据《番禺区市桥街东郊村及周边成片更新改造方案》和东郊村及周边成片更新改造方案的批文(2013)统计绘制

(二) 规划的实施效果

1. 市政设施与公共服务设施水平提升

东郊村改造项目的启动始于长堤路征地扩建工程。通过改造,解决了多年因村庄阻隔滨水东西向主干路难以扩建、开通的问题,缓解了高峰时期交通堵塞问题,推进了市桥水道河岸景观建设,优化了滨水生态空间(图7-15)。同时,进一步完善了地区社区级公共服务设施,包括增加了老年人服务站点1个、村委会1个、派出所1个、公厕1个、肉菜市场1个。同时由东郊村自筹资金建设幼儿园1所,解决了周边规范化幼儿园不足的问题。

2. 土地开发利用强度提高

改造前,集体物业平均容积率仅为0.77,改造后集体物业用地比例缩小了90.8%,约有33.8%的土地转为服务设施和道路绿地,约57%的土地转为商品住房。破败的集体旧厂房被5栋40层超高层住宅所置换,容积率从改造前的0.77(毛容积率)提升到改造后平均为2.7,商品房净容积率达3.88(图7-16)。

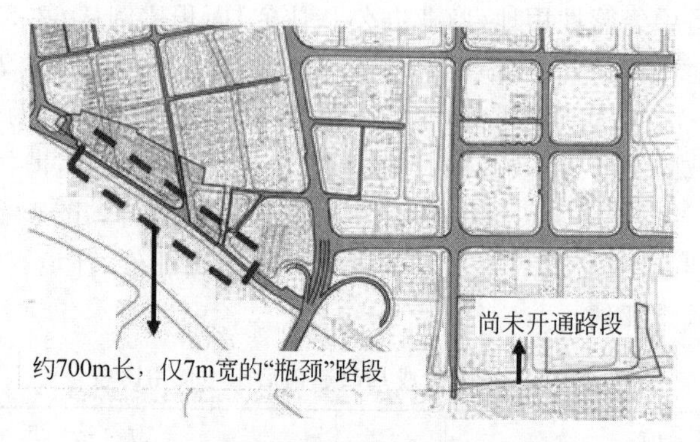

图 7-15 长堤东路东郊村段"瓶颈"问题

来源：广州市番禺区市桥街东郊村及周边成片更新改造方案，2013

图 7-16 融资地块上的商品小区

来源：房天下. http://fangjia.fang.com/process/gz/2812213268.html

3. 集体经济受惠

实施改造后，东郊村集体是改造最大的受益群体。村集体的收益包括融资地块出让分得的 60％土地出让金、获得了国有划拨产权的集体物业用地，加上有证物业的临迁费和拆运费等，整村改造增加了村集体经济留存。原先零星的集体物业集中归并于更靠近市桥中心行政轴线的融资地块，集体物业的土地经济租金比改造前获得大幅增长。

4. 政府财政投入加大

东郊村改造政府获得了公共治理的政绩效应和公共空间供给的社会效应。政府放弃了土地出让金收益，转而寻求改造的社会和环境效益。整个成片改造财政总投入约 11.97 亿元，若加上 2010—2012 年间区财政投资东郊村周边地区环境整治费用约 1.27 亿元，整体财政投资将达 13.24 亿元(番禺区“三旧”改造办公室,2013)。但是政府仅获得融资地块出让收益的 40%,约 3.2 亿元,并将全部用于补贴东郊村综合改造的土地收储和安置房建设费用。这种政府大规模补贴进行的更新融资模式不具有推广性。

5. 社会公平和包容性缺失

对于东郊村的租客来说,他们是城中村改造利益谈判的局外人,只能被迫搬迁至其他村庄居住,或承受更高的房租。对于盛泰地块周边的城镇居民来说,他们一方面享受了城中村改造带来的高品质物质环境,但同时承受了高强度开发带来的社会负效应,包括交通拥堵、人均公共资源稀缺等问题。以政府财政和房地产投资为主导的旧村庄改造看似是多方共赢的结局,但是改造的社会公平性和包容度不足。

第四节　总结与讨论

(一) 基础数据详查是更新规划编制的基础

不同于增量规划,城市更新规划的对象是已经开发建设具有产权主体的用地,权属主体和利益关系复杂。对于中长期城市更新规划,需要建立存量改造用地的基础信息数据库,包含存量用地的产权属性、建设使用现状、空间分布、产业门类、历史文化要素和已改造实施情况,形成服务于精细化存量空间管理的“一张图”。对于实施性城市更新规划,其基础工作需要摸清规划对象的现状土地产权特征,土地开发经济指标,产权主体的社会经济特征,土地交易行为的记录和历史遗留问题等,为土地开发权益重构提供依据。在城乡交错的半城市化地区,尤其需要关注集体土地的权能特征,如土地所有权、使用权、开发权的分离关系,村集体(股份合作经济社)内部的股权结构、集体经济状况,各类村属经营性建设用地、宅基地和村民住宅情况、政府对村庄的征地情况和留用地安排等。

(二) 确定权益分配规则适用性和空间方案

城市更新规划的土地使用和建筑容量分配,本质上是土地再开发后的空间权益分配。存量规划土地开发权的配置是控规开发控制导则制衡下的政府、原业主与市场主体之间的利益分配契约,在赋予原业主或开发商土地开发权的同时需明确其权益和对等责任(附带的规划条件)。在市场参与更新动力旺盛的地区,更新规划尤其需要约束市场主体的开发行为,借助规划制度(如更新单元制度、开发商义务制度)保障城市公共利益的兑现。更新规划涉及土地增值收益的赋权和分配,需要与原业主协商获得较高的同意率,那就需要将更新对象与城市更新的权益分配规则进行适配(如城市更新的补偿安置标准、利益调节规则)。根据更新用地类型、区位分布、产权特征等,对合法与非合法用地分别选择不同的更新补偿安置标准。如广州市政府收储旧厂房用地,根据土地区位、改造后的功能和容积率的不同,对原业主的补偿标准也不一样(表 7-6)。

表 7-6 广州市旧厂房政府收储补偿标准

类别	外围 3 区(花都、从化、增城)	中心 8 区(除花都、从化、增城外)
"工改居"	规划毛容积率 2.0 以内的,按 60%(50%+10%奖励)	规划毛容积率 2.0 以内的,按 50%(40%+10%奖励)
"工改商"	规划毛容积率 2.5 以内的,按 60%(50%+10%奖励)	规划毛容积率 2.5 以内的,按 50%(40%+10%奖励)
其他情形	一口价方式补偿,按毛容积率 2.0、商业市场评估价的 40%计算补偿款	

来源:广州市城市更新局,2018

基于权益规则的适配,进而通过空间规划重新组织用地功能和建筑容量。通过土地整理,将分散的产权整合推动整体开发,规避土地使用的负外部性。土地产权从分散到整合需要制度设计,如新加坡通过"整体出售"的制度设计,确保原业主能够集体协议将他们所有的住房单元出售给开发商启动更新改造,新加坡政府通过法案规定:只要 80%或 90%的业主同意,楼盘整体即可出售,以避免"钉子户"阻碍改造(朱介鸣,2017)。深圳市通过多元主体相互制衡的机制设计,以制度规则对多元主体间的利益博弈进行规范和约束,以期实现存量空间资源的帕累托最优配置(林辰芳等,2019)。

(三) 协调城市更新与城市转型发展的关系

城市更新的实施具有显著的外部性效应。深圳城市更新实践表明市场取向的城市更新虽然效率较高,但也出现了更新结构失衡、更新容量超限、更新配套不足、缺乏统筹协调等问题(缪春胜等,2018)。因此,需从城市发展战略高度出发,确定城市更新的总体目标、规模与理念。城市更新带来的土地利用转型需要考虑对土地市场和存量房地产市场的影响,考虑存量用地更新后土地用途与产业的发展方向及公共服务需求的联动。同时,还需要调控各类用地更新的总量,控制存量用地再开发释放的流量,协调土地储备出让与土地再开发的关系。

以工业用地更新为例,在产权交易成本约束和产业转型的压力下,大量存量工业用地转型仍然没有找到出路。"工改工"缺乏动力,"工改商"存在经营性物业过剩的问题,地方政府普遍寄希望于通过工转新型产业用地(M0)以保住产业用地资源,工业用地更新背后其实是城市产业发展方向与空间布局优化问题。存量工业用地更新规划需要与产业发展规划、工业用地布局规划和城市发展战略研究相对接。近年来,深圳市基于单个更新单元面积相对较小、腾挪空间有限的状况在片区层面开展统筹研究,严格执行工业区块线管理规定,推进工业区连片改造升级。广州、佛山等地通过划定产保区,将村级工业园改造与产业转型升级结合,制定工业产业区块划定和村级工业园整治提升分类标准,以保障城市产业发展空间。资本的逐利天性使工业地产在城市更新目标中处于先天劣势,城市政府须着力于设计一系列激励措施和弹性规划的政策工具来驱动都市制造业在城市落地。在西方城市更新中,工业就业区(industrial employment district)、创意经济区(creative economy district)和混合功能区(mixed use district)等区划工具被用于工业用地保留,具有借鉴意义(李珊珊,钟晓华,2020)。

(四) 研究更新规划的经济可行性和实施性

城市更新项目的实施不仅需要更新规划，实施流程还包括项目前期策划、土地专题、投资分析、实施方案、后续运营等配套性的规划或研究。在城市更新片区策划层面，需要进行经济可行性、规划实施可行性的评估，测算安置、复建规模和改造效益。项目实施阶段，实施方案最核心的部分是项目实施的融资平衡和复建/融资/拆迁安置方案，包括复建和融资建筑量测算(拆建比)、改造成本、融资楼面地价、资金平衡方案、改造风险评估、拆迁补偿安置方案等。以番禺区南浦村旧村改造为例，从 2017 年纳入广州市城市更新项目与资金计划以来，经历了片区策划和实施方案两个阶段，明确了实施主体与改造模式，逐步落实建筑容量、改造成本、复建安置资金和融资楼面地价(图 7-17，图 7-18)。

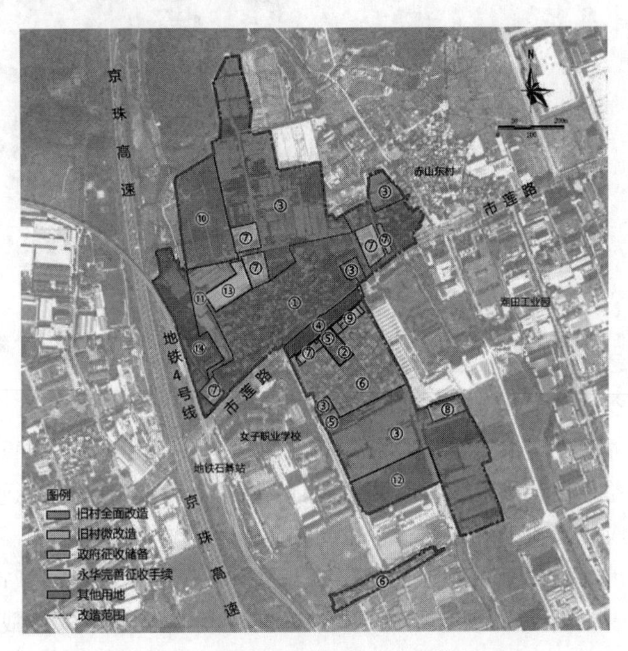

图 7-17　南浦村旧村改造的片区策划方案

来源：广州市番禺区人民政府，广州市住房与城乡建设局，2019. 番禺区南浦村旧村改造项目策划方案征询意见公示[Z]

北、上、广、深等城市目前都以控规或法定图则作为城市更新项目权益统筹的规划依据，控规在更新层面已成为存量二次开发权益重构的契约平台。上海要求依据已批准的控制性详细规划提供更新项目的规划设计要求，将城市更新项目功能、改造方式、建设计划、运营管理、物业持有、持有年限和节能环保等要求纳入土地出让合同进行全生命周期管理。更新导向的控规需探索从一次性蓝图式的规划向“进行性”规划转型，以适应城市发展不确定带来的规划实施环境变化，建立由“编制—跟踪—评估—年度指导”构成的持续规划机制(张帆，2012)。

十余年来，城市更新成为推动深度城市化城市经济与社会转型的重要途径，我国城市更新的价值观发生转变，对城市更新的目标、作用认知更为深刻。城市更新需尊重并关注

图 7-18　南浦村旧村改造的实施方案

来源：广州市番禺区城市更新局，2019. 番禺区南浦村旧村改造项目实施方案征求意见公示[Z]

原业权人和市场利益、兼顾公共利益、保障社会公平。城市更新规划有别于增量规划的最大特征在于在既有的空间与社会利益格局基础上进行土地开发的权利重构，其规划过程就是对利益相关者利益进行协调、再界定的过程。事实证明，蓝图加指标管控的传统蓝图式规划编制已难以适应城市更新的实施，导致更新规划与实施严重脱节。

通过对广州城市更新规划的编制与实施反思，本章总结了中长期城市更新总体规划的思路与技术方法。中长期城市更新规划更重要的是规划思路与理念的战略性，需摒弃增量规划蓝图式的编制范式，突出更新规划与城市空间战略的匹配性、对整体开发利益统筹的约束性和对更新项目实施的指引性。而实施性更新规划在规划内容和规划流程方面都与增量地块开发存在差异。实施方案的规划对象不仅是土地和上面附着的物业，更是基于土地权属的利益关系。只要找到合理的空间权益分配规则进行基于规划对象的改良，形成定制式的空间补偿方案，也就真正找到了更新项目实施的钥匙。规划流程方面，一方面规划编制与规划审批流程对接，实现批前批后全流程管理；另一方面，规划师需关注三类人群直接利益相关人、间接利益相关人和无利益关系但受更新项目影响的特殊群体，关注他们的更新意愿和诉求。城市更新项目的实施往往持续多年，特别是旧村庄拆除重建会持续十余年，实施方案将随着村民房屋拆迁补偿的签约情况和楼面地价的变化进行调整。项目需引入规划实施评估和规划调整机制，通过对控规为代表的法定规划工具编制与审批流程的改良，提高更新规划的实施性。

小　结

十余年来，城市更新成为推动深度城市化城市经济与社会转型的重要途径，我国城市更新的价值观发生转变，对城市更新的目标、作用认知更为深刻。城市更新需尊重关注原业权人和市场利益、兼顾公共利益、保障社会公平。城市更新规划有别于增量规划的最大特征在于：在既有的空间与社会利益格局基础上进行土地开发的权利重构，其规划过程就是对利益相关者利益协调、再界定的过程。事实证明，蓝图加指标管控的传统规划编制已难以适应城市更新的实施需求，导致更新规划与实施严重脱节。

通过对广州城市更新规划的编制与实施反思，本章总结了中长期城市更新总体规划的思路与技术方法。中长期城市更新规划更重要的是规划思路与理念的战略性，需摒弃增量规划蓝图式的编制范式，突出更新规划与城市空间战略的匹配性、对整体开发利益统筹的约束性和对更新项目实施的指引性。而实施性更新规划在规划内容和规划流程方面都与增量地块开发存在差异。实施方案的规划对象不仅是土地和上面附着的物业，更是基于土地权属的利益关系。只要找到合理的空间权益分配规则进行基于规划对象的改良，形成定制式的空间补偿方案，也就真正找到了更新项目实施的钥匙。规划流程上，一方面规划编制与规划审批流程对接，实现批前批后全流程管理；另一方面，规划师需关注三类人群：直接利益相关人、间接利益相关人和无利益关系但受更新项目影响的特殊群体的更新意愿和诉求。城市更新项目的实施往往持续多年，特别是旧村庄拆除重建持续要十余年，实施方案将随着村民房屋拆迁补偿的签约情况和楼面地价的变化出现调整。项目需引入规划实施评估和规划调整机制，通过对控规为代表的法定规划工具编制与审批流程的改良，提高更新规划的实施性。

思 考 题

1. 城市更新规划为代表的存量规划与传统的增量规划有何差异？
2. 中长期城市更新规划编制如何与城市发展战略相协调？
3. 实施性城市更新规划在编制流程中如何有效地落实公众参与？

第八章　空间治理视角下城市更新的制度供给

治理是实现社会协调以及集体目标的过程，城市更新是一个动态的治理过程。城市更新的模式很大程度上决定了更新实施的过程与绩效。近年来，国家倡导有机更新、减少大拆大建，城市更新空间治理出现新的动态；土地产权制度供给、社区自治深入、更新政策与制度供给、城市更新管理体制改革推动了新的城市更新治理范式出现。本章首先从政府、市场、社区的角色变化分析我国城市更新治理理念的转变，最后从制度供给视角提出完善城市更新的政策建议。

第一节　我国城市更新治理模式的转型趋势

目前我国存在两种存量空间治理模式：一是自上而下，地方政府主导的"权威型"治理；另一种为多元合作，地方政府、市场力量与原土地权利人多元互动的"合作型"治理。不同的治理模式对应不同的土地利益分配格局。城市更新治理模式的选择与政府对土地财政的依赖、产业发展阶段、土地资源紧缺程度、政府动机和制度激励等因素紧密相关。城市更新治理模式变化背后是"政府-市场-社会"的关系格局的变化(郭旭，田莉，2018)。

(一) 我国城市更新转型的趋势

长期以来，在社区力发育不足、市场力对城市更新决策的影响微弱的情况下，我国城市更新带有深刻的政府主导色彩，地方政府依靠行政威权和财政影响土地再开发活动的利益分配导向。地方政府以"发展政体"的角色积极主导和引导地方经济的发展，城市更新成为地方政府通过土地资本循环促进经济增长的重要途径。20 世纪 90 年代以来我国城市更新从政府投资主导的福利性危房改造转向市场运作下的房地产开发，城市更新的目标从消除衰败逐渐走向空间增长和产业升级。当前，发达地区的城市更新实践已从单一追求土地再开发利益平衡的经济考量过渡到追求地区经济增长、保障公共利益、美化城市环境、增进社会公共利益等多重目标。城市更新的治理正从政府一元主导向政府、市场和社区多元共治转型，利益相关者的角色关系和权利关系发生深刻变迁。优化多元主体的参与机制、加强多元主体的制衡机制有利于促进多元主体参与更新的良性互动协同(林辰芳等，2019)。可从政府、市场、社区三方在城市更新中的角色变化解释城市更新空间治理理念的转变，具体体现在以下方面。

1. 政府的角色变化：从大包大揽向统筹监管转变

近年来，我国城市更新出现从“政府主导的福利型更新”向“开发商主导的市场化更新”转型的趋势（田莉等，2020）。地方政府放宽了社会资金进入旧改的限制，将交易成本较高的集体与个体的利益谈判交由实施主体内部解决（如深圳城市更新单元放宽了用地合法比例要求，由原集体自行理清更新地块内的经济关系）。政府在城市更新中的作用一方面在于统筹兼顾各方利益，建立收益共享机制，调节原业主、原权属人、市场主体的利益和社会公共利益；另一方面在于从城市总体发展战略出发，为各类城市更新活动提供空间指引和政策工具。

2. 市场的角色变化：从开发商向服务运营商转变

开发商进入旧改市场主要因为旧改项目拿地成本较低（往往以协议出让方式获得融资地块和安置地块的开发权），但是以地产开发为导向、地块内部投资收益平衡为基础的更新活动带来一系列空间与社会问题。随着存量土地供应的稀缺，开发商参与城市更新也面临高度竞争。地方政府出让存量土地往往附带公共服务设施配套或保障房配套的要求。土地竞标已从单一的竞价格转变到竞公共配套。开发商必须考虑如何运营拿到的土地做大单位产值和利润，实现从“房屋制造”到“配套服务”的转变。开发商并不仅仅追求利润，同时也应承担更多的社会服务责任。例如，深圳城市更新最早引入开发商义务制度，通过土地出让和所开的附加条件为城市注入价值，缓解政府在城市更新中的行政成本和公共配套压力（朱丽丽等，2019）。

3. 社区居民的角色变化：从被动接受向主动参与转变

2007 年《物权法》的颁布正式保障了公民的私有财产，居民/村民的财产权意识日益强化，对城市更新的利益诉求日益提高，无论城市还是乡村，通过征地拆迁推动城市更新的成本激增。社区本地居民已有意识通过拆迁安置实现家庭财富的重新配置甚至跃迁。例如《深圳市城中村（旧村）总体规划（2018—2025）》划定了城中村综合整治范围，打碎了部分城中村村民“一夜暴富”的梦想，罗湖区笋岗村在村内拉起“强烈反对、抵制综合治理，要求城市更新”的横幅。新市民亦有通过城市更新改善生活质量、降低生活成本的诉求。广州恩宁路的更新由荔湾区更新局、多宝街道办牵头成立了恩宁路共同缔造委员会，名单由各方推荐及选举，居民占了 25 位委员中的 12 席，居民积极参与到改造过程中的方案制定和利益协商过程中去。

(二) 我国城市更新治理的新模式

近年来，城市更新中的政府-市场-社会关系发生了不同以往的变化。总结起来，大概包括如下几种变化。

1. 政企合作更新治理

城市更新中政府和市场角色分工不同，政府-市场关系的变化推动了城市更新治理方式从“管理”的行政手段转变为“管治”的协商手段（张庭伟，2004）。政府-市场合作型城市更新治理模式可以分为市场主导模式和公私合作的 PPP 模式（林辰芳等，2019）。对于微更新等难以通过拆除重建获得土地增值利益的改造项目，政企合作的目的是为了吸引社会资本，缓解财政压力，发挥市场主体参与城市更新的专业性。广州城市更新办法鼓励企业参与城市更新改造和安置房建设，积极引入民间资本，通过直接投资、间接投资、委托代建等多种方式参与更新改造，吸引有实力、信誉好的房地产开发企业和社会力量参与。一方面，搭建政企合作平台，运用 PPP 或 BOT 等模式吸引社会企业参与到更新项目中，在项目融资、运营、管理和维护等各阶段引入企业资本介入；另一方面，推动市场介入旧改项目实施局部拆建，分担部分改造资金以实现整个项目的资金平衡(李志，张若竹，2019)。将企业参与更新的社会责任与企业的盈利捆绑，建立更新项目的增值潜力对应企业业务模式，从而畅通社会资本介入城市微更新的渠道。

政企合作的典型案例有广州恩宁路永庆坊微更新[①](简称永庆坊项目)(图 8-1)。2011 年起，荔湾区政府相继组织编制了一系列改造规划，如《永庆片区微改造建设导则》《永庆片区微改造社区业态控制导则》《恩宁路历史文化街区保护利用规划》等，从设计控制、社区运营、历史保护等层面对永庆坊微改造提出控制条件。永兴坊项目通过政府主导、企业承办、居民参与的形式，采用 BOT 的开发模式，通过公开招商引入万科建设并运营。万科获得了区内 109 户已征收房屋 15 年的经营权，期满后交回政府。万科承担了开发运营和服务商的角色，按照规划在永庆坊中植入创客办公、文化创意、教育等服务配套功能。万科集团通过永庆坊项目，提升了企业品牌价值，因其承担了社会责任，建立了友好的政商关系，赢得了后续项目开发权(如恩宁路二期)，二期运营期为 20 年(李志，张若竹，2019)；永庆坊通过自下而上的城市修补模式，弱化了政企以容积率为基础的利益共享联盟，以城市服务设施运营为核心，促进了社区发育，实现了政府、公众、开发商的多方共赢(吴凯晴，2017)(图 8-2)。

图 8-1 永庆坊及恩宁路历史街区航拍

来源：南粤规划微信公众号

---

① 2016 年，万科集团中标永庆坊一期项目并进行改造修缮。一期微改造范围包括永庆大街、永庆一巷、永庆二巷、至宝大街、至宝西一巷，占地面积约 8000m^2，更新建筑物约 7000m^2，已于 2016 年 10 月开业运营。而永庆坊二期，占地约 $90\,000\text{m}^2$，活化建筑约 $70\,000\text{m}^2$，2018 年 10 月已启动改造，计划于 2019—2021 年分阶段开业。

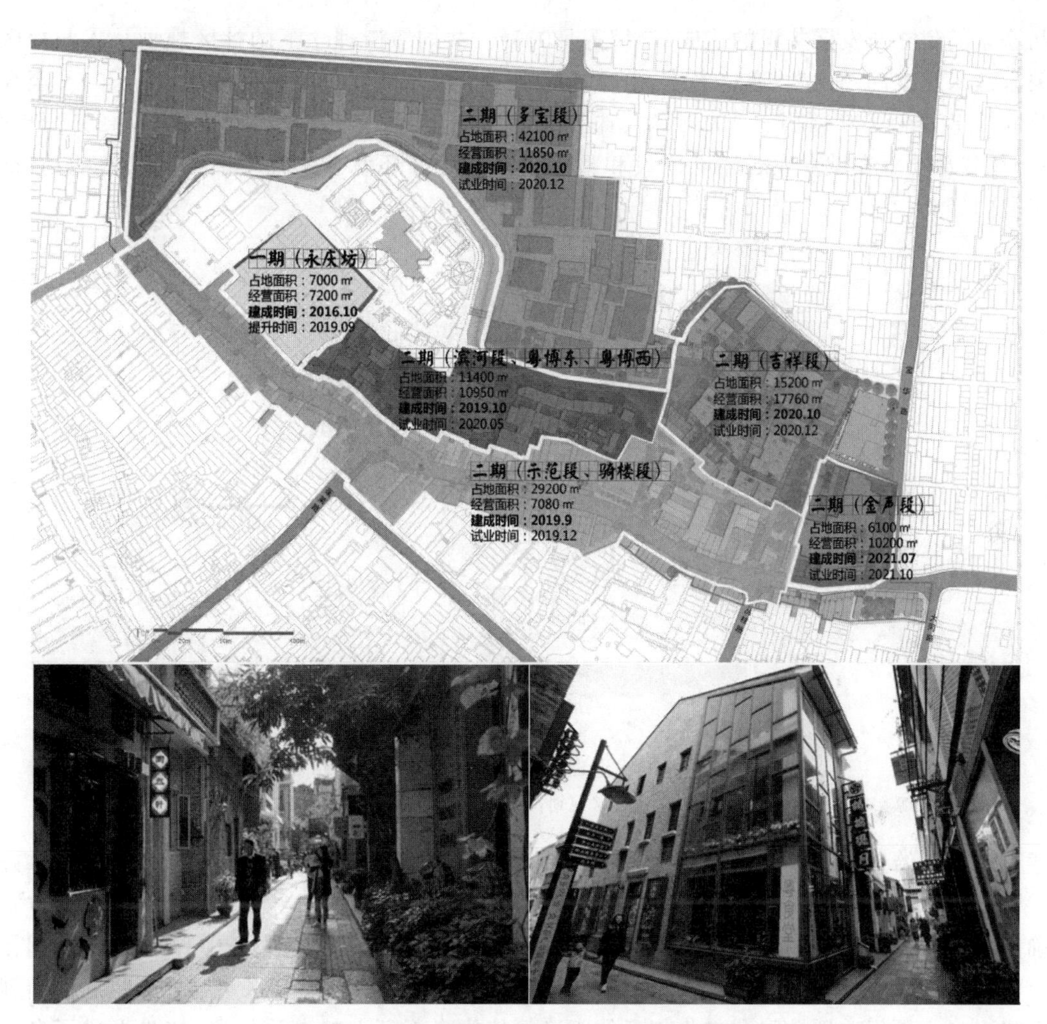

图 8-2　广州恩宁路永庆坊改造分期图和实景图

来源：Lab D+H

2. 共同缔造自治更新

2013 年，厦门市《美丽厦门战略规划》提出了“美好环境共同缔造”行动，推动“资源下沉、权力下放、人力下移、资金下投”，鼓励城乡社区自我改造。“美好环境共同缔造”以空间环境改善为载体，通过制度建设培育精神、发展产业。它不是单纯的投资与建设过程，更是一个面对社会、环境变化的政治、经济、文化的管理过程。共同缔造本质上是一种参与式社区规划，社区参与式规划的本质是在参与中以建构“共识枢纽”为核心要素，以“问题界定、权力责任共享、征召、动员及异议”为关键环节推进发展的参与式转译（黄耀福等，2015；芮光晔，2018）。2014 年以来，厦门搭建了各类以公众参与为核心，以公共空间与环境改造、社区长效机制建设为手段，依托规划师构筑政府、公众、规划师和社团等多元主体互动的共同缔造工作坊，引导各主体以多样化的方式参与到社区规划的多个环节中，促成各社会主体间联系的建立与发展共识的达成(李郇等,2015)。共同缔造理念下的社区规划从人与社区关系这一基本问题出发,通过主体、内容和原则三个维度构建美好社区环境(图 8-3)。至今共同缔造理念已在厦门、广州、深圳、珠海、北京、沈阳、西宁、黄冈等城市推广。2019 年 3 月,住建部要求在城乡人居环境建设和整治中开展美好环境与幸福生活共同缔造活动,推广厦门经验。

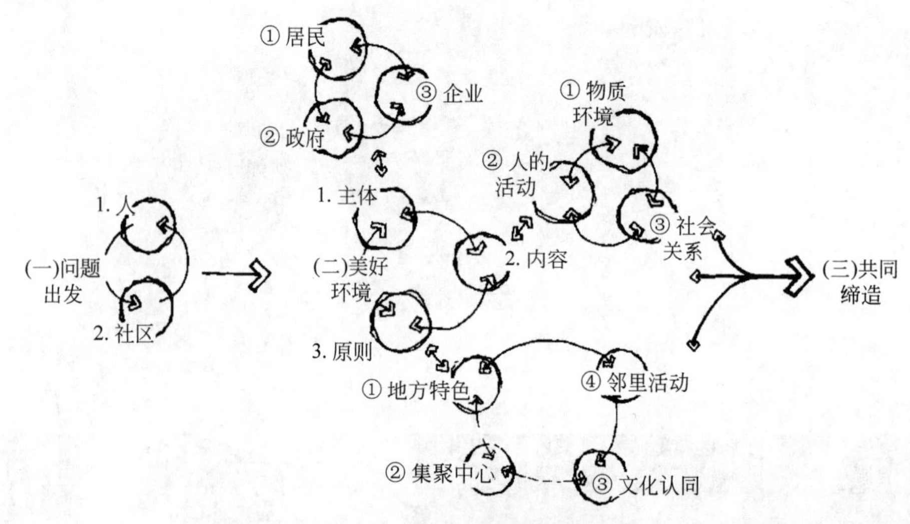

图 8-3 共同缔造理念下的新社区规划工作路径

来源:李郇,黄耀福,刘敏,2015. 新社区规划:美好环境共同缔造[J]. 小城镇建设,(4):18-21

与共同缔造紧密联系的治理模式是社区自治。社区资源盘点是社区自治更新的基础工作,通过工作坊的形式集体讨论,寻找社区治理的突破口,通过线上、线下相结合的方式确定社区居民对更新的诉求。例如,上海四叶草堂青少年自然体验服务中心自 2014 年起在上海协助建立了近 50 个社区花园项目,旨在推动社区空间更新与社区参与式微更新微治理有机融合。厦门曾厝垵闽台文化创意休闲渔村依靠自下而上的自治发展,初步形成了自治共管的体制和机制,建立了曾厝垵文创会、曾厝垵业主协会和曾厝垵社区居委会三大社区自治组织,分别代表文创经营者、商家经营者和社区居民。同时,组建了公共议事理事会,由社区干部、业主协会成员、文创会成员组成,共同谋划决议曾厝垵的大小事务。社区自治组织协商共治建立了曾厝垵村庄旅游发展和自我更新的共识。深圳西头新村村民业主自发成立业主委员会,通过自发合作治理的集体行动,建立了共同利益目标,预留惩罚选项和相互监督机制,完善了城中村的改造治理(刘启超,章平,2017)。

3. 非正式更新中的弹性治理

自上而下的土地再开发交易成本高昂,当缺乏有效率的正式更新制度设计供给时,作为一种次优选择,自下而上的非正式更新随之出现,以适应市场对土地资源的需求。存量更新规划管理模式滞后,以及土地再开发控制细则和利益调控机制的缺失也是导致非正式更新的原因(何子张,2010;梁印龙等,2018)。非正式更新成为非正规开发的延续,这类更新以土地原产权人或土地使用权人主导为特征,因其交易成本低、灵活性高,适应了地方政府对存量更新低投入高效率的更新诉求。事实上，非正式更新并非意味着游离于政府管治之外的违法行为，大量土地产权不变更的非正式更新恰恰得到了政府的支持。上海、广州等地早期的工业用地改造大多数以“退二进三”、发展创意产业的名义实现了非正式更新。广东的“三旧”改造允许村集体对集体建设用地自行改造，打破了政府对土地开发权的垄断，是非正式更新有条件“合法化”的做法。非正式更新也常常与土地“临时性使用”或“过渡使用”相联系；临时性的土地使用许可作为一种适应性的政策工具，打破了土地开发的制度约束(杨舢，2019；Li et al.，2018)。

深圳市近年来提倡有机更新，允许政府对城中村综合整治分区内产权手续不完善，但经济关系已理顺的城中村居住用房进行统租并实施综合整治类更新，如深圳水围村的改造项目。2016 年，由政府出资统筹、国企改运营、水围村实业股份有限公司筹集物业，将 29 栋城中村握手楼(每栋楼 7 层，1、2 层为商业，3 层以上为住宅)纳入柠盟公寓项目，为福田区政府提供了 504 套人才公寓(图 8-4)。通过非正式更新将城中村改造为柠盟公寓租赁住房这一公共产品，创建了政府、企业、村民和外来人口的多中心治理平台；通过使用权转移、升级改造、审批、公寓分配四个阶段，打破了城中村拆除重建改造的传统规则，政府基于人才公寓的需求，出资协助提升了非正规住房的产权安全性和空间质量(万成伟，于洋，2019；Li et al.，2019)。

图 8-4 深圳水围村改造形成的人才公寓

来源：谷德设计. https://www.gooood.cn/lm-youth-community-china-by-doffice.htm

在城中村、旧工业用地更新产权交易成本高昂的情况下，推动非正式更新是调整用地业态、提高用地经济绩效的折中选择。虽然非正式更新交易成本低，但其背后隐藏着不可忽视的制度成本和社会风险，如因为法规政策的不明确出现违规改造、土地寻租等行为（赵民，王理，2018）。非正式更新在向业主和市场放权的同时，既要兼顾各方利益，也要防止政策投机，避免个体利益无限扩大侵占集体利益和公共利益。地方政府需在现有城市更新政策体系基础上，探索刚柔相济的非正式更新治理手段，在对非合法用地容忍和利益让出的同时，严控土地寻租，避免滋生小产权房。政府与土地使用者和市场主体间建立一种务实的合作关系和灵活的决策机制，对于非正式更新尤为重要（Li et al.，2018）。

4. 政府统筹村集体自主改造

近年来，地产导向的城市更新由于过于依赖开发商，导致城中村改造成为单纯的经济利益计算的数字游戏。土地融资出让时，开发商与政府妥协补偿原业主，事实上，除了公共设施配套供给，更新的主导权已转向开发商。由于拆迁谈判博弈机制的缺陷，在融资平衡和维持预期开发利润的诉求下，城中村改造实施陷入博弈困局与时间陷阱（陶然，2020）。改造实施项目利益分配失衡，原业主绑架项目推进，社会公共利益受损。田莉等（2020）提出了“政府统筹＋村集体自主更新”的城市更新转型模式，由“开发商统筹”转型为“政府统筹”，新的城市更新模式的最大特点是将融资主体与更新主体区隔开来，避免开发商“挑肥拣瘦”，最大程度减少改造过程中达成拆迁谈判成功的时间，大幅降低谈判的时间成本与财务成本，加速改造进程。

具体流程如下；

（1）建立政府统筹的“整村统筹改造”跨村竞争机制，实现“要我改”到“我要改”，增加政府在改造中的“话语权”；地方政府制定并公布相关改造与补偿政策，以及容积率奖励或市政配套资金奖励政策等。哪个村先内部谈判达成一致意见就加快批准被改造地段的详细规划。

（2）城市更新过程中居民/村民协商机制前置，政府在全面调查和基础数据摸清的基础上，在第三方配合下负责制定好整村改造补偿的“蛋糕”总量，然后经村民内部协商达成一致后方可申请加入城市更新流程，从而降低改造过程中的各种谈判与交易成本，压低“钉子户”的出现概率。

（3）政府出让融资地块后推动村集体自主全面改造。根据之前村民签订的赔偿总量协议，乘以当时的建安成本，给予村民与村集体相关的以货币形式支付的足额补偿金，并直接进入政府监管、村集体有使用与调动权的资金专户。在政府与村民监督下，村集体经济组织就可以自主招标推动安置房、租赁住房以及产业综合体建设。

（4）关注城乡更新进程中的弱势群体如外来流动人口的利益和民生问题。关注原住民的邻里关系、社会网络，并充分尊重民意，采取就近安置或原地回迁的方式。在改造项目中将租赁用房配套作为强制性条件，城市公共服务设施以及基础设施的提升也应成为重点考虑要素（图 8-5）。

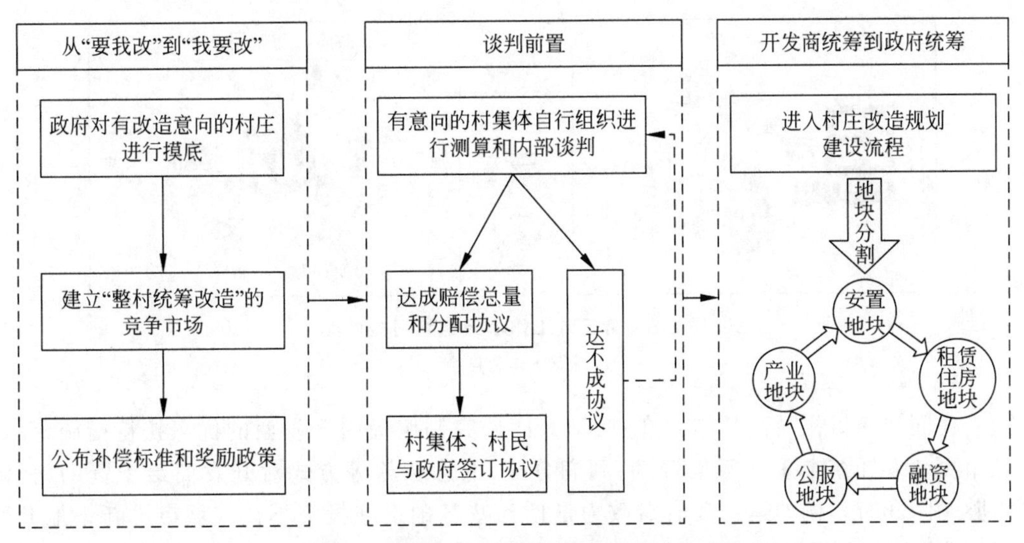

图 8-5　城中村改造模式的创新设计示意

来源：田莉，陶然，梁印龙，2020. 城市更新困局下的实施模式转型：基于空间治理的视角[J]. 城市规划学刊，257(3)：10-16

第二节　城市更新治理的制度供给

城市更新治理模式的建立需从更新博弈机制优化、管理体制改革、法规政策工具整合、实质性公众参与、城市更新融资五方面出发，推进城市更新治理机制的完善。

(一) 城市更新的博弈机制优化

1. 借助第三方搭建更新中的参与式规划平台

正如第六章中提到的，由于政府、开发商、原产权人等利益相关方中的任何一方都不适合作为利益博弈的主导者，因此，需要具备专业知识的非利益相关方参与到利益博弈协商中来。由政府委托相关专家(包括本地规划、建设系统、房地产投融资专业人士)组成第三方工作小组，通过搭建一个城市更新的参与式规划平台，在政府、开发商、村集体、村民之间扮演积极的"组织者""协调者"角色(图 8-6)。在与政府保持紧密沟通的第三方工作小组协助下，利用更新规划平台，通过充分谈判在村民/居民、村集体/居委会与政府之间，村民/居民之间展开更新、补偿与安置、环境品质提升等初步规划方案，在取得大部分业主同意的基础上，上报政府批准并签订各方协议。

2. "三智"结合的利益平衡运作机制

"三智"是指政府代表的"权智"，专家顾问团队或者民间智囊机构代表的"智智"，民众代表的"民智"。首先，政府的"权智"在城市更新中设置"城市更新发展基金"与专家顾问团

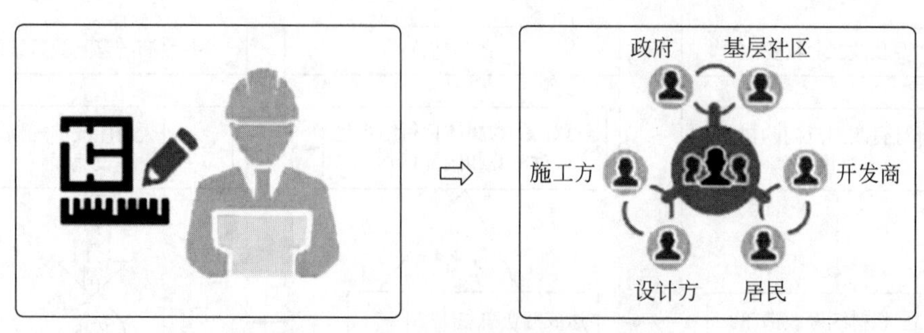

图 8-6 第三方工作小组组织利益博弈
来源：作者自绘

队或者民间智囊机构“智智”结合在一起，共同研究制定吸引开发商的优惠扶持措施，并通过城市更新发展基金采取无偿资助、利润分成、低息贷款等方式对开发商给予资助（傅鸿源，何学礼，2007），例如运用政府财政力量使一些基础设施投资不计入城市更新土地开发的费用中，由政府部门负责周边道路、给排水、通信、有线电视、路灯等基础设施的建设，按照拆迁房屋总面积减免城市建设配套费，对民用建筑修建防空地下室易地建设费和规划许可证执照费全额减免。通过不同程度地减免各种费用，降低开发商的更新成本，吸引其进入城市更新。其次，积极发挥“民智”的作用，成立社区更新自助会或借助城中村村委员会提升城中村居民散乱的组织化水平，与政府的“权智”结合，帮助政府加深城市更新的宣传，并引导城中村居民直接参与更新方案的讨论建议（廖艳，包俊，2013）。通过“三智”结合利益平衡机制，为政府、企业、居民/村民提供博弈平台，实现村民/居民对城市更新的知情权、参与权，建立企业、居民/村民参与城市更新的新渠道，让城市更新的每一步工作都在利益主体参与及监督之下运作（图 8-7）。

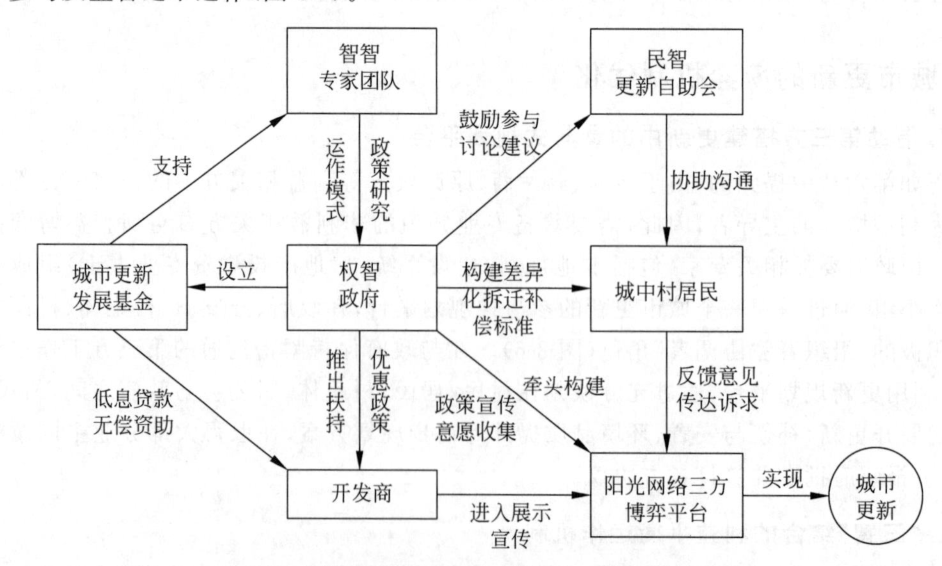

图 8-7 深圳城市更新“三智”结合利益平衡运作机制
来源：廖艳，包俊，2013

(二) 完善城市更新管理机构的职能

城市更新管理涉及国土、规划、住建、财政、产业、住房等部门。当前，政府对城市更新事务的管理过度分散，多重管制导致更新项目审批实施周期漫长；以珠三角城中村改造为例，一个城中村改造从立项批复到实施完毕，需要10年左右时间。全国最大的旧村改造项目——深圳大冲村改造，1998年就已纳入政府改造计划，2008年大冲村与华润集团签订改造合作协议，至2018年才实施完毕，整个项目持续了整整20年(图8-8)。城市更新管理具有显著的社会属性，面对复杂的利益关系和不同的社会职能，有必要建立一个行政高效、赋权充分的更新管理机构。

图8-8　深圳大冲村改造历程

来源：根据深圳新闻网信息绘制

2015年，广州市在原“三旧”办基础上成立国内首个城市更新局，作为市政府常设机构。更新局具有更新年度计划制定权、片区策划编制权、审批权以及专项资金调配权，但城市更新项目的审批与其他规划建设项目审批部门仍存在模糊边界，更新局缺乏常态化的审核决策机制和跨部门协调机制，导致更新项目审核周期仍然较长(广州市城市更新局，2016)。深圳市相继在市规划和国土资源委员会下面成立城市更新局，统筹推进全市的城市更新工作。随着2019年我国政府机构职能的调整，广深两市城市更新局的职能都已并入规划与自然资源局，更新管理和土地整备职能调整归并，其效果还有待后续观察。

需要明确的是，需要通过地方立法赋予城市更新管理机构必要的城市更新决策权、再开发项目行政许可权和土地整备权，并具有开展公私协作的权利，从而搭建政务服务、专业服务和社会参与相融合的协同平台（王世福，沈爽婷，2015）。作为政府统筹存量资源、协调社会既得空间利益、改善建成环境的管理机构，城市更新的职能部门需要具有资源整合、政策制定、行政许可、执行优先和组织协调的权利。香港市区重建局（URA）作为独立的法人团体，具有由《市区重建局条例》或凭借该条例授予的权力以及由该条例或凭借该条例委予的职责，董事会是市建局的决策及执行机构。URA 不仅是城市更新事务的管理者，还承担实施者的角色。URA 作为法人团体可依法优先获得土地，董事会是 URA 的决策和执行机构，执行董事中至少 7 名为非公职人员（图 8-9）。特区政府对 URA 的运作、资金来源、财政、回收土地、政策制度给予支持，对业务干预较少。URA 的独立法人属性、董事会成员的多元性和政府多方位支持的优势，对于我国城市更新管理机构职权设定具有借鉴价值。

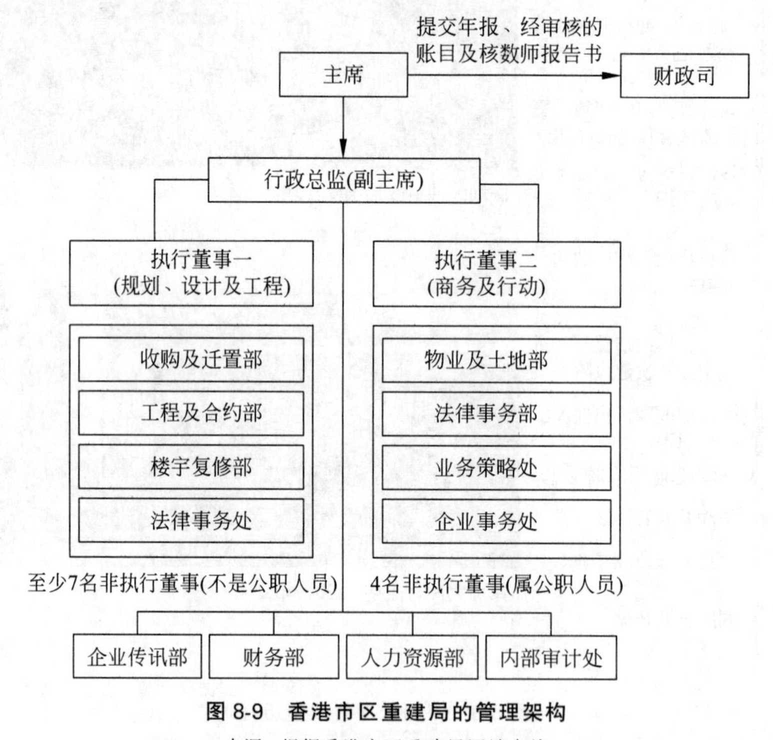

图 8-9　香港市区重建局的管理架构

来源：根据香港市区重建局网站自绘

(三) 创新完善城市更新政策工具箱

城市更新涉及土地、规划等多个部门，又面临集体土地与国有土地的产权差异，不同部门出台的政策缺乏整合协调。加之政策调整频繁，导致政策难以发挥组合效应，投资方面临各种不确定性因素。以问题为导向的“打补丁”式的政策更新缺乏连续性和系统性，导致项目进入实施阶段后,因政策变化、政策时滞而中途停滞的现象屡见不鲜。因此,亟须建立城市更新的"政策工具箱",以土地整备、融资平衡、利益分配、空间管控、建设监管等模块整合地方政府出台的各项政策、法规。其中最重要的政策设计就是土地权益重构规则,不同地区地方政府根据对城市更新的价值取向和更新紧迫程度,土地收益分配和权利释放不尽相同,城市更新规划的空间利益分配需与土地权益规则相衔接(姚之浩,曾海鹰,2018)。

更新政策工具可以通过强制和自愿两条途径实施,使政策工具更具弹性。对于规定公共空间和设施供给、最低开发密度要求的政策工具,需作为强制性政策;而对于鼓励市场参与的政策工具,应以自愿为原则,采取激励性手段,利用经济杠杆调节各行为主体参与更新利益分配的行为。城市更新过程中,城市发展整体利益不能被个体私有利益所践踏,我国城市化还在进行,过早地强调邻避将现状居民的利益放在首位,将加剧城市土地稀缺的矛盾(朱介鸣,2016)。

此外,城市更新政策工具应更加注重社会导向。我国城市更新政策对社会绩效约束明显不足,公共设施供给仅是底线要求,对社会公平的维护更是缺乏对策。在市场化导向下的城市更新中,总体来说,原业主和开发商是分享土地增值利益的获益方,而改造区域的租户和社会公众由于缺乏话语权往往承担了城市更新带来的房价提升、空间拥挤等负效应。引用美国城市土地协会(Urban Land Institution)的倡议,再开发决策过程中,利益相关人之间必须达成广泛的共识,再开发项目对社会公众的得益需纳入到综合性的再开发规划中予以清晰地陈述。政策工具的制定与使用需更多地考虑改造区域潜在利益相关者的意见。

(四) 完善城市更新的公众参与制度

征求公众意见是城市更新项目实施的关键环节。虽然地方的城市更新法规和政策都对更新过程中的权益进行了不同程度的界定,但是在一个价值日益多元化的社会中,人们达成共识的可能性变得越来越渺茫。达成利益分配的共识越来越渺茫,尤其是公共利益难以在法律文本上严格界定(田莉,2010)。当前我国规划中的公众参与停留在象征性参与阶段,公众对更新事务确实拥有了一定的话语权,但并非处于主导的地位。目前,拆除重建的更新实施流程中规定的公众参与主要停留在改造实施方案、拆迁安置补偿的表决,作为原业主的村民和城市居民仅关注自身所得补偿,甚至出现漫天要价,公众参与反而成为既得利益群体牟取高额收益的工具。

城市更新需建立有效的公众参与机制,保障社会公众特别是利益相关者的知情权,使利益相关者从更新项目策划到实施落地都能表达各自的诉求与建议。以广州为例,该市通过城市更新中的公示、征求利害关系人意见、组织专家论证等多种形式,实现城市更新的公众参与,引入公众咨询委员会和村民理事会制度,充分保障权利人的知情权、参与权。城市更新还需通过持续的制度建设和实践博弈,实现城市更新利益分配关系和公共利益底线的基本共识,审批完成的更新规划成为公众监督城市更新的基本依据,形成利益各方稳定的社会预期(吕晓蓓,2017)。

城市更新公众参与制度的实施需要建立、发动起基层社区,建立有效的咨询和听证制度。香港在城市更新地区建立咨询委员会，政府利用问卷调查、聚焦小组、访问、展览、第三方研究机构参与评估等形式，全方位听取各团体和民众的意见，确保公众意见的真实有效性。在纽约，开发商实施城市更新项目首先要征求社区委员会(community board)的意见，举办公共听证会，传递公众意见、制造社会舆论、监督政府与开发商的行为，这些都为我国城市更新中公众参与制度的完善提供了借鉴。

(五) 拓展城市更新资金和融资渠道

目前，我国城市更新的资金主要依靠政府的公共财政投入、市场的资本投入和更新地区的利益相关者投入(如村集体、居民)，前两者构成资金投入的主体。根据广州市城市更新办法的规定，市、区政府安排城市更新资金①，资金来源主要包括市、区土地出让收入和财政一般公共预算。这种以土地出让金和财政预算为主的筹资模式导致政府不得不关注土地再开发的利益收益，避免开发权赋权和利益让步过多导致土地增值收益流失。同时，面对纷繁复杂的更新利益纠葛、不断上涨的城市更新投资成本，地方政府往往面临巨大的财政压力，实施推进缓慢。

为此，亟待在市一级建立城市更新专项资金制度，规定专项资金用途，专款专用，封闭运行，区分城市更新项目财政投入的经济导向和社会公益导向，政府财政应该更多投入到民生保障和历史保护类的更新项目，对市场主体不愿进入的衰败地区更新项目进行资助。20世纪90年代以来，英国着眼于经济、社会和环境的综合更新，基于公-私-社区三方合作模式，相继设立了城市挑战、综合更新预算、社区新政等项目，采用竞标的方式分配更新基金，以公共投资撬动了更大幅度的私人投资(严雅琦，田莉，2016)。我国可适当参照英国经验，设立相应的更新基金，通过竞标的方式撬动私人投资进入，通过竞争有效提高更新方案的质量，通过基金拨付监督更新实施。通过创新不同的融资模式(如国家政策性资金、金融机构信贷资金、政府与社会资本合作(PPP)等)，积极引导社会资本通过直接投资、间接投资、委托代建等多种方式参与更新改造。

小　结

20世纪80年代以来西方城市更新治理经历了从政府主导的“一元治理”、政府与市场的“二元治理”，到政府、市场和社区多元共治的转变，从房地产开发主导的物质性更新走向经济、社会、环境等多目标的综合治理。我国城市更新治理随着社会变迁也正走向多元共

① 城市更新资金主要用于：①城市更新中长期规划编制及动态修编；②城市更新项目的前期基础数据调查及数据库建设；③城市更新片区策划方案编制；④更新项目的实施方案编制，城市更新项目建设投资；⑤城市更新改造范围内土地征收、协商收购及整备；⑥城市更新项目经济难以自身平衡的扶持专项补助以及启动；⑦城市更新政策理论、技术规范等研究。历史文化街区和优秀历史文化建筑保护性整治更新改造项目不能实现经济平衡的，由城市更新资金进行补贴(广州市人民政府，2015)。

治之路，并进行了一系列新的治理实践。随着市场经济体制机制改革进入深水区，我国目前正处于城乡空间治理的关键转型期。2020年中共中央、国务院出台了《关于构建更加完善的要素市场化配置体制机制的意见》，提出充分运用市场机制盘活存量土地和低效用地。未来一段时间，城市更新治理需重点聚焦城市更新市场机制的完善，明确政府、市场与社会在更新事务中的职权和行为边界，在政府统筹基础上积极发挥市场的作用。尊重城市发展规律和地方发展诉求。治理模式的转型需完善法规、政策工具等制度结构，增强各利益主体之间的互信和沟通。尊重原土地权利人与市场利益、兼顾公共利益保障社会公平性是城市更新实现善治的关键。

思考题

1. 多元共治的城市更新空间治理需要哪些政策支持？
2. 共同缔造、社区营造等理念在老旧社区更新中如何落实？

参考文献

Adrian L,1993. Governance, democracy and development in the Third World[J]. Third World Quarterly, 14(3): 605-624.

Arnstein S R,1969. A ladder of citizen participation[J]. Journal of the American Institute of Planners, 35(4): 216-224.

Bob J, 1998. The rise of governance and the risks of failure: the case of economic development[J]. International Social Science Journal,50: 29-45.

Brenner N,Marcuse P,Mayer M,2012. Cities for people,not for profit: critical urban theory and the right to the city[M]. London: Routledge.

Chaffin B C,Gosnell H,Cosens B A,2014. A decade of adaptive governance scholarship: synthesis and future directions[J]. Ecology and Society,19(3).

Chen H,2012. "Villages-in-the-city" and urbanization in Guangzhou,China[D]. Seattle: University of Washington.

Chung H,Zhou S H,2011. Planning for plural groups? Villages-in-the-city redevelopment in Guangzhou City,China[J]. International Planning Studies,16.

CPRE London,2014. The London Plan: The Spatial Development Strategy for Greater London[R].

Davidoff P,1965. Advocacy and pluralism in planning[J]. Journal of the American Institute of Planners, 31(4): 331-338.

Davidoff P, Reiner T A, 1962. A choice theory of planning[J]. Journal of the American Planning Association,28(2): 103-115.

Department for Communities and Local Government,2019. National planning policy framework[EB/OL]. (2019-06-19)[2020-11-11]. https://www. gov. uk/government/publications/national-planning-policy-framework—2.

Ebdon C,Franklin A L,2006. Citizen participation in budgeting theory[J]. Public Administration Review, 66(3): 437-447.

Fainstein,Susan S,2012. Readings in planning theory [M]. Oxford: Black Well.

Folke C,Carpenter S R,Walker B H,et al. 2010. Resilience thinking: integrating resilience,adaptability and transformability[J]. Ecology and Society,15(4): 20.

Gerry S,1998. Governance as theory: five propositions[J]. International Social Science Journal,68: 15-24.

Goldman M. MacFarquhar R,1999. The paradox of China's post-Mao reforms[M]. England: Harvard University Press.

Gotham K F,2001. A city without slums: urban renewal,public housing,and downtown revitalization in Kansas city,Missouri[J]. American Journal of Economics and Sociology,60(1): 285-316.

Gotham K F,2000. Rowth machine up-links: urban renewal and the rise and fall of a pro-growth coalition in a US city[J]. Critical Sociology,26(3): 268-300.

Gunderson L H,Holling C S,2002. Panarchy: understanding transformations in human and natural system [M]. Washington D. C.: Island Press.

Harada Y,Jørgensen G,2016. Area-based urban regeneration comparing Denmark and Japan[J]. Planning Practice & Research,31(4): 359-382.

Harvey D,1974. Class monopoly rent,finance capital and the urban revolution[J]. Regional Studies,8(3): 239-255.

Harvey D,1985. The urbanization of capital: studies in the history and theoryof capitalist urbanization[M]. Baltimore: The Johns Hopkins University Press.

Harvey M,1976. The city as a growth machine: toward a political economy of place[J]. American Journal of Sociology,82(2): 309-332.

He S, Wu F, 2005. Property-led redevelopment in post-reform China: a case study of Xintiandi redevelopment project in Shanghai[J]. Journal of Urban Affairs,27(1): 1-23.

He S L,Wu F L,2010. China's emerging neoliberal urbanism: perspectives from urban redevelopment[J]. Antipode,41(2): 282-304.

Holling,1973. Resilience and stability of ecological systems[J]. Annual Review of Ecology and Systematics, (4): 1-23.

Howlett M, Ramesh M, 2015. Achilles' heels of governance: critical capacity deficits and their role in governance failures[J]. Regulation & Governance,10(4): 301-313.

King C S,Feltey K M Susel B,1998. The question of participation: toward authentic public participation in public administration. public administration[J]. Public Administration Review. 58(4): 317-326.

Kickert W J M, 2010. Public governance in the Netherlands: an alternative to anglo-american "managerialism"[J]. Public Administration,75(4): 731-752.

Li L H,Li X,2011. Redevelopment of urban villages in Shenzhen,China-an analysis of power relations and urban coalitions[J]. Habitat International,35(3): 426-434.

Li B,Liu C Q,2018. Emerging selective regimes in a fragmented authoritarian environment: the "three old redevelopment" policy in Guangzhou,China from 2009 to 2014[J]. Urban Studies,55(7): 1400-1419.

Li B,Tong D,Wu Y L,et al,2019. Government-backed "laundering of the grey" in upgrading urban village properties: Ningmeng apartment project in Shuiwei village,Shenzhen,China[J]. Progress in Planning. available online 4 September.

Li Y, Chen X, Tang B, et al. , 2018. From project to policy: adaptive reuse and urban industrial land restructuring in Guangzhou City,China[J]. Cities,82: 68-76.

Lin Y,Pu H,Geertman S,2015. A conceptual framework on modes of governance for the regeneration of Chinese "villages in the city"[J]. Urban Studies,52(10) 1774-1790.

Lobel O,2005. The renew deal: the fall of regulation and the rise of governance in contemporary legal thought[J]. Social Science Electronic Publishing,89(2): 342-470.

McGinnis M D, Ostrom E, 2014. Social-ecological system framework: initial changes and continuing challenges[J]. Ecology and Society,19(2): 30.

Nelson M,1995. Our global neighborhood: the report of the commission on global governance[J]. George Washington Journal of International Law & Economics,(3): 754-756.

Ostrom E,2009. A general framework for analyzing sustainability of social-ecological systems[J]. Science, 325(5939): 419-422.

Paul D,1965. Advocacy and pluralism in planning[J]. Journal of the American Institute of Planners,31(4): 431-432.

Perri,Leat P,Seltzer K,et al. ,2002. Towards holistic governance: the new reform agenda[M]. New York: Palgrave.

Pierre J,2014. Can urban regimes travel in time and space? urban regime theory,urban governance theory, and comparative urban politics[J]. Urban Affairs Review,50(6): 864-889.

Pierre J,1999. Models of urban governance: the institutional dimension of urban politics[J]. Urban Affairs Review,34(3): 372-396.

Rhodes W, 1997. Understanding governance: policy networks, governance, reflexivity and accountability [M]. Buckingham: Open University Press.

Sager T,1994. Communicative planning theory: rationality versus power[M]. England: Avebury.

Salamon L M,2001. The new governance and the tools of public action: an introduction[J]. The Fordham urban law journal,28(5): 1611-1674.

Schmitter P C,1974. Still the century of corporatism[J]. Review of Politics,36(1): 85-131.

Section W I D, UNESCAP, 2011. What is good governance? [J]. Social Science Electronic Publishing, 92 (Supplement s253): 459-461.

Smith N,1979. Toward a theory of gentrification: a back to the city movement by capital, not people[J]. Journal of the American Planning Association,45(4): 538-585.

Sorensen A,2003. Building world city Tokyo: globalization and conflict over urban space[J]. The Annals of Regional Science,37(3): 519-531.

Stone C N,1993. Urban regimes and the capacity to govern: a political economy approach[J]. Journal of Urban Affairs,15(1): 1-28.

The City of New York,2017. One NYC progress report,2017[EB/OL]. (2017-04)[2020-11-11]. http://onenyc. cityofnewyork. us/wp-content/uploads/2017/04/OneNYC_2017_Progress_Report. pdf.

The City of New York, 2014. PlaNyc progress report, 2014[EB/OL]. (2014-04)[2020-11-11]. http://www. nyc. gov/html/planyc/downloads/pdf/140422_PlaNYCP-Report_FINAL_Web. pdf.

The Stationery Office, 2015. Planning act 2008 [EB/OL]. (2005-10-15)[2020-11-11]. https://www. legislation. gov. uk/ukpga/2008/29/contents.

The Stationery Office,2017. Planning and compulsory purchase act 2004 [EB/OL]. (2017-03-17)[2020-11-11]. https://www. legislation. gov. uk/ukpga/2004/5/contents.

Torfing J,Peters B G,Pierre J,et al. ,2012. Interactive governance: advancing the paradigm[M]. Oxford: Oxford Univernity Press.

Turner J C,1968. Housing priorities, settlement patterns, and urban development in modernizing countries [J]. Journal of the American Planning Association,34(6): 354-363.

Wu F L,2015. State dominance in urban redevelopment: beyond gentrification in urban China[J]. Urban Affairs Review,52(5),631-658.

Xu J, Yeh A G O, 2005. City repositioning and competitiveness building in regional development: new development strategies in Guangzhou, China[J]. International Journal of Urban & Regional Research, 29(2): 283-308.

Yang Y,Chang C,2007. An urban regeneration regime in China: a case study of urban redevelopment in Shanghai's Taipingqiao area[J]. Urban Studies,44(9): 1809-1826.

Zhang S,2014. Land-centered urban politics in transitional China: can they be explained by growth machine theory? [J]. Cities,(41): 179-186.

Zhang Y,Fang K,2004. Is history repeating itself? From urban renewal in the United States to inner-city redevelopment in China[J]. Journal of Planning Education and Research,23(3): 286-298.

埃莉诺·奥斯特罗姆,拉里·施罗德,苏珊·温,2000. 制度激励和可持续发展[M]. 上海: 上海三联书店.

埃莉诺·奥斯特罗姆,2012. 公共事物的治理之道[M]. 上海: 上海译文出版社.

安達幸信,2018. 大手町連鎖型都市再生 プロジェクトの現状[R/OL]. 日本貿易会月報,2018-05(768) [2020-10-23]. https://www. jftc. jp/monthly/feature/detail/entry-1454. html.

边兰春，2020. 城市·更新话北京[EB/OL].[2020-10-28]. https://mp. weixin. qq. com/s/wC16GPKDceLsssXKPdoaaQ.
边泰明，2010. 都市更新——困境与信任[J]. 经济前瞻(台)，131(9)：97-102.
财团法人都市更新研究发展基金会，2002. 都市更新 2002 法规经纬[M]. 台北：都市更新研发会.
曹庆锋，常文军，2019. 日本轨道交通发展历程及经验启示[J]. 交通运输研究，5(03)：10-17.
曹现强，张福磊，2012. 我国城市空间正义缺失的逻辑及其矫治[J]. 城市发展研究，19(03)：129-133.
岑迪，吴军，黄慧明，周敏，2017. 基于制度设计的广州市旧厂房"微改造"探索——以国际单位创意园为例[J]. 上海城市规划，(05)：45-50.
岑迪，2015."退二进三"背景下的广州创意园"新常态"[C]//中国城市规划学会，贵阳市人民政府. 新常态：传承与变革——2015 中国城市规划年会论文集(11 规划实施与管理). 北京：中国建筑工业出版社.
陈浩，张京祥，林存松，2015. 城市空间开发中的"反增长政治"研究：基于南京"老城南事件"的实证[J]. 城市规划，(4)：19-26.
陈浩，张京祥，吴启焰，2010. 转型期城市空间再开发中非均衡博弈的透视——政治经济学的视角[J]. 城市规划学刊，(5)：33-40.
陈浩，张京祥，陈宏胜，2015. 新型城镇化视角下中国"土地红利"开发模式转型[J]. 经济地理，35(04)：1-8.
陈进华，2017. 中国城市风险化：空间与治理[J]. 中国社会科学，(08)：43-60，204-205.
陈金红，2019. 多中心治理理论视角下广东养老地产发展研究[D]. 广州：华南理工大学.
陈眉舞，张京祥，曹荣林，2004. 我国城市社区规划的理论构架及其实践机制研究[J]. 南京工业大学学报(社会科学版)，(04)：45-48.
陈美玲，2019. 存量时代的规划路径探索——以深圳市土地整备实践为例[C]//中国城市规划学会，重庆市人民政府. 活力城乡 美好人居——2019 中国城市规划年会论文集(14 规划实施与管理). 北京：中国建筑工业出版社.
陈庆云，曾军荣，2005. 论公共管理中的政府利益[J]. 中国行政管理，(08)：19-22.
陈文，2010. 城市社区业主维权：类型与特点探析[J]. 贵州社会科学，(4)：47-51.
陈晓玲，2016. 浅析台湾地区都市更新[J]. 北方经贸，(06)：63-65.
陈晓彤，杨雪冬，2013. 空间、城镇化与治理变革[J]. 探索与争鸣，(11)：51-55.
陈易，2016. 转型期中国城市更新的空间治理研究：机制与模式[D]. 南京：南京大学博士论文.
陈映芳，2008. 城市开发的正当性危机[J]. 社会学研究，(3)：335.
陈雨，2015. 协调多产权主体利益的改造更新规划实践——以上海市虹桥商务区东片区开发规划为例[J]. 城市规划学刊，(4)：77-82.
程大林，张京祥，2004. 城市更新：超越物质规划的行动与思考[J]. 城市规划，(02)：70-73.
程佳旭，2013. 多中心治理视角下城市更新模式转变研究[J]. 现代管理科学，(10)：87-89.
程雪阳，2014. 土地发展权与土地增值收益的分配[J]. 法学研究，(5)：76-97.
大和总研株式会社，2010. 东京圈的铁路和城市的发展[R]. 东京：大和总研株式会社.
大手町・丸の内・有楽町地区まちづくり懇談会，2008. 大手町・丸の内・有楽町地区まちづくりガイドライン 2008[EB/OL].(2008-09)[2012-03-16]. http://www. aurora. dti. ne. jp/～ppp/guideline/pdf/guideline2008. pdf.
戴锏，2010. 美国容积率调控技术的体系化演变及应用研究[D]. 哈尔滨：哈尔滨工业大学.
戴慕珍，1997. 中国地方政府公司化的制度化基础[M]. 香港：牛津大学出版社.
邓睦军，龚勤林，2017. 中国区域政策的空间选择逻辑[J]. 经济学家，(2)：60.
邓雪湲，黄林琳，2019. 公共要素导向的上海城市更新沟通工具构建及应用[J]. 城市发展研究，26(5)：56-62.
邓志旺，2015. 城市更新对人口的影响——基于深圳样本的分析[J]. 开放导报，(3)：101-104.

丁承舰,2016.台湾地区区段征收模式对大陆地区城中村改造模式的经验借鉴与启示[D].武汉:华中师范大学.

丁寿颐,2019."租差"理论视角的城市更新制度——以广州为例[J].城市规划,43(12):69-77.

东京都政府,2020.东京都的行政区划[EB/OL].[2020-09-16].https://www.metro.tokyo.lg.jp/chinese/about/history/history02.html.

董君,高岩,韩东松,2016.城市安全视角下的旧城有机更新规划——以天津西沽地区城市更新为例[J].规划师,32(3):47-53.

董玛力,陈田,王丽艳,2009.西方城市更新发展历程和政策演变[J].人文地理,(5):42-46.

独立法人都市機構,2020.企業情報[EB/OL].[2020-09-15]https://www.ur-net.go.jp/aboutus/index.html.

杜坤,田莉,2015.基于全球城市视角的城市更新与复兴:来自伦敦的启示[J].国际城市规划,30(4):41-45.

番禺区城改办,2010.番禺区市桥街东郊村及周边成片更新改造方案[Z].

番禺区人民政府,2020.番禺区南浦村旧村改造项目策划方案征询意见公示和实施方案征求意见公示[Z].

范冬萍,何德贵,2018.基于CAS理论的社会生态系统适应性治理进路分析[J].学术研究,(12):6-11.

方可,2000.当代北京旧城更新调查·研究·探索[M].北京:中国建筑工业出版社.

冯灿芳,张京祥,陈浩,2018.嵌入性治理:法团主义视角的中国新城空间开发研究[J].国际城市规划,33(06):102-109.

费孝通,吴晗,1988.皇权与绅权[M].天津人民出版社.

冯立,唐子来,2013.产权制度视角下的划拨工业用地更新:以上海市虹口区为例[J].城市规划学刊,(5):23-29.

冯锐.复杂适应系统理论视角下的城市更新转型[C]// 活力城乡 美好人居——2019中国城市规划年会论文集.北京:中国建筑工业出版社.

冯小红,2019.机构改革背景下存量用地开发趋势分析——以深圳市为例[J].中国国土资源经济,(10):46-52.

付俊文,赵红,2006.利益相关者理论综述[J].首都经济贸易大学学报,(2).

高宁,2019.基于结构化理论视角下小城镇空间扩展研究——以济南市历城区为例[C]//活力城乡 美好人居——2019中国城市规划年会论文集.北京:中国建筑工业出版社.

葛岩,关烨,聂梦遥,2017.上海城市更新的政策演进特征与创新探讨[J].上海城市规划,(5):23-28.

顾朝林,2001.发展中国家城市管治研究及其对我国的启发[J].城市规划,(09):13-20.

顾大治,瞿嘉琳,黄丽敏,等,2020.基于多元共治平台的社区微更新机制优化探索[J].现代城市研究,(2):2-8.

顾守柏,丁芸,孙彦伟,2015.上海"198"区域建设用地减量化的政策设计与探索[J].中国土地,(011):17-20.

广州市城市更新局,2016.广州市城市更新综合报告[R].

广州市城市更新局,2015.广州市"三旧"改造修编[Z].

广州市城市规划勘测设计研究院,2010.广州市"三旧"改造规划(2010—2020)[Z].

广州市城市规划勘测设计研究院,2012.广州市"三旧"更新改造近期实施计划[Z].

广州市城市规划勘测设计研究院,2016.广州市城市更新总体规划(2015—2020)[Z].

广州市人民政府,2015.广州市城市更新办法[Z].

广州市人民政府.广州市村级工业园整治提升实施意见[EB/OL].(2019-08-16)[2020-11-11].http://www.gz.gov.cn/gfxwj/szfgfxwj/gzsrmzfbgt/content/post_5445120.html.

郭文,2014."空间的生产"内涵、逻辑体系及对中国新型城镇化实践的思考[J].经济地理,34(06):33-39.

郭湘闽,李晨静,2019.高密度语境下的香港市区重建治理机制及其启示[J].城市发展研究,26(9):52-61.

郭湘闽,王冬雪,2011.台湾都市更新中权利变换制度运作之解析[J].城市建筑,(08):15-17.

郭旭,田莉,2016.产权重构视角下的土地减量规划与实施——以上海新浜镇为例[J].城市规划,40(9):22-31.

郭旭,田莉,2018."自上而下"还是"多元合作":存量建设用地改造的空间治理模式比较[J].城市规划学刊,241(1):66-72.

郭旭,严雅琦,田莉,2018.法团主义视角下珠三角存量建设用地治理研究——以广州市番禺区为例[J].国际城市规划,33(2):82-87.

郭旭,严雅琦,田莉,2020.产权重构、土地租金与珠三角存量建设用地再开发——一个理论分析框架与实证[J].城市规划,44(06):98-105.

郭旭,2020.发达地区存量建设用地减量化治理研究——一个新的空间治理分析框架[J].城市规划,44(1):52-62.

郭炎,项振海,袁奇峰,等,2018.半城市化地区存量更新的演化特征、困境及策略——基于佛山南海区"三旧"改造实践[J].现代城市研究,(9):101-108.

郭友良,李郇,张丞国,2017.广州"城中村"改造之谜:基于增长机器理论视角的案例分析[J].现代城市研究,(05):44-50.

郭玉亮,2011.城市拆迁现象透析:利益冲突下的多方博弈[J].现代经济探讨,(02):24-28.

韩文超,吕传廷,周春山,2020.从政府主导到多元合作——1973年以来台北市城市更新机制演变[J].城市规划,44(05):97-103,110.

何芳子,丁致成,2006.日本都市再生密码:都市更新的案例与制度[M].台北:财团法人都市更新研究发展基金会.

何鹤鸣,张京祥,2017.产权交易的政策干预:城市存量用地再开发的新制度经济学解析[J].经济地理,37(2):7-14.

何深静,刘玉亭,2010.市场转轨时期中国城市绅士化现象的机制与效应研究[J].地理科学,30(04):496-502.

何深静,刘臻,2013.亚运会城市更新对社区居民影响的跟踪研究——基于广州市三个社区的实证调查[J].地理研究,32(6):1046-1056.

何艳玲,2013."回归社会":中国社会建设与国家治理结构调适[J].开放时代,(03):29-44.

何子张,2010.利益分析视角下再开发的规划调控机制研究——从厦门"别墅改建"案例谈起[J].城市规划,(10):76-79.

何子张,李晓刚,2013.土地开发权分享视野下的旧厂房改造策略研究——基于厦门实践的思考[C]//城市时代,协同规划——2013中国城市规划年会.青岛:青岛出版社.

何子张,洪国城,2015.基于"微更新"的老城区住房产权与规划策略研究——以厦门老城为例[J].城市发展研究,(11):51-56.

何自力,2017.科学认识和正确处理政府与市场关系[J].世界社会主义研究,2(01):120-121.

洪亮平,赵茜,2013.走向社区发展的旧城更新规划——美日旧城更新政策及其对中国的启示[J].城市发展研究,20(03):21-24,28.

洪亮平,赵茜,2016.从物质更新走向社区发展——旧城社区更新中城市规划方法创新[M].北京:中国建筑工业出版社.

洪世键,张京祥,2009.土地使用制度改革背景下中国城市空间扩展:一个理论分析框架[J].城市规划学刊,(3):89-94.

洪世键,2016.创造性破坏与中国城市空间再开发——基于租差理论视角[J].厦门大学学报(哲学社会科学版),(05):50-58.

胡嘉佩,张京祥,2015.跨越零和：基于增长联盟的市-区府际治理创新——以南京河西新城为例[J].现代城市研究,(02)：40-45.
胡继元,王建龙,邱李亚,等,2018.城乡建设用地减量的规划实施机制优化探索——《北京基于"两规合一"的城乡建设用地评估方法研究》思考[J].城市规划学刊,(04)：56-64.
胡畔,王兴平,2019.家庭促进型社区规划的理论阐释及其空间治理研究[J].南京社会科学,(11)：17-24.
胡毅,2013.对内城住区更新中参与主体生产关系转变的透视——基于空间生产理论的视角[J].城市规划学刊,(5)：100-105.
胡毅,张京祥,2015.中国城市住区更新的解读与重构——走向空间正义的空间生产[M].北京：中国建筑工业出版社.
黄斌全,2018.城市更新中的公众参与式规划设计实践——以上海黄浦江东岸公共空间贯通规划设计为例[J].上海城市规划,(05)：54-61.
黄利华,焦政,2018.市场主导模式下城市更新面临困境及出路思考——佛山市为例[J].南方建筑,(1)：29-36.
黄利华,焦政,2019.基于形态优化的历史城区更新探索——以佛山为例[J].华中建筑,37(02)：123-126.
黄沛霖,2018.基于利益相关者理论的城市更新项目规划方案决策研究[D].重庆：重庆大学.
黄杉,2010.城市生态社区规划理论与方法研究[D].浙江：浙江大学.
黄信敬,2005.城市房屋拆迁中的利益关系及利益博弈[J].广东行政学院学报,(02)：38-42.
黄耀福,郎嵬,陈婷婷,等,2015.共同缔造工作坊：参与式社区规划的新模式[J].规划师,31(10)：38-42.
黄怡,吴长福,2020.基于城市更新与治理的我国社区规划探析——以上海浦东新区金杨新村街道社区规划为例[J].城市发展研究,27(04)：110-118.
黄迎春,杨伯钢,张飞舟,2017.世界城市土地利用特点及其对北京的启示[J].国际城市规划,(06)：13-19.
黄姿蓉,2008.从都市更新到都市再生的远景与机制之研究——以高雄市盐埕区为例[D].台南：台湾成功大学.
贾超,2012."有机更新"理论在城市公园改造中的应用与探索[D].福州：福建农林大学.
贾茵,2015.公私合作型都市更新的动力机制——以我国台湾地区《都市更新条例》之奖助制度为例[J].国家行政学院学报,(6)：56-60.
姜杰,刘忠华,孙晓红,2005.论我国城市更新中的问题及治理[J].中国行政管理,(4)：58-61.
金秋平,2016.城市有机更新下城市棚户区改造中公共空间的重构[D].成都：西南交通大学.
孔明亮,马嘉,杜春兰,2018.日本都市再生制度研究[J].中国园林,34(08)：101-106.
蒯大申,2008.城市更新的文化内涵[J].文化艺术研究,1(02)：7-13.
赖寿华,庞晓媚,2013.广州市"三旧"改造规划的经验及其启示[C]// 城市时代,协同规划——2013中国城市规划年会.青岛：青岛出版社.
赖寿华,吴军,2013.速度与效益：新型城市化背景下广州"三旧"改造政策探讨[J].规划师,29(5)：36-41.
赖亚妮,吕亚洁,秦兰,2018.深圳市2010—2016年城市更新活动的实施效果与空间模式分析[J].城市规划学刊,243(3)：86-95.
黎斌,贺灿飞,黄志基,等,2017.城镇土地存量规划的国际经验及其启示[J].现代城市研究,(6)：39-46.
李斌,徐歆彦,邵怡,等,2012.城市更新中公众参与模式研究[J].建筑学报,(S2)：134-137.
李广斌,王勇,袁中金,2013.中国城市群空间演化的制度分析框架——基于法团主义的视角[J].城市规划,37(10)：9-13.
李剑锋,2019.城市更新的模式选择及综合效益评价研究[D].广州：华南理工大学.
李经纬,田莉,2020.价值取向与制度变迁下英国规划法律体系的演进、特征和启示[J/OL].国际城市规划：1-12[2020-10-15].http://kns.cnki.net/kcms/detail/11.5583.tu.20200904.1056.002.html.
李俊夫,孟昊,2004.从"二元"向"一元"的转制——城中村改造中的土地制度突破及其意义[J].中国土地,

(10)：25-27.
李克强，2011.大规模实施保障性安居工程逐步完善住房政策和供应体系[J].求是，(08)：3-8.
李璐颖，江奇，汪成刚，2018.基于城市治理的城市更新与法定规划体系协调机制思辨——广州市城市更新实践及延伸思考[J].规划师，34(S2)：32-38.
李萌，2017.基于居民行为需求特征的"15分钟社区生活圈"规划对策研究[J].城市规划学刊，233(1)：111-118.
李珊珊，钟晓华，2020.新都市制造业驱动下的城市滨水地区更新策略研究[J].国际城市规划：1-17[2021-05-14].http://kns.cnki.net/kcms/detail/11.5583.TU.20200703.1841.002.html.网络首发，2020-07-06.
李世勋，王雨村.城市更新中公众参与的边界问题分析[C]//中国城市规划学会，重庆市人民政府.活力城乡 美好人居——2019中国城市规划年会论文集(14规划实施与管理).北京：中国建筑工业出版社.
李甜，2017.纽约可负担住宅更新建设策略与实践[J].住宅科技，(10)：64-72.
李婷，方飞，2015.我国台湾省都市更新发展历程研究[J].吉林建筑大学学报，32(03)：53-56.
李友梅，2002.基层社区组织的实际生活方式——对上海康健社区实地调查的初步认识[J].社会学研究，(04)：15-23.
李友梅，2007.社区治理：公民社会的微观基础[J].社会，(02)：159-169，207.
李友梅，2013.构建社会建设的"共识"和"公共性"[N].中国社会科学报，2013-06-14.
李郇，黄耀福，刘敏，2015.新社区规划：美好环境共同缔造[J].小城镇建设，(4)：18-21.
李志，张若竹，2019.老旧小区微改造市场介入方式探索[J].城市发展研究，26(10)：36-41.
梁波，金桥，2015.城市社区治理中的社会参与问题调查与分析——以上海宝山社区共治与自治为例[J].城市发展研究，22(5)：112-117.
梁小薇，项振海，袁奇峰，2018.从"三旧"改造、土地整备到市地重划——以佛山市南海区集体建设用地更新为例[J].城市建筑，287(18)：34-38.
梁小薇，袁奇峰，2018.珠三角商贸型城中村的领域政治——基于广州市中大布匹市场区的案例研究[J].城市规划，(5)：39-46.
梁印龙，孙中亚，蒋维科，2018."市场诱导"与"政府失灵"：存量工业用地更新的困境与规划初探——以苏州工业园区为例[J].城市规划学刊，246(6)：102-110.
廖涛，2017.历史文化街区利益相关者诉求及其影响研究[D].成都：西南交通大学.
廖玉娟，2013.多主体伙伴治理的旧城再生研究[D].重庆：重庆大学.
廖艳，包俊，2013.深圳政府引导下的城市更新博弈分析[J].建筑经济，(12)：100-103.
林辰芳，杜雁，岳隽，等，2019.多元主体协同合作的城市更新机制研究——以深圳为例[J].城市规划学刊，(6)：56-62.
林美君，2019.基于利益博弈的广州城中村改造优化研究[D].广州：广东工业大学.
林强，2017.半城市化地区规划实施的困境与路径——基于深圳土地整备制度的政策分析[J].规划师，033(009)：35-39.
林钦荣，1995.都市设计在台湾[M].台北：创兴出版社.
林日雄，2013.基于多中心治理理论的城市违法建筑治理问题研究[D].南宁：广西大学.
林佑磷，2003.台北市实施都市更新历程及影响之研究[D].台北：仁川台北文化大学.
刘斌，2014.强迫迁离之避免：东亚地区城市更新法律实践[J].辽宁大学学报(哲学社会科学版)，42(4)：110-116.
刘波，2011.我国台湾地区都市更新制度研究[D].郑州：郑州大学.
刘芳，张宇，2015.深圳市城市更新制度解析——基于产权重构和利益共享视角[J].城市发展研究，22(2)：25-30.
刘荷蕾，陈小祥，岳隽，等，2020.深圳城市更新与土地整备的联动：案例实践与政策反思[J].规划师，

36(9)：84-90.
刘健，2009. 20 世纪法国城市规划立法及其启发[J]. 国际城市规划，24(S1)：256-262.
刘洁，2016. 公平正义视角下的城市更新实施策略研究[D]. 西安：长安大学.
刘鹏，2019. 城市更新项目公众参与关键成功因素研究[D]. 重庆：重庆大学.
刘启超，章平，2017. 城中村集体行动何以可能？——基于西头新村自发合作治理的个案研究[J]. 城市观察，(6).
刘天宝，柴彦威，2013. 中国城市单位制研究进展[J]. 地域研究与开发，32(5)：13-21.
刘雯，2007. 城市房屋拆迁补偿法律问题研究[D]. 大连：东北财经大学.
刘晓逸，运迎霞，任利剑，2018. 2010 年以来英国城市更新政策革新与实践[J]. 国际城市规划，33(2)：104-110.
刘昕，2011. 深圳城市更新中的政府角色与作为——从利益共享走向责任共担[J]. 国际城市规划，26(1)：41-45.
刘欣葵，2012. 北京城市更新的思想发展与实践特征[J]. 城市发展研究，19(10)：129-132，136.
刘欣葵，2009. 首都体制下的北京规划建设管理 封建帝都 600 年与新中国首都 60 年[M]. 北京：中国建筑工业出版社.
刘新平，严金明，王庆日，2015. 中国城镇低效用地再开发的现实困境与理性选择[J]. 中国土地科学，29(1)：48-54.
刘宣，2009. 旧城更新中的规划制度设计与个体产权定义——新加坡牛车水与广州金花街改造对比研究[J]. 城市规划，33(8)：18-25.
刘源，2004. 现代城市有机更新的适应性理论及方法探析[D]. 重庆：重庆大学.
龙彬，汪子茗，2015. 大数据时代城中村改造的规划技术路线初探[J]. 建筑与文化，(04)：141-143.
卢汉龙，2004. 中国城市社区的治理模式[J]. 上海行政学院学报，5(1)：56-65.
罗翔，曹广忠，2006. 日本城市管理中的地方自治及对中国的启示——以东京为例[J]. 城市发展研究，(02)：29-33.
栾晓帆，陶然，2019. 超越"反公地困局"——城市更新中的机制设计与规划应对[J]. 城市规划，43(10)：37-42.
吕斌，王春，2013. 历史街区可持续再生城市设计绩效的社会评估——北京南锣鼓巷地区开放式城市设计实践[J]. 城市规划，37(03)：31-38.
吕晓蓓，2017. 城市更新，勿忘初心——再论深圳城市更新的得与失[EB/OL]. (2017-02-18)[2020-11-11]. https://www.thepaper.cn/newsDetail_forward_1620907.
马丁·安德森，吴浩军，2012. 美国联邦城市更新计划(1949—1962 年)[M]. 北京：中国建筑工业出版社.
迈克尔·赫勒，2009. 困局经济学[M]. 北京：机械工业出版社.
明钰童，2018. 城市更新中的公众参与制度设计对比分析——以成都龙兴寺片区与曹家巷片区项目为例[C]//中国城市规划学会，杭州市人民政府. 共享与品质——2018 中国城市规划年会论文集(02 城市更新). 北京：中国建筑工业出版社.
缪春胜，邹兵，张艳，2018. 城市更新中的市场主导与政府调控——深圳市城市更新"十三五"规划编制的新思路[J]. 城市规划学刊，(4)：81-87.
缪春胜，2014. 深圳三十多年城市更新回顾及其下一阶段思考[C]//中国城市规划学会. 城乡治理与规划改革——2014 中国城市规划年会论文集(03-城市规划历史与理论). 北京：中国建筑工业出版社.
聂婷，王建军，林本岳，2015. 从大众到个体：大数据在规划公众参与中的应用探讨[C]//中国科学技术协会，广东省人民政府. 第十七届中国科协年会——分 16 大数据与城乡治理研讨会论文集. 中国科学技术协会、广东省人民政府：中国科学技术协会学会学术部.
欧国良，张宇，2017. 深圳市土地整备问题分析[J]. 中国房地产，(6)：32-40.

欧阳亦梵，杜茎深，靳相木，2018. 市场取向城市更新的钉子户问题及其治理——以深圳市为例[J]. 城市规划，42(6)：79-85.

庞娟，段艳平，2014. 我国城市社会空间结构的演变与治理[J]. 城市问题，(11)：79-85.

彭建东，2014. 基于现代治理理念的城市更新规划策略探析——以襄阳古城周边地区更新规划为例[J]. 城市规划学刊，(6)：102-108.

彭勃，2006. 国家权力与城市空间：当代中国城市基层社会治理变革[J]. 社会科学，(9)：75.

钱艳，任宏，唐建立，2019. 基于利益相关者分析的工业遗址保护与再利用的可持续性评价框架研究——以重庆"二厂文创园"为例[J]. 城市发展研究，26(1)：72-81.

钱振明，2005. 善治城市[M]. 北京：中国计划出版社.

钱征寒，牛慧恩，2007. 社区规划——理论、实践及其在我国的推广建议[J]. 城市规划学刊，(04)：74-78.

秦波，苗芬芬，2015. 城市更新中公众参与的演进发展：基于深圳盐田案例的回顾[J]. 城市发展研究，22(03)：58-62，79.

丘海雄，徐建牛，2004. 产业集群技术创新中的地方政府行为[J]. 管理世界，(10)：36-46.

曲凌雁，2013. "合作伙伴组织"政策的发展与创新——英国城市治理经验[J]. 国际城市规划，28(6)：73-81.

任洪涛，黄锡生，2015. 我国台湾地区都市治理制度述评及其启示[J]. 城市规划，39(3)：65-73.

任绍斌，2011. 城市更新中的利益冲突与规划协调[J]. 现代城市研究，(01)：12-16.

日本国土交通省都市局，2020. 都市計画制度[EB/OL]. (2020-03)[2020-09-16]. https://www.mlit.go.jp/toshi/city_plan/toshi_city_plan_tk_000043.html.

日本国土交通省都市局市街地整備課，2020. 市街地再開発事業[EB/OL]. [2020-09-15]. https://www.mlit.go.jp/crd/city/sigaiti/shuhou/saikaihatsu/saikaihatsu.html.

日本内阁府地方创生推进事业局，2020. 都市再生緊急整備地域及び特定都市再生緊急整備地域の一覧[EB/OL]. (2020-04-01)[2020-09-15]. https://www.kantei.go.jp/jp/singi/tiiki/toshisaisei/kinkyuseibi_list/index.html.

日本首相官邸，2009. 都市再生の現状と課題[EB/OL]. (2009-08)[2020-09-15]. http://www.kantei.go.jp/jp/singi/tiiki/toshisaisei/sanko/kadai.html.

日本総務省統計局，2020. 人口推計[EB/OL](2020-08-20)[2020-09-15]. http://www.stat.go.jp/data/jinsui/pdf/202008.pdf.

容志，2018. 推动城市治理重心下移：历史逻辑、辩证关系与实施路径[J]. 上海行政学院学报，(4)：50.

芮光晔，2019. 基于行动者的社区参与式规划"转译"模式探讨——以广州市泮塘五约微改造为例[J]. 城市规划，43(12)：88-96.

山内健史，大方潤一郎，小泉秀樹，等，2015. 都市再生特別地区の公共貢献検討過程の実態に関する研究—御茶ノ水駅周辺、渋谷駅周辺、銀座地域の事例分析を通じて[J]. 都市計画論文集，50(3)：904-911.

上海同济城市规划设计研究院，2018. 番禺城乡更新总体规划[Z].

邵任薇，2012. 城市更新中的社会成本：成因与控制[J]. 东南学术，(4)：45-56.

单皓，2013. 城市更新和规划革新——《深圳市城市更新办法》中的开发控制[J]. 城市规划，(01)：79-84.

深圳市规划和国土资源委员会. 关于《深圳市土地整备利益统筹项目管理办法》的政策解读[EB/OL]. (2018-09-03)[2020-11-11]. http://www.sz.gov.cn/zfgb/zcjd/content/post_4980502.html.

深圳市规划和国土资源委员会，2018. 深圳市规划和国土资源委员会关于印发《深圳市土地整备利益统筹项目管理办法》的通知[EB/OL]. (2018-09-03)[2020-11-11]. http://www.sz.gov.cn/zfgb/2018/gb1068/content/post_4968913.html.

深圳市规划和自然资源局，2019. 关于深入推进城市更新工作促进城市高质量发展的若干措施解读文件

[EB/OL].(2019-06-26)[2020-11-11].http://www.sz.gov.cn/zfgb/zcjd/content/post_4977205.html.
深圳市城市更新和土地整备局,2021.《深圳经济特区城市更新条例》解读[EB/OL].(2021-03-22)[2021-03-22].http://www.sz.gov.cn/szcsgxtdz/gkmlpt/content/8/8614/post_8614137.html#19170.
深圳市政府,2009.深圳市城市更新办法[EB/OL].(2009-10-22)[2020-11-11].http://www.sz.gov.cn/zfgb/2009/gb675/content/post_4945734.html.
深圳市政府,2020.深圳市人民政府关于印发深圳市城市更新办法实施细则的通知[EB/OL].(2012-01-21)[2020-11-11].http://www.sz.gov.cn/zfgb/2012_1/gb774/content/post_5001606.html.
深圳市统计局,2020.深圳统计年鉴2020[M].北京:中国统计出版社.
北京大学国家发展研究院,2013.深圳土地制度改革研究报告[Z].
沈费伟,2019.适应性治理视角下特色小镇建设的路径选择——基于江苏省金坛市尧塘花木小镇的案例考察[J].中国名城,(01):39-46.
沈娉,张尚武,2019.从单一主体到多元参与:公共空间微更新模式探析——以上海市四平路街道为例[J].城市规划学刊,250(3):103-110.
沈锐,2004.社区规划的理论分析与探索[D].西安:西北大学.
施建刚,朱杰,2013.博弈视角下被拆迁人的行为选择[J].城市问题,(4):72-77.
施媛,2018."连锁型"都市再生策略研究——以日本东京大手町开发案为例[J].国际城市规划,33(04):132-138.
矢岛隆,2008.铁路与日本大都市的形成[J].土木学会杂志,93(8):16.
世界银行,1997.世界发展报告——变革中的政府[M].北京:中国财政经济出版社.
司马晓,岳隽,杜雁等,2019.深圳城市更新探索与实践[M].北京:中国建筑工业出版社.
宋爽,王帅,傅伯杰,等,2019.社会—生态系统适应性治理研究进展与展望[J].地理学报,74(11):2401-2410.
苏泽群,2007.广州市旧城区危破房改造工作的情况通报稿[EB/OL].2007-5-28.http://www.gzzx.gov.cn/zxhy/cwhy/zqtb/200705/65062.html.
孙全胜,2015.列斐伏尔"空间生产"的理论形态研究[D].南京:东南大学.
孙施文,2002.城市规划中的公众参与[J].国外城市规划,(02):1-14.
孙施文,殷悦,2004.西方城市规划中公众参与的理论基础及其发展[J].国外城市规划,(01):15-20,14.
孙怡娜,2016.城市有机更新背景下的杭州居住性历史街区保护更新研究[D].西安:西安建筑科技大学.
谭纵波,2000.日本的城市规划法规体系[J].国外城市规划,(01):13-18,43.
谭纵波,2008.从中央集权走向地方分权——日本城市规划事权的演变与启示[J].国际城市规划,(02):26-31.
唐婧娴,2016.城市更新治理模式政策利弊及原因分析——基于广州、深圳、佛山三地城市更新制度的比较[J].规划师,32(5):47-53.
唐艳,2013.产权视角下台湾都市更新实施方法研究及对大陆的启示[D].哈尔滨:哈尔滨工业大学.
唐子来,李京生,1999.日本的城市规划体系[J].城市规划,(10):3-5.
唐子来,1999.英国的城市规划体系[J].城市规划,(08):3-5.
陶然,王瑞民,史晨,2014."反公地悲剧":中国土地利用与开发困局及其突破[J].二十一世纪,(8):4-12.
陶然,王瑞民,2014.城中村改造与中国土地制度改革:珠三角的突破与局限[J].国际经济评论,(03):26-55,4-5.
田莉,2010.城市规划的"公共利益"之辩——《物权法》实施的影响与启示[J].城市规划,34(1):29-32.
田莉,桑劲,邓文静,2013.转型视角下的伦敦城市发展与城市规划[J].国际城市规划,28(6):13-18.
田莉,姚之浩,郭旭,等,2015.基于产权重构的土地再开发——新型城镇化背景下的地方实践与启示[J].城市规划,39(1):22-29.

田莉，郭旭，2017.“三旧”改造推动的广州城乡更新：基于新自由主义的视角[J].南方建筑，(04)：9-14.

田莉，2018.摇摆之间：“三旧”改造中个体，集体与公众利益平衡[J].城市规划，42(2)：78-84.

田莉，李经纬，2019.高密度地区解决土地问题的启示：纽约城市规划中的土地开发与利用[J].北京规划建设，184(1)：88-96.

田莉，2019.从城市更新到城市复兴：外来人口居住权益视角下的城市转型发展[J].城市规划学刊，(4)：56-62.

田莉，陶然，梁印龙，2020.城市更新困局下的实施模式转型：基于空间治理的视角[J].城市规划学刊，257(3)：10-16.

同济大学建筑与空间研究所，株式会社日本设计，2019.东京城市更新经验：城市再开发重大案例研究[M].上海：同济大学出版社.

涂晓芳，2002.政府利益对政府行为的影响[J].中国行政管理，(10)：16-18.

万成伟，于洋，2020.公共产品导向：多中心治理的城中村更新——以深圳水围柠盟人才公寓为例[J].国际城市规划，(01)：1-15.

汪越，谭纵波，2019.英国近现代规划体系发展历程回顾及启示——基于土地开发权视角[J].国际城市规划，34(02)：94-100，135.

王承慧，2018.走向善治的社区微更新机制[J].规划师，34(2)：5-10.

王春兰，2010.上海城市更新中利益冲突与博弈的分析[J].城市观察，(06)：130-141.

王佃利，王玉龙，黄晴，等，2019.古城更新——空间生产视角下的城市振兴[M].北京：北京大学出版社.

王华春，段艳红，赵春学，2008.国外公众参与城市规划的经验与启示[J].北京邮电大学学报(社会科学版)，(04)：57-62.

王海荣，2019.空间理论视阈下当代中国城市治理研究[D].长春：吉林大学.

王汉生，吴莹，2011.基层社会中“看得见”与“看不见”的国家——发生在一个商品房小区中的几个“故事”[J].社会学研究，25(01)：63-95，244.

王景丽，刘轶伦，马昊翔，等，2019.开放大数据支持下的深圳市城市更新改造潜力评价[J].地域研究与开发，38(03)：72-77.

王兰，刘刚，2007.20世纪下半叶美国城市更新中的角色关系变迁[J].国际城市规划，(04)：21-26.

王浪，李保峰，2004.旧城改造的公众参与——武汉同丰社区个案研究[J].规划师，(08)：90-92.

王世福，沈爽婷，2015.从“三旧”改造到城市更新——广州市成立城市更新局之思考[J].城市规划学刊，(03)：22-27.

王世福，张晓阳，费彦，2018.城市更新中的管治困境与创新策略思考[J].城乡规划，(04)：14-21，32.

王晓君，2016.德国公众参与城乡规划的机制研究与经验启示[C]//中国城市规划学会，沈阳市人民政府.规划60年：成就与挑战——2016中国城市规划年会论文集(12规划实施与管理).北京：中国建筑工业出版社.

王欣，2004.伦敦道克兰城市更新实践[J].城市问题，(5)：72-75，79.

王郁，2006.日本城市规划中的公众参与[J].人文地理，(04)：34-38.

王远，2020.福利资本主义的结构性矛盾及其再生产——基于吉登斯“结构化理论”的动态分析[J].求是学刊，47(04)：63-69.

王桢桢，2010.城市更新的利益共同体模式[J].城市问题，(6)：85-90.

王振坡，刘璐，严佳，2020.我国城镇老旧小区提升改造的路径与对策研究[J].城市发展研究，27(7)：26-32.

温丽，魏立华，2020.日本都市再生的多元主体参与研究[J].城市建筑，17(15)：16-19.

魏娜，2003.我国城市社区治理模式：发展演变与制度变迁[J].中国人民大学学报，(1).

魏后凯，等，2011.中国区域政策：评价与展望[M].北京：经济管理出版社.

吴晨,2005."城市复兴"理论辨析 [J].北京规划建设,(1):140-143.

吴晨,丁霓,2017.国王十字中心区发展规划与伦敦城市复兴[J].北京规划建设,172(1):86-90.

吴冠岑,牛星,田伟利,2016.我国特大型城市的城市更新机制探讨:全球城市经验比较与借鉴[J].中国软科学,(09):88-98.

吴凯晴,2017."过渡态"下的"自上而下"城市修补——以广州恩宁路永庆坊为例[J].城市规划学刊,236(4):56-64.

吴良镛,1989.北京旧城居住区的整治途径——城市细胞的有机更新与"新四合院"的探索[J].建筑学报,(07):11-18.

吴良镛,1994.北京旧城与菊儿胡同[M].北京:中国建筑工业出版社.

吴良镛,1981.北京市的旧城改造及有关问题[J].建筑学报,(2):8-17.

吴良镛,1990.从有机更新走向新有机秩序[J].建筑学报,(2):8-17.

吴良镛,1995.旧城整治的有机更新[J].北京规划建设,(3):16-19.

吴亮,2018.地铁枢纽站域步行系统适应性理论与方法研究[D].大连:大连理工大学.

吴穹,2018.城市有机更新理论下的老旧社区户外空间改造设计研究[D].重庆:重庆大学.

武廷海,张能,徐斌,2014.空间共享:新马克思主义与中国城镇化[M].北京:商务印书馆.

习近平,2017.决胜全面建成小康社会　夺取新时代中国特色社会主义伟大胜利——在中国共产党第十九次全国代表大会上的报告(2017年10月18日)[M].北京:人民出版社.

谢涤湘,李华聪,2013.我国城市更新中的权益博弈研究述评[J].热带地理,33(2):231-236.

谢涤湘,朱雪梅,2014.社会冲突、利益博弈与历史街区更新改造——以广州恩宁路为例[J].城市发展研究,21(03):86-92.

谢更放,2011.城市低碳社区规划的理论构架与实施策略研究[D].西安:长安大学.

谢守红,2003.大都市区空间组织的形成演变研究[D].上海:华东师范大学.

谢远玉,2001."房改带危改"政策模式之我见[J].北京房地产,(03):20-24.

谢岳,党东升,2013."维稳"的绩效困境:公共安全开支视角[J].同济大学学报(社会科学版),24(06):90-100.

熊国平,杨东峰,于建勋,2010.20世纪90年代以来中国城市形态演变的基本总结[J].华中建筑,28(04):120-123.

熊晶,2005.公众参与城市规划制度研究[D].武汉:武汉大学.

徐波,1994.土地区划整理——日本的城市规划之母[J].国外城市规划,(02):25-34.

许可,2015.国家主体功能区战略协同的绩效评价与整体性治理机制研究[M].北京:知识产权出版社.

胥明明,2017.沟通式规划研究综述及其在中国的适应性思考[J].国际城市规划,32(03):100-105.

徐敏,王成晖,2019.基于多源数据的历史文化街区更新评估体系研究——以广东省历史文化街区为例[J].城市发展研究,26(02):74-83.

徐倩,2010."有机更新"理论指导下的山地城市公园改造设计[D].重庆:西南大学.

徐琴,2009.城市更新中的文化传承与文化再生[J].中国名城,(01):27-33.

许宏福,何冬华,2018.城市更新治理视角下的土地增值利益再分配——广州交通设施用地再开发利用实践思考 [J].规划师,(6):35-41.

许亚萍,吴丹,2020.基于土地增值收益分配的深圳土地整备制度研究[J].规划师,9(36):91-94.

薛澜,2010.从"速度发展"到"科学发展"[J].行政管理改革,(05):39-41.

严若谷,周素红,闫小培,2011.城市更新之研究[J].地理科学进展,30(8):947-955.

严若谷,周素红,闫小培,2011.西方城市更新研究的知识图谱演化[J].人文地理,(06):89-94.

严若谷,闫小培,周素红,2012.台湾城市更新单元规划和启示[J].国际城市规划,27(01):99-105.

严雅琦,田莉,2016.1990年代以来英国的城市更新实施政策演进及其对我国的启示[J].上海城市规划,

(5)：54-59.
严雅琦，田莉，范晨璟，2019.城乡边缘区的开发与保护：英国空间规划的经验及对我国的启示[J].上海城市规划，(04)：91-97.
阳建强，2000.中国城市更新的现况、特征及趋向[J].城市规划，24(4)：53-55.
阳建强，2012.西欧城市更新[M].南京：东南大学出版.
杨春志，张更立，2018.城市更新管治：基本内涵及其研究框架探讨——从管治角度看城市更新[J].现代城市研究，(11)：52-57.
杨帆，2000.让更多的人参与城市规划——倡导规划的启示[J].规划师，(05)：62-65.
杨继瑞，1997.台湾地区的市地重划与都市更新[J].国土经济，(06)：35-38.
杨槿，徐辰，2016.城市更新市场化的突破与局限——基于交易成本的视角[J].城市规划，40(9)：32-38，48.
杨静，2004.英美城市更新的主要经验及其启示[J].中国房地信息.
杨廉，袁奇峰，2010.珠三角"三旧"改造中的土地整合模式——以佛山市南海区联滘地区为例[J].城市规划学刊，(2)：14-20.
杨廉，2012.珠江三角洲"城中村"(旧村)改造难易度初探[J].现代城市研究，(11)：25-31.
杨舢，2019."过渡使用"在国内外的发展及相关研究——一个城市研究的新视角[J].国际城市规划，(6)：49-55.
杨敏，2007.作为国家治理单元的社区——对城市社区建设运动过程中居民社区参与和社区认知的个案研究[J].社会学研究，(04)：137-164，245.
杨晓春，毛其智，高文秀，等，2019.第三方专业力量助力城市更新公众参与的思考——以湖贝更新为例[J].城市规划，43(06)：78-84.
杨荫凯，2015.我国区域发展战略演进与下一步选择[J].改革，(5)：89.
姚洋，张牧扬，2013.官员绩效与晋升锦标赛——来自城市数据的证据[J].经济研究，48(01)：137-150.
姚之浩，曾海鹰，2018.1950年代以来美国城市更新政策工具的演化与规律特征[J].国际城市规划，33(4)：18-24.
姚之浩，田莉，范晨璟，等，2018.基于公租房供应视角的存量空间更新模式研究：厦门城 中村改造的规划思考[J].城市规划学刊，(4)：88-95.
姚之浩，朱介鸣，田莉，2020.产权规则建构：一个珠三角集体建设用地再开发的产权分析框架[J].城市发展研究，27(1)：110-117.
叶超，柴彦威，张小林，2011."空间的生产"理论、研究进展及其对中国城市研究的启示[J].经济地理，31(03)：409-413.
易成栋，韩丹，杨春志，2020.北京城市更新70年：历史与模式[J].中国房地产，(12)：38-45.
易晓峰，2013."企业化管治"的殊途同归——中国与英国城市更新中政府作用比较[J].规划师，29(5)：86-90.
易晓峰，2009.从地产导向到文化导向：1980年代以来的英国城市更新方法[J].城市规划，33(6)：66-72.
易志勇，刘贵文，刘冬梅，2018.城市更新——城市经营理念下的实践选择与未来治理转型[J].《规划师》论丛，(00)：123-130.
殷成志，2005.德国城市建设中的公众参与[J].城市问题，(04)：90-94.
殷洁，罗小龙，2013.尺度重组与地域重构：城市与区域重构的政治经济学分析[J].人文地理，28(02)：67-73.
尹志雯，2019.有机更新理论在旧城居住环境改造设计中的应用研究[D].北京：北京服装学院.
于今，2008.城市更新进入新阶段后的诸多问题[OL].[2008-03-03] http://blog.chi-namil.com.cn/user1/cictolarchives/2007/15556.html.

于泓,2000. Davidoff 的倡导性城市规划理论[J]. 国外城市规划,(01): 30-33,43.
于洋,2016. 面向存量规划的我国城市公共物品生产模式变革[J]. 城市规划,40(3): 15-24.
于洋,2016. 纽约市区划条例的百年流变(1916—2016)——以私有公共空间建设为例[J]. 国际城市规划,152(2): 102-113.
俞可平,1999. 治理和善治引论[J]. 马克思主义与现实,(05): 37-41.
俞可平,2001. 治理和善治: 一种新的政治分析框架[J]. 南京社会科学,(09): 40-44.
俞可平,2014. 推进国家治理体系和治理能力现代化[J]. 前线,(01): 5-8,13.
余颖,2002. 城市结构化理论及其方法研究[D]. 重庆: 重庆大学.
袁利平,谢涤湘,2010. 广州城市更新中的资金平衡问题研究[J]. 中华建筑,(8): 45-47.
袁奇峰,钱天乐,郭炎,2015. 重建"社会资本"推动城市更新——联滘地区"三旧"改造中协商型发展联盟的构建[J]. 城市规划,39(9): 64-73.
曾伟,连泽俭,王璐阔,2010. 多中心治理视野下城市社区自治实现途径研究[J]. 理论月刊,(09): 140-143.
曾志敏,2017. 地方土地利用与开发的双重困境及治理[J]. 宏观经济管理,(04): 62-65.
翟斌庆,伍美琴,2009. 城市更新理念与中国城市现实[J]. 城市规划学刊,(2): 75-82.
张帆,2012. 城市更新的"进行性"规划方法研究[J]. 城市规划学刊,203(5): 99-104.
张更立,2004. 走向三方合作的伙伴关系: 西方城市更新政策的演变及其对中国的启示[J]. 城市发展研究,(4): 26-32.
张京祥,邓化媛,2009. 解读城市近现代风貌型消费空间的塑造——基于空间生产理论的分析视角[J]. 国际城市规划,21(1): 43-47.
张京祥,2010. 公权与私权博弈视角下的城市规划建设. 现代城市研究,(5): 7-12.
张京祥,陈浩,2010. 中国的"压缩"城市化环境与规划应对[J]. 城市规划学刊,(06): 10-21.
张京祥,胡毅,2012. 基于社会空间正义的转型期中国城市更新批判[J]. 规划师,28(012): 5-9.
张京祥,陈浩,2014. 空间治理: 中国城乡规划转型的政治经济学[J]. 城市规划,38(11): 9-15.
张静,1998. 法团主义[M]. 北京: 中国社会科学出版社.
张磊,2015. "新常态"下城市更新治理模式比较与转型路径[J]. 城市发展研究,22(12): 57-62.
张平宇,2004. 城市再生: 我国新型城市化的理论与实践问题[J]. 城市规划,(04): 25-30.
张庭伟,2001. 1990 年代中国城市空间结构的变化及动力机制[J]. 城市规划,(7): 7-14.
张庭伟,2004. 新自由主义·城市经营·城市管治·城市竞争力[J]. 城市规划,(5): 43-50.
张庭伟,2006. 规划理论作为一种制度创新——论规划理论的多向性和理论发展轨迹的非线性[J]. 城市规划,(08): 9-18.
张庭伟,2020. 从城市更新理论看理论溯源及范式转移[J]. 城市规划学刊,255(1): 9-16.
张侠,赵德义,朱晓东,等,2006. 城中村改造中的利益关系分析与应对[J]. 经济地理,(3): 496-499.
张衔春,单卓然,许顺才,等,2016. 内涵·模式·价值: 中西方城市治理研究回顾、对比与展望[J]. 城市发展研究,23(2): 84-90.
张肖珊,2011. 广州市海珠桥南战城市更新规划编制阶段公众参与办法及其应用[D]. 广州: 华南理工大学.
张晓婧,2007. 有机更新理论及其思考[J]. 农业科技与信息(现代园林),(11): 29-32.
张孝宇,张安录,2018. 台湾都市更新中的容积移转制度: 经验与启示[J],城市规划,42(02): 91-96.
张新月,2018. 城市有机更新理论在旧建筑改造设计中的应用研究[D]. 唐山: 华北理工大学.
张亚玲,郭忠兴,2020. 适应性治理与整体性协同: 对江苏兜底保障探索的理论诠释[J]. 农林经济管理学报,(4): 1-10.
张艺凡,2020. 增长机器理论视角下成都市用地扩张机制研究[D]. 成都: 电子科技大学.
张翼,吕斌,2010.《拆迁条例》修订与城市更新制度创新初探[J]. 城市规划,34(10): 17-22,29.

张宇,欧名豪,2011.高度城市化区域土地整备运作机制研究——以深圳市为例[J].广东土地科学,(04):34-38.

张杨,刘慧敏,吴康,吴庆玲,2018.减量视角下北京与上海的城市总规对比[J].西部人居环境学刊,33(03):9-12.

张占录,2009.征地补偿留用地模式探索——台湾市地重划与区段征收模式借鉴[J].经济与管理研究,(09):71-75,95.

章征涛,刘勇,2019.城中村改造中的"增长联盟"研究——以珠海市山场村为例[J].城市规划,(7):60-66.

章征涛,宋彦,2014.美国区划演变经验及对我国控制性详细规划的启示[J].城市发展研究,21(9):39-46.

赵民,王理,2018.城市存量工业用地转型的理论分析与制度变革研究——以上海为例[J].城市规划学刊,246(5):29-36.

赵楠楠,刘玉亭,刘铮,2019.新时期"共智共策共享"社区更新与治理模式——基于广州社区微更新实证[J].城市发展研究,26(4):117-124.

赵若焱,2013.对深圳城市更新"协商机制"的思考[J].城市发展研究,21(8):118-121.

赵祥,2006.建设和谐社会过程中地方政府代理行为偏差的分析[J].中国行政管理,(05):100-104.

赵彦娟,2010.城中村改造中的博弈与效益评价研究[D].济南:山东建筑大学.

赵晔琴,2008."居住权"与市民待遇:城市改造中的"第四方群体"[J].社会学研究,(2):118-132.

赵燕菁,刘昭吟,庄淑亭,2009.税收制度与城市分工[J].城市规划学刊,(6):4-11.

郑沃林,郑荣宝,唐晓莲,等,2016.村镇建设用地再开发后评估指标体系探讨[J].中国土地科学,30(4):70-78.

郑志龙,李婉婷,2018.政府治理模式演变与我国政府治理模式选择[J].中国行政管理,(3):38-42.

钟晓华,2020.城市更新中的新型伙伴关系:纽约实践及其对中国的启示[J].城市发展研究,27(03):1-5.

中共广州市委,2020.中共广州市委广州市人民政府关于深化城市更新工作推进高质量发展的实施意见[Z].

周显坤,2017.城市更新区规划制度之研究[D].北京:清华大学.

周黎安,2007.中国地方官员的晋升锦标赛模式研究[J].经济研究,(07):36-50.

周黎安,2018."官场+市场"与中国增长故事[J].社会,38(02):1-45.

朱·弗登博格,让·梯若尔,2010.博弈论[M].北京:中国人民大学出版社.

朱海波,2015.当前我国城市更新立法问题研究[J].暨南学报(哲学社会科学版),37(10):69-76,162-163.

朱介鸣,2000.地方发展的合作——渐进式中国城市土地体制改革的背景和影响[J].城市规划汇刊,(02):38-45,79.

朱介鸣,罗赤,2008.可持续发展:遏制城市建设中的"公地"和"反公地"现象[J].城市规划学刊,(1):30-36.

朱介鸣,2012.西方规划理论与中国规划实践之间的隔阂——以公众参与和社区规划为例[J].城市规划学刊,(01):9-16.

朱介鸣,2016.制度转型中土地租金在建构城市空间中的作用:对城市更新的影响[J].城市规划学刊,(2):28-34.

朱介鸣,2017.基于市场机制的规划实施——新加坡花园城市建设对中国城市存量规划的启示[J].城市规划,41(004):98-101.

朱丽丽,黎斌,杨家文,等,2019.开发商义务的演进与实践:以深圳城市更新为例[J].城市发展研究,26(9):62-68.

朱琳,2018.增长机器理论视角下的深圳湖贝村更新历程研究[D].深圳:深圳大学.

竺乾威,2008.从新公共管理到整体性治理[J].中国行政管理,(10):52-58.

庄少勤,史家明,管韬萍,等,2013.以土地综合整治助推新型城镇化发展——谈上海市土地整治工作的定位与战略思考[J].上海城市规划,(6):7-11.

卓健,孙源铎,2019.社区共治视角下公共空间更新的现实困境与路径[J].规划师,35(3):5-10,50.

邹兵,2015.增量规划向存量规划转型:理论解析与实践应对[J].城市规划学刊,(5):12-19.

邹兵,2017 存量发展模式的实践、成效与挑战——深圳城市更新实施的评估及延伸思考[J].城市规划,41(1):89-94.

邹兵,2018.深圳土地整备制度设计的内在逻辑解析——基于农村集体土地非农化进程的历史视角[J].城市建筑,(6):27-31.

左令,2002.评"城中村"改造的两种模式[J].中外房地产导报,(10):1.

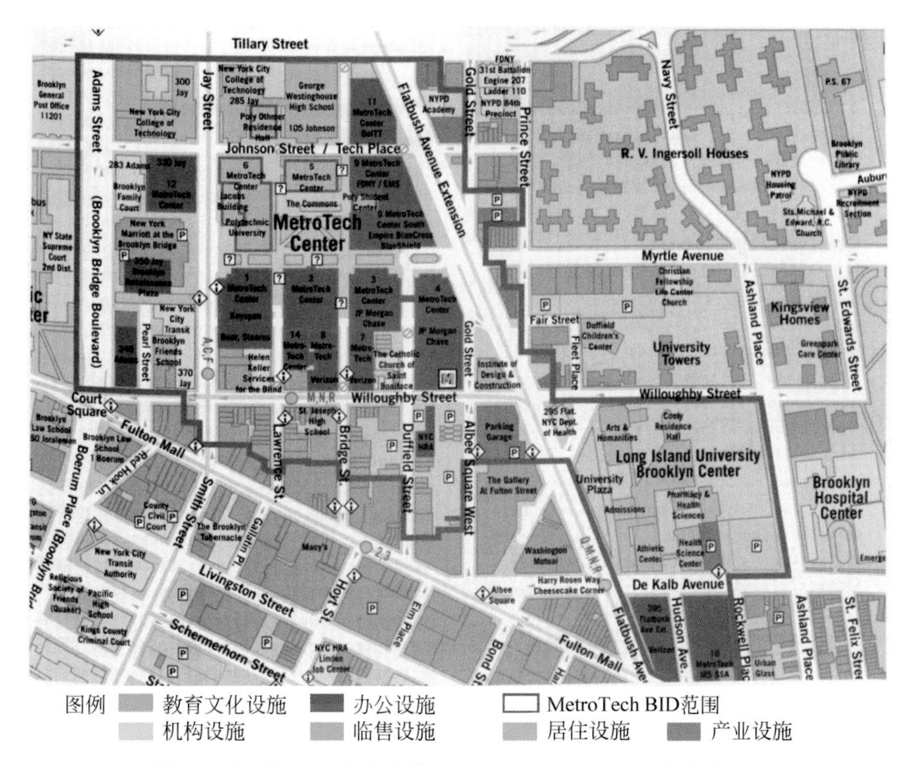

图 3-2　纽约 1996 年建立的 Brooklyn Metro Tech 商业改良区

来源：Business improvement districts[R]. Urban Land Institute，2003

图 7-2　五大重点地区"三旧"用地分布图

来源：广州市城市规划勘测设计研究院，2012. 广州市"三旧"更新改造近期实施计划[Z]

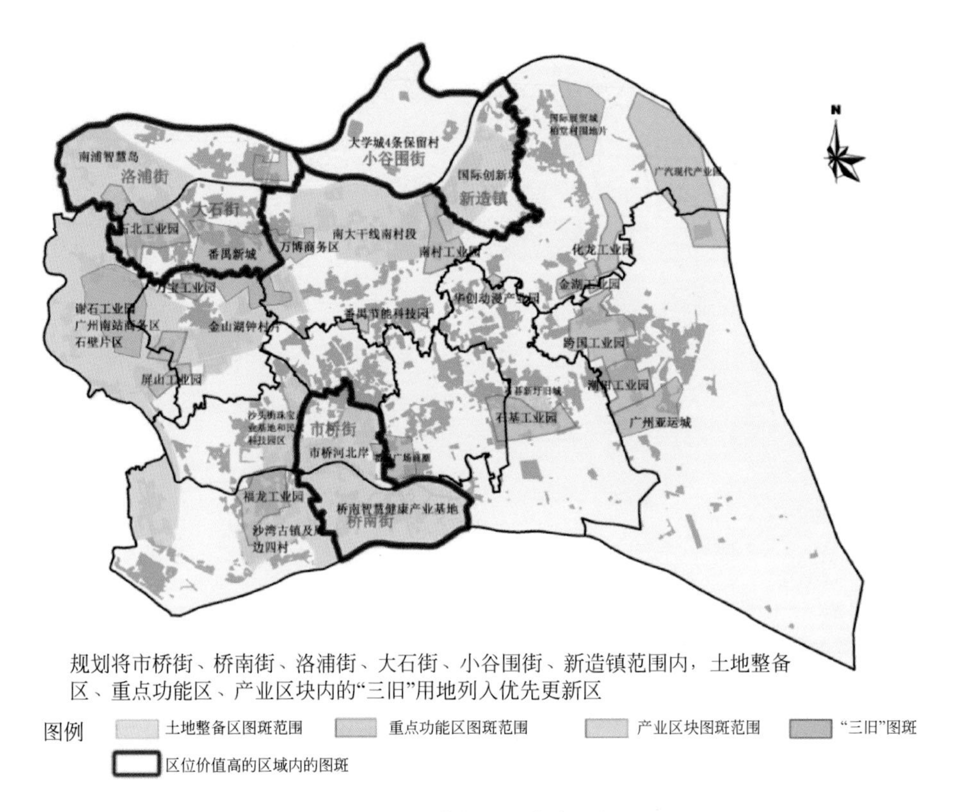

图 7-9　番禺城乡更新优先更新区

来源：作者自绘

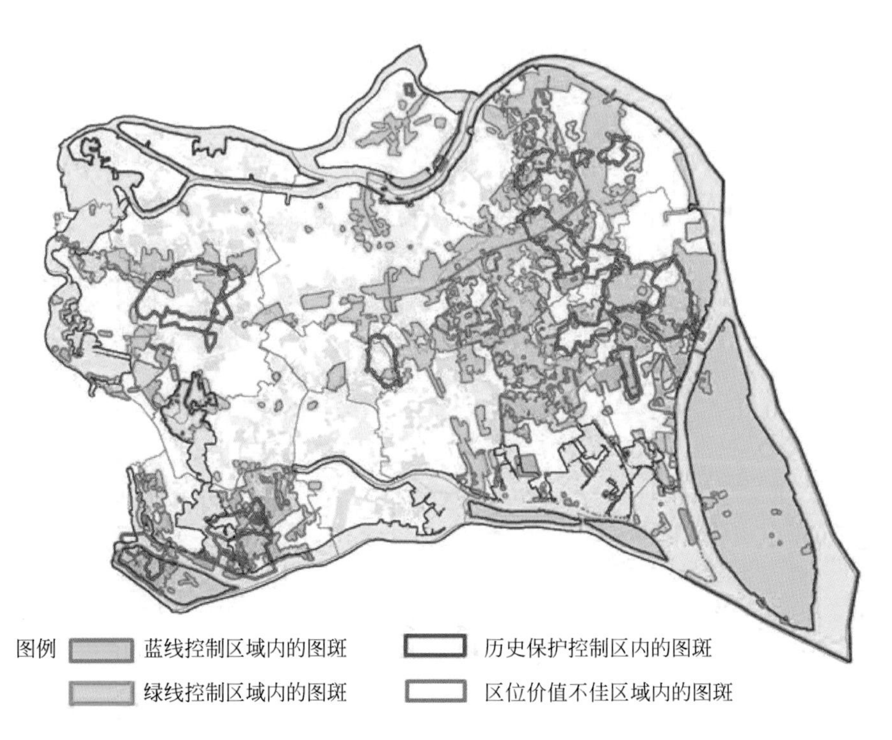

图 7-10　番禺城乡更新扶持更新区

来源：作者自绘

图 7-13　东郊村成片改造范围和各类地块权属整理

来源：根据番禺区更新局提供资料绘制

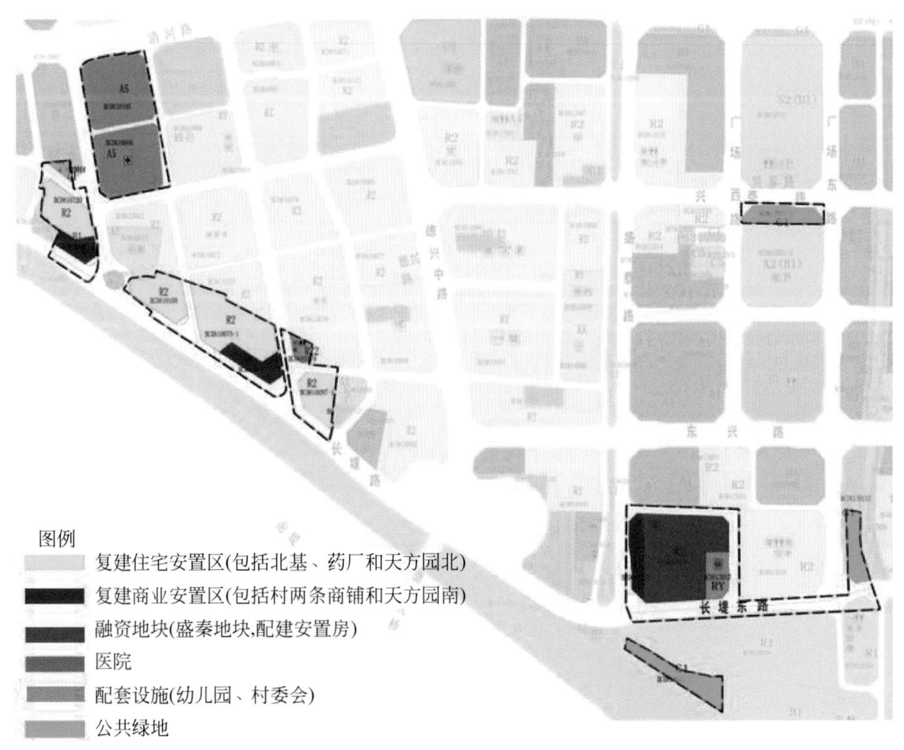

图 7-14　东郊村成片改造土地处置方案

来源：广州市番禺区市桥街东郊村及周边成片更新改造方案，2013